Mein Grundwissen
9./10. Klasse

Deutsch
Mathe
Englisch

Gymnasium

Cornelsen
Power Learning

Die Autoren:
Deutsch: Johannes Greving, Dietrich Berger, Manfred Kienzler, Peter Kohrs, Liane Paradies
Mathe: Hans Karl Abele, Reiner Böttcher, Werner Friedrich, Ludger Klar, Benno Mohry, Michael Rüve, Jörg Schneidler, Edmund Wallis
Englisch: David Clarke

Quellenangabe: Gedicht auf S. 58 von E. Mörike, Gedichte (Ausgabe 1867), S. 193. Digitale Bibliothek Band 1: Deutsche Literatur, S. 129404 (vgl. Mörike-SW Bd. 1, S. 749)

Cornelsen online http://www.cornelsen.de

Bibliografische Information: Die Deutsche Bibliothek verzeichnet diese Publikation in der Deutschen Nationalbibliografie; detaillierte bibliografische Daten sind im Internet über http://dnb.ddb.de abrufbar.

Dieses Werk berücksichtigt die Regeln der reformierten Rechtschreibung und Zeichensetzung.

6.	5.	4.	3.	2.	Die letzten Ziffern bezeichnen
09	08	07	06	05	Zahl und Jahr der Auflage.

Redaktion: Heike Friauf, Stefan Giertzsch (Projektleitung) und Christiane Grosskopf, alle Berlin
Herstellung: Uwe Pahnke, Berlin
Umschlaggestaltung und typografische Konzeption des Inhalts: Magdalene Krumbeck, Wuppertal
Layout: Dagmar & Torsten Lemme, Berlin
Sachzeichnungen: Simone Büchner, Berlin
Druck und Bindung: Westermann Druck Zwickau GmbH
Printed in Germany
ISBN 3-589-22062-7
Bestellnummer 220627

Gedruckt auf säurefreiem Papier,
umweltschonend hergestellt aus chlorfrei gebleichten Faserstoffen.

Vorwort

Liebe Schülerin, lieber Schüler!
Dieser Band bietet dir, worauf es heute immer stärker ankommt: das Grundwissen der drei Hauptfächer Deutsch, Mathe, Englisch – und zwar für zwei Schuljahre. Er hilft dir für Vergleichsarbeiten und Tests ebenso wie bei Hausaufgaben, Referaten und der Vorbereitung auf Klassenarbeiten.

Das Buch eignet sich zum Lernen, Nachschlagen und Wiederholen.
Du findest viele Merksätze, Regeln und Beispiele, die dich beim Lernen unterstützen.

Wie kannst du mit diesem Buch arbeiten?

1. Zu Beginn jedes Faches gibt es ein ausführliches Inhaltsverzeichnis. Dort kannst du dir das Thema aussuchen, das du gerade brauchst. Arbeite dann das Kapitel durch.
2. Die eingestreuten Übungen helfen dir, den Stoff zu wiederholen und zu festigen.
3. Der Test am Ende des Kapitels bietet dir die Gelegenheit zur Selbstkontrolle: Was habe ich verstanden? Was muss ich wiederholen?
4. Das Stichwortverzeichnis am Ende des Buches dient dir als Wegweiser zu den Themen aller drei Fächer.

Und noch ein paar praktische Tipps zum Lernen mit diesem Buch:

- Nimm dir nicht zu viel auf einmal vor. Bearbeite lieber kleinere Abschnitte, aber dafür regelmäßig.
- Bist du beim Lösen der Übungsaufgaben nicht ganz sicher, sieh dir die Beispiele noch einmal genau an.
- Vergleiche deine Ergebnisse mit dem Lösungsteil am Ende jedes Faches. Überprüfe bei Fehlern genau, was du falsch gemacht hast.

Viel Erfolg!
Die Grundwissen-Redaktion
von Cornelsen Scriptor

Deutsch

9./10. Klasse

Inhaltsverzeichnis

Umgang mit literarischen Texten

Umgang mit Sachtexten

Rechtschreibung, Zeichensetzung, Grammatik

Sprache

1 Sprache als Zeichensystem

Eine der wichtigsten Erkenntnisse der modernen Sprachwissenschaft zu Beginn des 20. Jahrhunderts ist die Theorie der sprachlichen Zeichen von Ferdinand de SAUSSURE. Nach dieser Theorie wird das Zeichen als Verknüpfung eines Lautbildes mit einer Vorstellung verstanden. Damit sind zwei Bedingungen erfüllt, um mit einem Partner zu kommunizieren: Einem akustischen Ausdruck bestimmter Qualität und Quantität (mit anderen Worten: einem Lautbild oder einer Buchstabenfolge) wird während des Spracherwerbsprozesses eine feste Bedeutung (ein Begriff oder eine Vorstellung) zugeordnet. So wird z. B. jeder Deutsch Sprechende mit der Buchstabenfolge B A U M die entsprechende Vorstellung eines Baumes assoziieren.

Es gibt aber keinen Grund, die Vorstellung von einer bestimmten Sache mit einer ganz bestimmten Lautkette zu assoziieren. Wenn dies nicht so wäre, gäbe es keine unterschiedlichen Sprachen auf der Welt und die Engländer oder Franzosen könnten mit der Vorstellung eines Baum nicht die Buchstabenfolge T R E E oder A R B R E verbinden.

Die Zuordnung der beiden Seiten des sprachlichen Zeichens ist also ursprünglich willkürlich (arbiträr = beliebig). Sie ist aber für heutige Sprachteilhaber nicht mehr ohne weiteres zu ändern, weil die Zuordnung von Inhalts- und Ausdrucksseite des sprachlichen Zeichens festgelegt (konventionalisiert = durch gesellschaftliche Regeln festgelegt) ist, die wir einhalten müssen, da wir ja miteinander reden wollen.

Die Bedeutung kann man also nicht erraten, man muss sie erlernen, weil es keine von vornherein festgelegte Verbindung zwischen Wort und den Sachverhalten in der Welt gibt. Bei den Sprachzeichen stellen nur die wenigen lautmalenden Wörter (Onomatopoetika) wie „Wauwau“ und „Kikeriki“ Ausnahmen dar.

Mit dem Zeichensystem Sprache lassen sich neue Sachverhalte erfassen und neue Vorstellungen zum Ausdruck bringen. Auf der Grundlage einer begrenzten Anzahl von sprachlichen Zeichen können unendlich viele Aussagen gemacht werden.

Alle Zeichen, die in irgendeiner Hinsicht willkürlich und damit konventionalisiert sind (dies gilt auch für Piktogramme und Verkehrszeichen), nennt man Symbole. Sprachzeichen sind die abstraktesten Zeichen/Symbole. Sie sind, anders als Verkehrszeichen, unabhängig von ihrer Situation, über unterschiedliche Räume und Zeiten hinweg verwendbar.

2 Sprache als Mittel zur Kommunikation

Mit Hilfe der Sprache kann man anderen etwas mitteilen und man kann die Wünsche und Gedanken anderer erfahren; dadurch werden Beziehungen zum anderen Menschen hergestellt. Sprache stiftet soziale Bindungen zwischen Menschen; aus diesem Grunde spricht man auch von Sprachgemeinschaft. Dies wird einem insbesondere dann bewusst, wenn man in ein Land kommt, dessen Sprache man nicht kennt und dessen Schriftzeichen einem nicht vertraut sind. Dann ist man auf Bildzeichen bzw. gestische Zeichen und Zeichensprache angewiesen. Daher sind auch die zwei Seiten des Sprachzeichens trotz der grundsätzlichen Arbitrarität nicht ohne weiteres auflösbar – der Zwang zur gemeinsamen Verständigung erfordert eine strenge Konventionalisierung.
Bei der zwischenmenschlichen Verständigung spielen neben den Inhalten die Beziehungen zwischen den Beteiligten eine nicht minder wichtige Rolle. Grundsätzlich werden mündliche und schriftliche Texte immer auch von den Absichten, Erwartungen der Beteiligten, der Einschätzung des jeweils anderen, der jeweiligen Sachkenntnis mitbestimmt.
Die gesprochene Sprache ist artspezifisch für den Menschen. Diese akustische, sich in Sprachlauten äußernde Dimension von Sprache ist die primäre und wichtigere, auch in der Geschichte der Sprache. Sie wird vom Kind auf natürliche Weise gelernt.
Die schriftliche Kommunikation dagegen ist eine Kulturtechnik, die vor etwa 6000 Jahren entwickelt wurde. Sie veränderte das Zusammenleben der Menschen, da seither Wissen unabhängig vom Menschen gespeichert werden kann. Damit hängt auch die Entwicklung von Technik und Wissenschaft zusammen. Die geschriebene Sprache lernt das Kind nur durch systematisches Üben. Der Buchdruck hat die Schriftsprache zum Massenmedium gemacht.

3 Sprache als Werkzeug

Nach dem Erklärungsansatz von Karl BÜHLER (1934) ist Sprache ein Werkzeug (Organon), mit dessen Hilfe Menschen einander etwas mitteilen können. Als Werkzeug dient die Sprache in besonderer Weise dazu:

- Gegenstände, Sachverhalte, Vorgänge, Personen der Umwelt darzustellen **(Darstellungsfunktion)**,
- die eigene Verfassung als Sprecher zum Ausdruck zu bringen, auch gegenüber anderen **(Ausdrucksfunktion)**,
- sich an andere zu wenden **(Appellfunktion)**.

Nach dem Kommunikationsmodell von F. SCHULZ VON THUN gibt es eine vierte Sprachfunktion, mit der der Sprecher bzw. die Sprecherin die eigene **Beziehung** zum Angesprochenen ausdrückt.

In jeder Mitteilung sind alle Sprachfunktionen enthalten, aber in verschiedener Gewichtung, je nach Absicht des Sprechers bzw. nach der Sprechsituation.

Beispiele: In einer Liebeserklärung dominiert die Ausdrucksfunktion, in einem Befehl die Appellfunktion, in einem Sachbericht die Darstellungsfunktion.

Bühlers Modell birgt den Kern aller Kommunikationsstörungsuntersuchungen in sich – sie treten immer dann ein, wenn Sprecher und Hörer die Ebenen vertauschen.

Beispiel: Der Mann im Smoking, der seine im Bad stehende Frau fragt, wann denn das Konzert beginne, kann sehr unterschiedliche Absichten haben:

- Er kann eine sachliche Frage stellen, weil er die Anfangszeit tatsächlich nicht weiß (Darstellungsfunktion),
- er kann deutlich machen wollen, dass er die ewige Warterei satt hat (Ausdrucksfunktion),
- oder er kann seine Frau indirekt auffordern, sich zu beeilen (Appellfunktion).

Schief geht diese kleine Situation dann, wenn z. B. die eigentlich sachlich gemeinte Frage bei der Frau als Ausdruck (von Ungeduld) oder als Appell (Beeil dich!) „ankommt“ (oder andersherum)!

4 Sprachwandel

Von Sprachwandel kann gesprochen werden, wenn viele Menschen über längere Zeit eine gewandelte Sprachform verwenden. Urheber dieses Wandels sind nicht Einzelne, sondern die Sprachgemeinschaft (alle Sprecher und Schreiber einer Sprache).

4.1 Dialekte, Mundarten, Umgangssprache und Hochsprache

Dialekte bzw. **Mundarten** sind im Vergleich zu Hochsprache und zu Fach- und Sondersprachen die älteste der drei Sprachvarianten. Sie werden vornehmlich gesprochen; ihre Rechtschreibregeln und die Grammatik sind nicht normiert; sie verändern sich leichter als die Hochsprache und haben eine teilweise nur sehr geringe geografische Verbreitung.
Heute kann Dialekt nicht mehr als Regionalsprache im vollen Sinne aufgefasst werden, sondern es geht um Restbestände in Bereichen, in denen die modernen Kommunikationsanforderungen weniger gefragt sind.
Der Begriff **Hochdeutsch** hat eine doppelte Bedeutung: Einmal ist damit heute **Hochsprache/Standardsprache** gemeint, zum anderen wird dies im Sinne der Sprache einer bestimmten **Region** verstanden: als eine regional gesprochene Mundart (im mitteldeutschen Bereich) neben dem Niederdeutschen und Oberdeutschen. Später entwickelte sich diese Mundart zum überregional gültigen Deutsch.
Umgangssprache ist zwischen Standardsprache und Mundart anzusiedeln und meist regional gefärbt. Die Umgangssprache ist, wie die Mundart, hauptsächlich eine gesprochene Sprache. Sie ist oft überregional verständlich und aufgrund der modernen Massenmedien und der Intentionen der Werbeindustrie in überregionalem Gebrauch.

4.2 Fach- und Sondersprachen

Fachsprachen

Fachsprachen, die man auch Expertensprachen oder Berufssprachen nennen kann, sind sachorientiert und präzise, damit man sich in dem jeweiligen Fachgebiet exakt mitteilt. Den Kern einer Fachsprache bildet die Terminologie, in der sich die Fachkenntnisse spiegeln.

Bei der Entstehung von Fachsprachen verbinden sich

- das Bedürfnis nach möglichst präziser und einfacher Verständigung,
- gruppenpsychologische Mechanismen (Zugehörigkeit zu einer Berufsgruppe bzw. Ausgrenzung von Menschen, die nicht dazugehören).

Der Gebrauch von Fachbegriffen kann

- sachlich notwendig und dadurch eine Erleichterung sein,
- als Imponiergehabe in Erscheinung treten.

Die folgenreichste Errungenschaft unserer Zeit ist der Computer; neue Fachbegriffe aus dem Bereich des Amerikanischen wie *browser, Cyberspace, homepage, online, Server, web* stammen fast durchgängig aus dem Gebrauch des Internets. Der Wechsel von Wörtern aus der Fachsprache der Computerindustrie in die Standardsprache geht ständig vor sich.

Sondersprachen

Sonder- und Gruppensprachen (Soziolekte) heben durch sprachliche Mittel die Zusammengehörigkeit der jeweiligen Gruppe hervor; es handelt sich nicht um eine eigene Sprache, sondern um sozial bedingte und bewusste Abweichungen im Sprachgebrauch.

Beispiele für Sondersprachen:

- Jugendsprache
- geschlechtsspezifischer Sprachgebrauch von Männern und Frauen
- Sprachjargon von Fußball- oder anderen Fans
- Sprachgebrauch von Süchtigen

Beispiel: **Jugendsprache**

Als Beispiel für Soziolekt kann die Sprache der Jugendlichen angesehen werden. Zwar gibt es sie nicht als homogenes Gebilde oder eigene Sprache, wohl aber hat sie einen eigenen Sprachstil, der allerdings an bestimmte Gruppen bzw. Situationen gebunden ist und sich relativ schnell ändern kann. Radikale Wertungen wie Vereinfachung, Denkfaulheit, fehlende Sprachmoral, restringiertes Sprachverhalten sind der Jugendspraxche gegenüber unangebracht. Die große Verbreitung von Jugendsprache ist vor allem auf Werbeslogans („Echt spitze“) oder Liedtexte moderner Musikgruppen („Verpiss dich“!) zurückzuführen sowie auf die Öffnung der Generationengrenzen.

Test

Ordne die folgenden Zitate passenden Begriffen einer Theorie der Sprache zu, die du in diesem Kapitel findest.

a „Der Mensch erfand sich selbst Sprache aus Tönen lebender Natur zu Merkmalen seines herrschenden Verstandes. Das erste Wörterbuch war aus den Lauten der Welt gesammelt. Der Baum wird ihm Rauscher, der Wind Säusler, die Quelle Riesler heißen. Da liegt ein kleines Wörterbuch fertig und wartet auf das Gepräge der Sprachorgane."

b „Es gibt überhaupt kein Lautbild, das besser als ein anderes dem entspricht, was es aussagen soll."

c „Die Sprachen sind Naturorganismen, die, ohne vom Willen des Menschen bestimmbar zu sein, nach bestimmten Gesetzen wuchsen und sich entwickelten und wiederum altern und absterben."

d „Die alten Frauen des Stammes prägen laufend neue Wörter, und jedes Wort, das ihre Billigung fand und das sie in Umlauf setzten, wurde von allen anderen ohne ein Wort des Widerstandes aufgenommen und verbreitete sich wie ein Lauffeuer in jedem Zelt des Stammes. Etliche Wörter sind in den sieben Jahren meines Aufenthaltes dreimal ausgewechselt worden."

Sprechen

1 Vortrag und Referat

■ Ein gelungener Vortrag hat drei **Ziele:**

- die Anwesenden zu informieren,
- ihnen das Thema näher zu bringen, als dies durch bloße Lektüre erreicht würde,
- und sie zur eigenständigen Vertiefung des Themas zu motivieren.

■ Dieser Anspruch macht eine Reihe von **Vorüberlegungen** notwendig:

1 Das Wichtigste ist natürlich die **Zielgruppe**! Vor dem Deutschen Bundestag trete ich anders auf als vor einer siebten Klasse.

2 Der Vortrag sollte **lebendig** und – falls dies vom Thema her nicht ausgeschlossen ist – humorvoll vorgetragen werden. Auch der regelmäßige Blickkontakt und das Reden mit „Händen und Füßen", also mit viel Gestik und Mimik, machen den Vortrag für die Hörer interessant.

3 Der Vortrag sollte **kurz** und prägnant sein – nach dem Motto: „Man kann über alles reden … nur nicht über 15 Minuten!" Während des Vortrags sollten Zwischenfragen unterbleiben! Auch Verständnisfragen sollten nicht zugelassen werden, wenn der Vortrag wirklich kurz ist!

4 Bevor der Vortrag beginnt, muss geklärt sein, ob sich die Hörer **Notizen** machen sollen oder nicht.

5 Der Vortrag sollte übersichtlich **gegliedert** und geordnet vorgetragen werden. Er muss also einen klar definierten Anfang und ein ebenso deutlich mitgeteiltes Ende sowie eine thematisch eindeutige Überschrift haben.

> **MERKE** Die einzelnen Ratschläge und Hinweise für einen guten Vortrag lassen sich zusammenfassen in einer **L-K-G-Regel:** Ein Vortrag soll **l**ebendig vorgetragen werden, er soll **k**urz und gut **g**egliedert sein.

Wichtiges zum **Argumentieren** steht → auf Seite 29 – 33.

2 Freies Sprechen

■ Viele Vorträge – gerade in der Schule – hinterlassen nichts als gähnende Langeweile, und dies liegt meistens daran, dass der Vortragende eine der beiden folgenden Vortagstechniken gewählt hat:

1 Der Vortrag wird von Anfang bis Ende **vorgelesen.** Dieser scheinbar sicherste Weg liefert die „Misserfolgsgarantie" gleich mit: Die Zuhörer schalten früher oder später ab.

2 Der Vortragende lernt den Text **auswendig** und trägt das auswendig Gelernte vor. Zwar ist auf diese Weise der Blickkontakt zu den Zuhörern möglich, die Methode ist aber gerade aus diesem Grunde auch ungeheuer störanfällig. Der erste kritisch guckende Zuhörer, die erste Unaufmerksamkeit, der erste halblaute Kommentar zum Nachbarn kann den Redner völlig aus dem Konzept bringen – der völlige „Blackout" ist häufig die Folge. Am schlimmsten wird die Situation dann, wenn jemand anfängt zu „leiern" – wirkliches Zuhören wird fast unmöglich.

■ Es ist daher auf jeden Fall empfehlenswert, ein Stichwortkonzept des Vortrages anzulegen.

▸ Das Vortragen mit Hilfe eines Stichwortkonzeptes ermöglicht es dem Redner, den Blickkontakt zu seiner Zuhörern während der ganzen Zeit aufrechtzuerhalten.

▸ Störungen führen nicht zum völligen Blackout, im Gegenteil, der Redner kann sich durch einen Blick auf sein Konzept neu sammeln – und so gleichzeitig den Zuhörern die Gelegenheit zu einer kurzen Denkpause geben, um das eben Gehörte zu verarbeiten.

▸ Im Stichwortkonzept stehen nur die zentralen Stichworte, die sprachliche Ausgestaltung dieser Aspekte erfolgt in der mündlichen Rede – der ermüdende Unterschied zwischen gesprochener und geschriebener Sprache taucht nicht auf. Auch die Gefahr, die Rede „herunterzuleiern", besteht nicht.

TIPP Günstig ist, den Vortrag vor Freunden zu üben. Dabei kann man auch versuchen, bewusst einige „Unarten" (Fülllaute wie „äh", falsches Sprechtempo, eintönige Satzmelodie) zu kontrollieren und durch Übung abzustellen.

3 Diskussion

3.1 Techniken der Diskussionsleitung

■ Der Diskussionsleiter muss den Gesprächsgegenstand gut kennen, damit er Gesprächsverlauf und -beiträge strukturieren kann.

■ Des Weiteren muss er das Geschehen genau beobachten und realistisch einschätzen, wann er aktiv zu werden hat: Greift er zu schnell und zu oft ein, nimmt er den Diskutierenden Möglichkeiten, das Gespräch selbstverantwortlich zu führen; wartet er zu lange, riskiert er formales Chaos (zu viele reden durcheinander) oder inhaltliche Abschweifungen.

■ Ein guter Diskussionsleiter, eine gute Diskussionsleiterin kümmert sich unter anderem um die zwischenmenschlichen Aspekte des Gesprächs:

- **Gesprächsregeln vereinbaren**
- **Teilnehmer ausreden lassen**
- **Zur Beteiligung am Gespräch auffordern**

■ Wichtig sind außerdem inhaltliche Techniken:

In das Gesprächsthema einführen

Motivierender als das bloße Nennen des Themas ist es, den Anlass für das Gespräch anzugeben. Interesse kann dadurch geweckt werden, dass die praktische oder persönliche Bedeutung des Themas aufgezeigt wird. Durch eine provokative These, einen Widerspruch oder die Schilderung bzw. Demonstration eines verblüffenden Ereignisses kann Neugier geweckt werden.

Über die Zielsetzung sprechen

Wenn alle die Zielsetzung des Gesprächs kennen, fällt es leichter, auf das Ergebnis hinzuarbeiten. Diese Motivation kann verstärkt werden, wenn die Zielsetzung gemeinsam erarbeitet wird. Das erfordert allerdings Zeit.

Wesentliche Punkte hervorheben

Der Gesprächsleiter kann wichtige Aspekte durch seine Mimik akzentuieren, indem er z. B. einen Beitrag durch Kopfnicken unterstreicht, indem er in der Gruppe umherschaut, eine auffordernde Handbewegung macht oder mit den Achseln zuckt.

Strukturierende oder weiterführende Hinweise geben
Oft stehen im Gespräch mehrere Beiträge unverbunden nebeneinander. Der Gesprächsleiter kann Beziehungen zwischen den Beiträgen deutlich machen, indem er sie miteinander vergleicht, z. B. auf Widersprüche, Gegensätze oder Ähnlichkeiten verweist.

Gesprächsergebnisse zusammenfassen
Eine Zusammenfassung strukturiert die Gesprächsinhalte. Indem die wichtigsten Punkte noch einmal hervorgehoben werden, können alle sie sich besser einprägen.

Zu einem abschließenden Meinungsbild auffordern
Ein Meinungsbild kann sinnvoll sein, wenn sehr unterschiedliche Positionen innerhalb der Gruppe vertreten sind und die Gruppe zu einer Entscheidung kommen will, die von allen akzeptiert wird.

3.2 Fragetechniken

■ Die „Kunst des Fragens“ ist die wichtigste Voraussetzung zum Moderieren, sie gehört gewissermaßen zur Grundausstattung des Diskussionsleiters. Mit gezielten und geschickten Fragen kann man alle Zuhörer einbeziehen.

■ Fragen haben neben der inhaltlichen eine formale Seite, die man eindeutig bestimmen kann. Als Diskussionsleiter muss man sich im Klaren darüber sein, mit welcher Frageform man was erreichen kann.

Offene Fragen
Keine möglichen Antworten werden vorgegeben, die Zuhörer können völlig frei antworten. Das ist gleichermaßen reizvoll wie riskant, denn offene Fragen laden wie keine andere Frageform zu persönlichen Stellungnahmen ein und bergen deshalb die Gefahr vorsätzlicher Störungen.

Geschlossene Fragen
Sie lassen nur wenig Alternativen (häufig nur zwei) zu und sind wenig geeignet zur Einbeziehung aller oder zur Entfaltung komplexer Aspekte, aber sinnvoll zur Strukturierung oder auch Planung des weiteren Vorgehens. Auch wenn es darum geht, Sachverhalte auf einige klare Kernaussagen zu reduzieren oder auf die Spitze zu treiben, sind Fragen des geschlossenen Typus sinnvoll.

Entscheidungsfragen

Eigentlich eine Sonderform der geschlossenen Frage, sie erfordert die klare Entscheidung zwischen zwei Alternativen. Dies ist insbesondere dann sinnvoll, wenn es dem Diskussionsleiter darauf ankommt, ein Streitgespräch zwischen zwei Gruppen zu inszenieren, oder wenn es darum geht, jemanden zu einer eindeutigen Stellungnahme zu bewegen.

Rhetorische Fragen und Suggestivfragen

Dies sind Scheinfragen, die keine alternativen Antworten erwarten, sondern die Antwort grundsätzlich schon enthalten. Sie haben im Regelfall keine echte Fragefunktion, sondern wollen die Diskussionsteilnehmer – schlicht gesagt – manipulieren. Suggestivfragen gehen noch ein Stück weiter als rhetorische Fragen und sind von diesen nur schlecht abzugrenzen. Sie suggerieren dem Zuhörer eine der möglichen Antworten als einzig angemessene und richtige und qualifizieren alle anderen möglichen Antworten als dumm oder naiv ab.

Schreiben

1 Formalisierte Texte

Es gibt eine Reihe von Texten, die an ganz bestimmte Formen gebunden sind – z. B. Bewerbungsschreiben – und an die strenge Gestaltungsmaßstäbe angelegt werden.
Allerdings unterliegen auch diese Texte zeitlichen Veränderungen, was sich besonders bei Bewerbungen zeigt. Arbeitsämter, Arbeitgeberverbände, Gewerkschaften, Krankenkassen, Banken legen in jedem Jahr Informationsschriften auf, an denen man sich beim Schreiben von Bewerbungen und Lebensläufen orientieren kann.

1.1 Bewerbungsschreiben

- Das Bewerbungsschreiben vermittelt meist den ersten Eindruck, den man seinem zukünftigen Arbeitgeber gegenüber erweckt. Hierbei ist es besonders wichtig, dass man an eine korrekte äußere Form und klare inhaltliche Bezüge denkt.

- Das Bewerbungsschreiben muss höflich und sachlich abgefasst sein, es darf in seinem sprachlichen Ausdruck weder unterwürfig noch anmaßend sein und weder aufdringlich noch allzu persönlich wirken.

- Zur äußeren Form gehört das DIN-A4-Format (weißes Schreibmaschinenpapier), ein angemessener Rand und eine übersichtliche Anordnung in Absätzen.

- Bewerbungsschreiben werden üblicherweise nicht mit der Hand geschrieben, sondern auf der Schreibmaschine bzw. auf dem PC.

- Das Bewerbungsschreiben wird in **drei Teile** gegliedert:

1 **Kopf** mit Angabe des Absenders, des Datums, der Anschrift des Empfängers, dem Betreff bzw. Bezug und der Anrede;

2 **Hauptteil** mit der Bewerbungsformel, der persönlichen Qualifikation und dem Interesse am Ausbildungsplatz;
3 **Briefschluss** mit Grußformel und Anlagenaufstellung.

■ **Anlagen** sind im Regelfall: Passbild (kein Automatenfoto!), Lebenslauf (➔ unten auf dieser Seite), Kopie(n) des/der letzten Zeugnisse(s).

■ Ganz besonders wichtig ist im Hauptteil die Herausstellung der eigenen Qualifikation sowie die Erläuterung des eigenen Interesses an der Ausbildungsstelle. Im Prinzip muss man deutlich machen, warum man selber gerade für diese Stelle der geeignetste Kandidat ist! Aber mindestens ebenso wichtig ist es, hier nicht zu übertreiben und über das Ziel hinauszuschießen!

1.2 Lebenslauf

■ Der Lebenslauf ist ein lückenloser und genauer Bericht über den bisherigen Verlauf des Lebens. Er wird möglichst knapp in der sachlichen Sprache des Berichts (➔ S. 26) abgefasst.

■ Er gliedert sich in die Abschnitte **„Herkunft“** (Name und Vorname, Geburtsdatum und -ort, Familienstand, Eltern, Geschwisterzahl), **„Bildungsgang“** (Schulbesuch und – wenn schon erfolgt – Berufsausbildung bzw. Fortbildung), **„Berufstätigkeit“** (Daten, Art, Firmen, Aufgaben), **„besondere Kenntnisse und Interessen“** (auch schulische Lieblingsfächer).

■ Es gibt zwei Formen des Lebenslaufes, den **ausführlichen** und den **tabellarischen,** wobei heute vielfach nur der tabellarische gefordert wird.

■ Manchmal heißt es auch, dass der Lebenslauf **handschriftlich,** also nicht mit der Schreibmaschine oder dem PC geschrieben werden soll. Bei einem handschriftlichen Lebenslauf sollte man auf eine saubere Schrift und ein klares Schriftbild achten, denn die Handschrift lässt oft Rückschlüsse auf charakterliche Züge zu.

1.3 Protokolle

■ Im Protokoll werden Vorgänge, Verhandlungen und Ergebnisse dokumentarisch, d. h. auch verbindlich, festgehalten. In einem Protokoll darf nichts hinzugefügt, nichts weggelassen und nichts mit persönlichen Stellungnahmen ergänzt werden.

■ Die knappste Form, das **Stichwortprotokoll,** muss mit der größten Genauigkeit abgefasst werden. Das umfangreichste Protokoll ist das **Wortprotokoll;** es nimmt wortwörtlich alles auf, was z. B. während einer Sitzung oder Verhandlung von den Beteiligten gesagt wird.

1.4 Briefe

Briefe sind schriftliche Mitteilungen an einen bestimmten Empfänger, die mit dem Ziel der persönlichen Ansprache verfasst werden. Auch sie gehören zu den formalisierten Texten, denn auch an sie werden bestimmte **Anforderungen** gestellt.
So gehören in den Brief die Absenderangabe, das Datum, die Anschrift des Empfängers, der Betreff bzw. Bezug, die korrekte Anrede („Sehr geehrte Damen und Herren", „Sehr geehrter Herr Direktor …", „Sehr verehrte Frau Dr. …). Nur bei persönlichen Schreiben lässt man die Anschrift und den Betreff bzw. Bezug weg.

1.5 Feinarbeiten

Die Bearbeitung und Verbesserung eines schon geschriebenen Textes ist heute kein mühsames und zeitraubendes Unternehmen mehr, denn man kann jeden im Computer gespeicherten Text beliebig oft ändern, umformulieren, umstrukturieren usw.! Diesen Vorteil sollte man unbedingt nutzen und den fertigen Text nicht einfach ausdrucken, sondern ihn noch einmal sorgfältig durchlesen und nach den folgenden Kriterien verbessern:

- **Rechtschreibung, Zeichensetzung, Grammatik:** Im Zweifelsfalle Experten wie Eltern oder Lehrer fragen.
- **Satzbau und Satzstruktur:** Sind die Sätze lesbar, also weder zu kurz noch zu lang?

▸ **Fremdwörter und Fachbegriffe:** Sind die verwendeten Fremd- und Fachwörter wirklich sachlich richtig und angemessen?
▸ **Ausdruck:** Ein übertrieben wissenschaftlicher und „staubtrockener" Jargon ist ebenso wenig angemessen wie ein rüder umgangssprachlicher Tonfall.
▸ **Inhaltliche Wiederholung (Redundanzen):** Der Leser, der etwas nicht verstanden hat, kann die gleiche Stelle ja ein zweites, drittes Mal lesen. Also unbedingt vermeiden.

2 Erzählendes Schreiben

■ Das Erzählen verfolgt das Ziel, eigene Erlebnisse wiederzugeben. Hörer oder Leser sollen dieses Geschehen nachempfinden oder nachvollziehen können. Dabei geht es primär nicht um das Informieren, sondern um die Unterhaltung, um das Wecken von Erwartungen und das Erzeugen von Spannung.

■ Während das mündliche Erzählen wesentlich von der Spontaneität lebt, muss man beim schriftlichen Erzählen auf die Gestaltungsmerkmale wie Aufbau und Erzählmittel achten.

■ Der Aufbau (die Gliederung) muss drei Teile aufweisen: **Einleitung, Hauptteil** und **Schluss.**

■ Von Beginn an sollte das Erzählziel (= der Höhepunkt der Erzählung) ins Auge gefasst werden. Man informiert nicht gleich darüber, was geschehen ist; der Fortgang des Geschehens wird unterbrochen durch das Darstellen von Nebensachen oder Einzelheiten. Damit wird der Leser auf den Fortgang der Handlung neugierig gemacht.

■ Zum richtigen Erzählen gehören die entsprechenden Erzählmittel:
▸ Die richtige **Tempusform:** Erzählt wird im Allgemeinen im Präteritum. An einzelnen spannenden Stellen, wie zum Beispiel dem Höhepunkt, kann aber auch im Präsens erzählt werden.
▸ Eine **Erzählperspektive** wählen: zum Beispiel erzählen aus der Sicht

einer der beteiligten Personen (in der Ich-Form) oder als Außenstehender (dritte Person).

- Die passende **Überschrift:** Sie soll das Interesse der Leser wecken, aber nicht zu viel (und schon gar nicht den Höhepunkt) verraten.

3 Beschreibung

■ Das Beschreiben hat zum Ziel, Gegenstände, Räume, Wege, Versuche, Vorgänge, Personen, Pflanzen und Tiere, aber auch Bilder, Grafiken und Zeichnungen sprachlich einem anderen so zu verdeutlichen, dass dieser in der Lage ist, sich das Beschriebene bildhaft vorzustellen. Beschreibungen dienen auch dazu, bestimmte Abläufe (Versuche, Vorgänge) nach entsprechenden Handlungsanweisungen nachvollziehen zu können.

3.1 Vorgangsbeschreibung

■ Ein Vorgang – zum Beispiel ein Arbeitsvorgang, die Benutzung eines Geräts, ein Spiel – soll so beschrieben werden, dass er von den Lesern der Beschreibung ohne Probleme wiederholt werden kann.

3.2 Gegenstandsbeschreibung

■ Ein Gegenstand soll so genau beschrieben werden, dass man sich ein Bild davon machen kann. Die nüchternste Form einer solchen Beschreibung könnte Teil einer Diebstahlsanzeige sein. Auch für eine Verlustanzeige benötigt man eine präzise Gegenstandsbeschreibung.

■ Erforderlich ist eine möglichst detailgetreue Betrachtung des Gegenstands. Wichtig sind genaue Angaben über: **Form, Größe, Farbe** und **Material.**

■ Bei der Beschreibung eines Gegenstandes sind **bildhafte Vergleiche** hilfreich.

■ Die **Sprache** muss anschaulich, einfach und genau sein.

3.3 Personenbeschreibung und Charakterisierung

■ Menschen kann man nicht nur nach ihrem Äußeren (zum Beispiel bei Suchanzeigen), sondern auch nach ihren Charaktereigenschaften, Gewohnheiten, Steckenpferden usw. beschreiben. Die zweite Art der Beschreibung nennt man auch **Charakterisierung.** Wichtig dabei ist, dass man die zu beschreibende Person nicht in ihrer Würde verletzt oder mit Vorurteilen belastet.

■ Bei der **Personenbeschreibung** beginnt man beim Gesamteindruck und äußeren Erscheinungsbild und geht dann die einzelnen Teile des Körpers durch, beginnend beim Kopf.

Auffällige Merkmale werden hervorgehoben.
Beispiel: Er hat besonders lange Arme.

Unauffällige Merkmale müssen nicht erwähnt werden.
Beispiel für einen unnötigen Hinweis: Seine Füße sind normal groß.

4 Bericht

■ Der Bericht ist eine der wichtigsten Darstellungsarten, in denen über einmalige oder besondere Tagesereignisse, Veranstaltungen, Handlungen informiert wird.

■ Das eigene, gefühlsmäßige Erleben tritt hinter die rein sachliche Darstellung zurück; der Hörer oder der Leser soll einen Sachverhalt genau erfahren, sich etwas erklären lassen oder auch belehrt werden. Im Bericht wird weder unterhalten noch ein Eindruck vermittelt.

■ Äußerungen von Beteiligten werden in der indirekten Rede oder als Zitat wiedergegeben (→ Zitieren S. 40).

■ Die **Zeitform** des Berichts ist das Präteritum.

5 Inhaltsangabe

■ Das Kriterium dafür, ob ein Text in den Grundzügen verstanden ist, ist die eigenständige Formulierung einer Inhaltsangabe. Das überprüfbare Verfahren besteht darin, den Text stark zu kürzen, ihn aller rhetorischen Besonderheiten zu entkleiden und sich selbst jeden Kommentars, der über die Erläuterung der Verstehensschwierigkeiten hinausgeht, zu enthalten.

■ Die Wiedergabe erfolgt **mit eigenen Worten,** und zwar sachlich.

■ Die **Zeitform** ist das Präsens.

■ Die **direkte Rede** sollte möglichst **vermieden** werden.

5.1 Inhaltsangabe mit Stellungnahme

■ Die Inhaltsangabe mit Stellungnahme oder auch erweiterte Inhaltsangabe hat zum Ziel, den wiedergegebenen Text in seiner **Aussage** zu bewerten. Daher schließt sie mit einer begründeten Stellungnahme ab. Bei entsprechenden Aufgabenstellungen ist genau darauf zu achten, was in den Aufgaben gefordert wird!

5.2 Textbeschreibung

■ Die Textbeschreibung basiert auf der Textwiedergabe mit eigenen Worten und dient dazu, den Text in seiner **Eigentümlichkeit** zu erfassen. Das Augenmerk richtet sich auf das, was einem Text das unverwechselbare Gepräge gibt, d. h., was ihn von anderen Texten unterscheidet. Es kommt darauf an, die Absicht als das organisierende Prinzip des Textes zu erkennen, dem die einzelnen Textbestandteile funktionell zugeordnet sind.

■ Um Wiederholungen zu vermeiden, sucht man Möglichkeiten, Befunde zu gruppieren und zusammenhängend zu beschreiben.
Beispiel: Der Ich-Erzähler geht besonders häufig auf die Krankheit der Mutter ein, und zwar gleich am Anfang, dann wieder vor Beginn der Tanzszene und erneut im letzten Absatz.

6 Textinterpretation

■ Sinnvollerweise wird die Deutung eines Textes bei dem Aspekt ansetzen, der bei der ersten Lektüre ins Auge gefallen ist (subjektiver Verstehensprozess); diese **Deutungshypothesen** müssen später durch eine genauere Untersuchung des Textes bestätigt, ergänzt oder korrigiert werden.

> **MERKE** Kurz gesagt geht es bei der Deutung eines Textes um Folgendes: Was hat mir der Text zu sagen, worum geht es (Thema), was passiert, welche sprachlichen Auffälligkeiten gibt es und welche Funktion/Wirkung haben diese?

Eine Liste mit Leitfragen zur Textanalyse findet sich auf S. 38.
Vergleiche auch Erschließung literarischer Texte S. 49 und Leitfragen zur Analyse von Sachtexten S. 59.

■ Man unterscheidet zwei methodische Möglichkeiten, die Deutung eines Textes im Hauptteil der Interpretation zu gliedern:

▸ **Lineares Verfahren**

Man interpretiert Schritt für Schritt an den Abschnitten des Textes entlang; dazu muss man eine sinnvolle Gliederung des Textes finden. Beschreibung und Deutung des jeweiligen Abschnittes müssen deutlich getrennt werden, und die Deutung muss deutlich über die reine Beschreibung hinausgehen, sonst wird sie zur reinen Inhaltswiedergabe.

▸ **Aspektorientiertes Verfahren**

Man geht von übergeordneten Deutungsgesichtspunkten bzw. Deutungshypothesen aus; diese müssen zunächst aus dem vorläufigen Verständnis des Gesamtzusammenhangs heraus gesetzt werden.
Die unterschiedlichen Aspekte verfolgt man dann nacheinander durch den gesamten Text (Längsschnitt), betrachtet also zu einem Aspekt mehrere Textstellen und bezieht auch die sprachliche Gestaltung mit ein.

■ Neben diesen alternativen Herangehensweisen gibt es zwei – sich allerdings durchaus ergänzende – Interpretationsmethoden:

▸ **Textimmanente Interpretation**

Die Interpretation konzentriert sich völlig auf den Text – losgelöst von allen geschichtlichen oder sonstigen Bezügen. Der Ausgangstext ist die alleinige Grundlage der Deutung anhand der oben skizzierten Leitfragen.

Textübergreifende Deutung

Die komplexe Bedeutung eines Textes erschließt sich oft erst, wenn man neben den textimmanenten Aspekten auf zusätzliche Kenntnisse, Materialien, Quellen zurückgreift, z. B. die Biografie (Lebensgeschichte) des Autors, geistesgeschichtliche, politische, gesellschaftliche, wirtschaftliche Zusammenhänge seiner Zeit, Wirkungs- und Rezeptionsgeschichte des jeweiligen Textes.

7 (Literarische) Charakterisierung

- Die Hauptperson (oder eine andere Gestalt) eines literarischen Textes wird in ihrem Aussehen, ihrem Charakter, ihrem Verhalten, ihrer Eigenart und ihrer Beziehung zu anderen Personen genau gekennzeichnet. Man legt dabei den gesamten Text zugrunde, weil es auch um die Entwicklung der Person über den gesamten Zeitraum geht.

- Zweck einer literarischen Charakteristik ist das genaue Erkennen der Personen und ihrer Motive und Beziehungen zu den anderen. Damit ist auch ein intensiveres Textverständnis und die Ausbildung von Menschenkenntnis verbunden.

8 Erörterung und Argumentation

8.1 Was ist ein Argument?

Wenn man argumentiert, stellt man zunächst eine **Behauptung/These/ Forderung** auf. Diese wird durch ein **Argument** bzw. mehrere Argumente näher begründet, um jemanden zu veranlassen, die Behauptung für richtig zu halten. **Beispiele** oder **Belege** können die Argumente stützen.
In einer Diskussion können **Behauptungen** grundsätzlich durch **Gegenbehauptungen** in Frage gestellt werden. Auch Argumente können als nicht stichhaltig zurückgewiesen werden.

8.2 Wie strukturiert man eine Argumentation?

Die Argumentationskette oder -reihe (1)

Sicher die häufigste Form des Argumentationsaufbaus: Die einzelnen Argumente werden nacheinander entwickelt, wobei sich im Idealfall das nachfolgende aus dem vorhergehenden Argument zwingend ergibt. Die Reihenfolge ist ebenfalls klar: vom unwichtigsten zum wichtigsten.

Die vergleichende Argumentation (2)

Der Argumentationsplan ähnelt eher einer Zickzacklinie. Zunächst werden ein bis zwei Argumente entwickelt, dann ein oder zwei mögliche Gegenargumente genannt und erörtert, natürlich mit dem Ziel, diese zu entkräften und so zum nächsten eigenen Argument zu gelangen. Diese argumentative Strategie ist deshalb besonders wirksam, weil sie (scheinbar oder tatsächlich) wirklich objektiv vorgeht und Gegenargumente nicht verschweigt, sondern in die eigene Argumentation einbezieht.

Die kompromissschließende Argumentation (3)

Ein Sachverhalt wird zunächst argumentativ von einer Seite genau dargestellt, dann wird eine andere, ebenso mögliche Perspektive präzise dargelegt, und am Ende steht eine Schlussfolgerung, die möglichst beide Seiten angemessen berücksichtigt.

Die Regel-und-Ausnahme-Argumentation (4)

Der Vortragende geht von einer allgemeinen Situation aus, die er zunächst kurz darstellt und die zu scheinbar klaren und eindeutigen Schlüssen führt. Nun versucht er, Gegengründe möglichst genau anzugeben, die zwar keine allgemeine Bedeutung haben, aber für diesen ganz besonderen Fall gelten.

8.3 Rhetorische Mittel

Die Berufung auf Autoritäten (5)

Sie ist die beliebteste rhetorische Technik, ohne die kaum ein Redner auskommt. Der Vortragende zitiert wörtlich oder sinngemäß eine Autorität auf dem Gebiet und kann sich hinter diesem sachlichen Bollwerk quasi verschanzen, denn jeder, der diese Aussagen bezweifelt, greift nicht den Redner bzw. Schreiber, sondern die zitierte Autoritätsperson an.

Der Appell an das Gefühl (6)

Sachliche Aussagen werden auf die Ebene der Emotionen, Gefühle und (Vor-)Urteile gehoben. Auf diese Weise kann man an Wertvorstellungen, die bei den Zuhörern existieren, anknüpfen und sich mit ihnen solidarisch erklären. Die rhetorische oder Scheinfrage ist das am häufigsten benutzte Stilmittel, um an Gefühle zu appellieren. Dabei wird eine Frage nur gestellt, um eine bestimmte, bereits bekannte Antwort zu hören.

- **Die Beschuldigung** (7)

Den Zuhörern oder Lesern wird versucht vorzumachen, dass sie dann, wenn sie sich der Meinung des Redners/Schreibers nicht anschließen, etwas Riskantes, evtl. sogar moralisch nicht Tragbares zu verantworten haben. Der Referent stützt sich auf ein bestimmtes Wertesystem, das er absolut setzt und nicht hinterfragt.

- **Der Appell an den gesunden Menschenverstand** (8)

Diese rhetorische Technik reklamiert für die eigene Position die Meinung einer großen Mehrheit und drängt damit diejenigen Zuhörer, die sich der Meinung des Redners nicht anschließen, in eine kleine Minderheit. Typische Floskeln für diese rhetorische Technik sind Einleitungssätze, die ein klares Freund-Feind-Schema aufbauen.

- **Persönlich werden** (9)

Die Grenze zur gerade beschriebenen Technik ist fließend. Derjenige, der persönlich wird, stellt nur scheinbar die Sache in den Vordergrund, argumentiert aber in Wirklichkeit gegen andere Personen oder Institutionen. Argumente werden ersetzt durch persönliche Attacken.

- **Übertreiben und Verallgemeinern** (10)

Ein Einzelfall wird als typischer Allgemeinfall dargestellt und die Symptome dieses Einzelfalles werden dann als grundlegende Regeln bezeichnet. Das funktioniert auch „wunderbar" bei falscher Übertragung: Ein ganz bestimmtes Ereignis wird auf andere Situationen, Umstände, Zeiten, Akteure oder Ziele übertragen.

8.4 Die freie Erörterung

■ Jedes strittige Thema verlangt eine Erörterung. Man spricht von freier Erörterung, wenn es um ein allgemeines Thema (ohne Textbindung) geht.

Beispiel: „Sollte Genforschung geächtet werden?"

■ Man unterscheidet folgende Formen von Erörterungen:

1 **Lineare, steigernde oder reihende Erörterung**
Aus der Anordnung von Argumenten (→ S. 30) vom weniger Wichtigen zum Wichtigsten ergibt sich am Schluss die persönliche Stellungnahme des Verfassers.

2 **Dialektische Erörterung im Pro-und-Kontra-Verfahren**
In der **Einleitung** sollte sofort das Thema benannt werden, um die Aufmerksamkeit des Lesers zu erreichen, indem z. B. von einem aktuellen Einzelfall ausgegangen, die Meinung eines Experten in Form eines Zitats wiedergegeben oder die kontroverse Problematik des Themas herausgestellt wird.
Der **Hauptteil** besteht aus einem Wechsel von Argumenten. Den eigenen Begründungen werden jeweils die Gegengründe gegenübergestellt, um sie zu entkräften.
Der **Schluss** kann mit dem letzten Satz des Hauptteils identisch sein und entfallen. Er kann aber auch Gedanken aus der Einleitung wieder aufgreifen oder offen formuliert sein und einen Ausblick geben.

8.5 Die textgebundene Erörterung

■ In der Texterörterung setzt man sich kritisch mit der Argumentation in einem vorliegenden Text auseinander. Sie setzt eine Beschreibung des Textes voraus. Um die Unterscheidung von Textwiedergabe und anschließender Erörterung deutlich zu machen, sollte man zuerst den Text ausführlich zur Sprache kommen und dann die Arbeit auf Auseinandersetzung und Stellungnahme zulaufen lassen.

■ Wenn man in einem Text die (oder eine) Antwort auf eine Frage vor sich hat, so ist es die Aufgabe der Texterörterung, sich mit dieser Antwort und der Art ihrer sprachlichen Gestaltung auseinander zu setzen. Es geht also bei dieser Aufgabenart darum, Grundposition und argumentativen Gedankengang des Textes zu klären, die Argumentation kritisch zu überprüfen und den eigenen Standpunkt gegenüber der Fragestellung des Textes zu klären.

8.6 Problemerörterung im Anschluss an Texte

■ Ein vorliegender Text wird auf die Probleme, die er zur Sprache bringt, reduziert. Die Hauptaufgabe besteht darin, den Kerngedanken herauszulösen und knapp zu formulieren. Gegenstand der folgenden Erörterung ist jetzt nicht mehr der Text, sondern der als These formulierte Kerngedanke.

9 Textvergleich

■ Der Vergleich von Texten, die einander entgegengesetzt sind, erleichtert das Verstehen der einzelnen Texte.

■ Man tut gut daran, zunächst einen Text zu bearbeiten, ohne den anderen zu berücksichtigen, wobei die Reihenfolge dem Bearbeiter überlassen bleibt. Bei der Besprechung des zweiten Textes kann der erstbehandelte herangezogen werden, doch sollte der ausdrückliche Vergleich der Positionen in einem besonderen Abschnitt durchgeführt werden, da er mit dem Urteil des Bearbeiters verbunden ist.

10 Appellierendes Schreiben

■ Von allen Schreibformen wird beim appellativen Schreiben die Sprache am gezieltesten als Mittel eingesetzt, um die Empfänger (Hörer/Leser) in Bezug auf ihr Bewusstsein und ihr Handeln zu beeinflussen. Der Adressat soll für eine bestimmte Sache gewonnen werden.

■ Appellative Sprache ist werbend, d. h., der Text muss so abgefasst sein, dass der Leser nicht nur die ersten Zeilen, sondern den ganzen Text liest, er muss dafür einprägsam und knapp formuliert sein.

■ Wichtige Stilelemente sind Wiederholungen und positiv wirkende Adjektive.

■ Appellative Sprache ist umso wirksamer, je konkreter sie auf die Redesituation und die Adressaten abgestimmt ist.

11 Kreatives Schreiben

■ Immer bedeutsamer wird im Deutschunterricht das freie bzw. kreative Schreiben. Beim freien Schreiben steht der Schreibprozess im Vordergrund, es geht darum, die Schüler weitgehend frei von Vorgaben formulieren zu lassen, um die Lust am Schreiben zu erhalten bzw. zu erzeugen (und Blockaden abzubauen).

■ Das Schreiben dient darüber hinaus der Selbsterkenntnis (z. B. im Tagebuch) und kann häufig eher als in genormten Schreibformen Bilder, Musik, Gedanken, Stimmungen, auch andere Texte erschließen und „ausmalen". Hier kann das freie Schreiben dazu helfen, die eigene Fantasieproduktion anzuregen und zu erfahren.

Test

1

a Was ist an der folgenden Bewerbung formal und inhaltlich falsch, was fehlt, und was ist überflüssig?
b Schreibe eine korrekte Bewerbung für diesen erfundenen Fall.

Hermann Meier
X-Stadt
Y-Straße 27
Betr: Bewerbung auf die Stelle als Bankkaufmann

Liebe Banker!
Durch Zufall habe ich Ihre Annonce in der Zeitung gelesen und da ich später gerne mit viel Geld zu tun hätte, möchte ich mich bewerben.
Ich gehe zur Zeit in die Klasse 10 der Pestalozzi-Realschule.
Mein Bruder macht ebenfalls eine Banklehre und hat viel Spaß daran, weil die Kollegen so lustig sind. Meine Hobbys sind Gitarre spielen und Skateboard fahren.

Hochachtungsvoll

Anlage
Lebenslauf

Test

2 **Ordne die folgenden Formulierungen einem der in diesem Kapitel vorgestellten Argumentationsmuster bzw. einem der rhetorischen Mittel zu.**

a Als vermittelnder Standpunkt ergibt sich …
b Seid ihr nicht auch der Meinung …
c Das ist zwar grundsätzlich richtig, aber …
d Grundsätzlich gilt zwar …, aber in diesem Falle …
e Als Resümee lässt sich festhalten ...
f Wer nicht will, dass … eintritt, muss …
g Nur diejenigen, die im Wolkenkuckucksheim leben, können glauben, dass …
h Auch wenn normaler Weise gilt …
i Schon der berühmte … hat gesagt: …
j Kein vernünftiger Mensch kann bezweifeln …
k Gerne wird gesagt, dass … aber …
l Dies muss man so sehen, weil …
m Sicherlich ist aber auch stichhaltig, dass …
n Gerne wird gesagt, …, hier aber gilt …
o Wenn du ehrlich zu dir selbst bist, kannst du nicht im Ernst behaupten …
p Man hat in … gesehen, was passiert wenn …, und genau das Gleiche wird wieder geschehen, wenn …
q Lasst mich kurz den bekannten … zitieren …
r Andererseits ist festzuhalten, dass …
s Nur wenige unbelehrbare Besserwisser glauben noch immer …
t Das ist mal wieder typisch für x …
u Wer kennt nicht den bekannten Ausspruch von …
v Als Konsequenz/Folge ergibt sich …
w Das Folgende erklärt sich aus …
x Auf der anderen Seite muss man bedenken, dass …
y Ist es nicht ein Skandal, dass …
z Der … ist auch so ein typischer Karrierehengst …

Lesen, Verstehen, Auswerten

1 Lesen

Fachleute haben herausgefunden, dass man mit einiger Übung den Informationsgehalt von Texten sehr viel schneller wahrnehmen kann, wenn man bestimmte Techniken anwendet. Die normale Lesegeschwindigkeit eines durchschnittlichen Lesers liegt bei etwa 200 Wörtern pro Minute, sie lässt sich ohne weiteres verdoppeln und verdreifachen. Alle Fachleute, die sich mit Lesetechniken beschäftigen, raten dazu, sich beim Einüben des Schnell-Lesens einer Lesehilfe zu bedienen, die die gerade zu lesende Zeile markiert – ein Stift oder zur Not auch den Finger. Je mehr man in dieser Technik geübt ist, desto mehr Wörter kann das Gehirn gleichzeitig aufnehmen! Es ist übrigens inzwischen einwandfrei nachgewiesen, dass diese Technik am Computerbildschirm deutlich schlechter funktioniert als bei bedrucktem Papier.

■ Grundsätzlich unterscheidet man drei verschiedenen Arten des Lesens: das punktuelle, das diagonale und das intensive Lesen.

1.1 Das punktuelle Lesen

■ Hier wird der Text nicht als Ganzes, sondern wie ein Mosaik betrachtet. Der Leser hat einzig das Interesse, einige für ihn wichtige Informationen zu erhalten – auf den logischen Aufbau, die Entwicklung der Argumentation und die Logik der Schlussfolgerungen kommt es ihm nicht an. Das ist natürlich sehr anstrengend, kann aber gerade dann, wenn man nur ganz bestimmte Informationen sucht, sehr effektiv sein.

1.2 Das diagonale Lesen

■ Beim diagonalen Lesen nimmt man sich ein Kapitel oder einen Abschnitt des Buches vor und überfliegt die Seiten mit Hilfe der slalomförmig über die Seiten gleitenden Lesehilfe, um so einen Überblick über den Inhalt des Kapitels zu erhalten. Auf diese Weise sollen über Schlüsselwörter die wichtigsten Informationen aufgenommen werden. Ziel des diagonalen Lesens ist es, einen Gesamtüberblick über einen Text, sein Thema und seine Details zu erhalten. Anschließend kann man entscheiden, ob dieser Text z. B. für ein Referat geeignet ist oder nicht. Das diagonale Lesen ersetzt natürlich nicht die intensive Lektüre des dann herausgesuchten Materials.

1.3 Das intensive Lesen

■ Ziel des intensiven Lesens ist ein methodisch kontrolliertes und sachlich durchdachtes Textverständnis. Dies setzt auf der Seite des Lesenden voraus, dass die argumentative Struktur und der logische Aufbau des Textes erfasst und seine Hauptaussagen von den weniger wichtigen – evtl. sogar überflüssigen – Argumenten getrennt werden.

2 Verstehen

2.1 Eigene Leseerwartungen und -erfahrungen nutzen

■ Das Verstehen eines Textes beinhaltet ein ständiges Werten und Entwerfen des Sinnes während der Lektüre. Erst wenn man sich als Leser ein Bild des Textganzen machen kann, ist man zufrieden, weil man meint, zu einem vom Text vorgegebenen Verstehensziel gekommen zu sein. Die Frage ist nun, welche an den Text herangetragenen Gesichtspunkte das Verstehen lenken. Leseerwartungen und -bedürfnisse, die aus der Lebenspraxis des Lesers stammen, sind ausschlaggebend für das wertende Verstehen. Die eigenen **Leseerwartungen** lassen sich mit folgenden Fragen klären:

- Nach welchen Gesichtspunkten bewerte ich als Leser den Text?
- Was gefällt und was missfällt mir am Text?
- In welchem Bezugsrahmen verstehe ich ihn?

■ Eine wichtige Funktion für das Verstehen kommt auch der **Perspektivität** des jeweiligen Textes zu: Die Gegenstände und Sachverhalte erscheinen dem Leser in der **Perspektive,** in der sie vom Autor formuliert worden sind. Das bedeutet, dass sich der Leser entweder auf den Standpunkt des Autors einlassen, sich mit ihm identifizieren und somit die Sichtweise des Autors zur eigenen Perspektive machen kann oder sich von vornherein gegen die Perspektive des Autors sperren und Widerstände aufbauen, also eine direkte Gegenperspektive gegen den Autor aufbauen kann.

2.2 Fragen an den Text stellen

■ Die bewusste Nutzung der eigenen Leseerwartungen führt dazu, Fragen an den Text zu stellen. Um dem Text gerecht zu werden und Fragen an ihn stellen zu können, muss der Leser das ihm schon **Bekannte** mit dem **Neuen,** das der Text entwirft, vergleichen und das Eigene vom Fremden unterscheiden. Ist er sich über seine Erwartungen, seine Voraussetzungen und Vor-Urteile nicht im klaren, misslingt das Verstehen.

2.3 Checkliste zur Textanalyse

Die folgenden **Leitfragen** sollen die Analyse erleichtern und systematisieren, sie können durchaus im Sinne einer „Checkliste" benutzt werden, auch wenn natürlich nicht alle Fragen für jede Textsorte sinnvoll sein können!

Zur – äußeren – Form:

- Wie lautet der Titel des Textes?
- Wer ist der Autor/die Autorin bzw. sind die Autoren?
- Lässt sich der Text einem bestimmten Typus zuordnen?
- Wann ist der Text entstanden?
- In welcher Aufmachung und welchem Umfeld erscheint er?
- Für wen, welche Zielgruppe ist der Text geschrieben?

Zum Inhalt:

- Um welches Thema oder welche Themen geht es?
- Wie lautet die zentrale Aussage, die Kernthese?
- Wie ist in diesem Zusammenhang die Funktion des Titels, der Überschrift einzuschätzen?
- Wie wird die Kernaussage erläutert?

- Welche Argumente für die Textaussage finden sich?
- Sind diese Argumente ausgewogen und vollständig oder einseitig und lückenhaft?

Zur Autorintention:

- Ist die Kernthese eher sachlich oder emotional-appellativ?
- Will der Text das Gefühl des Lesers ansprechen und beeinflussen?
- Gibt es eine versteckte Botschaft?
- Will der Text dem Leser einen bestimmten Standpunkt aufdrängen?

Zur sprachlich-stilistischen Gestaltung:

- Welche sprachlichen Auffälligkeiten werden im Wortbereich benutzt (z. B. stark wertende Adjektive, Verben …)?
- Welche Besonderheiten in Bezug auf den Satzbau sind zu verzeichnen (z. B. extrem kurze Sätze = „Stakkato-Stil")?
- Welche rhetorischen Figuren und Mittel (➔ S. 30) finden sich (z. B. persönliche Angriffe, Berufung auf Autoritäten)?

Zu den eigenen Erwartungen:

- Was ist meine Motivation, mich mit dem Text zu beschäftigen?
- Kenne ich den Autor, habe ich schon etwas von ihm gelesen?
- Falls ja: Wie hat das bereits Gelesene auf mich gewirkt?
- Habe ich die Situation, die der Text entwirft, selber schon einmal erlebt? Mit welchen Gefühlen?
- Habe ich über die aufgeworfenen Fragen schon vorher nachgedacht? Mit welchen Ergebnissen?

3 Exzerpieren

3.1 Markieren

■ Der vorher überflogene Text wird intensiv gelesen, und es werden (sofort oder in einem zweiten Durchgang) alle wichtigen Aussagen **unterstrichen.** Die Kunst des Markierens und Unterstreichens besteht darin, die richtige „Menge" an Informationen zu kennzeichnen.

3.2 Marginaltitel und Zuordnungskriterien

■ Im zweiten Arbeitschritt können am Rand so genannte Marginaltitel (englisch *margin* = Rand) notiert werden. Die Abschnitte, die diese Titel kennzeichnen, sollen logische Einschnitte markieren, sie müssen sich also keineswegs mit den vorgegebenen Absätzen des Textes decken. Wichtig ist, dass man die strukturelle Funktion des Abschnittes erfasst.

■ Der dritte Arbeitsgang kann – muss aber nicht – durchaus gleichzeitig mit dem zweiten erfolgen: die Markierung der unterstrichenen Passagen am Rande des Textes (evtl. auf der den Marginaltiteln gegenüberliegenden Randseite) unter bestimmten Zuordnungskriterien.
Es ist sinnvoll, mit Symbolen und Abkürzungen zu arbeiten, beispielsweise:

W = besonders wichtig
Z = zentral (also noch wichtiger)
N = in anderen Quellen (Lexika) genauer nachschlagen
F = fraglich, unbewiesene Behauptung
V = vertiefender Gedankengang
I = illustrierendes Beispiel
P = Problematisierung
? = unverständlich/missverständlich
?? = noch einmal genau überdenken
Lit. = wichtige Literaturangabe

4 Zitieren

■ **Zitate** haben eine **doppelte Funktion:** Sie dienen der eigenen Ehrlichkeit. Einen Gedanken, den ich nicht selbst erdacht, sondern von jemand anderem übernommen habe, darf ich nicht als eigenen ausgeben. Sie dienen zweitens der Absicherung der eigenen Argumentation.

■ **Zitierregeln:**

- Anfang und Ende eines Zitates gehören in Anführungsstriche.
- Besonderheiten des Originals (z. B. falsche Rechtschreibung) müssen originalgetreu übernommen werden.
- Auslassungen aus dem Originaltext müssen mit rechteckigen Klammern und drei Auslassungspunkten [...] gekennzeichnet werden.
- Veränderungen des Originaltextes (z. B. Worte fett gedruckt oder in Klammern) müssen ausgewiesen werden.

Beispiel: Die alte Frau in Borcherts Kurzgeschichte erträgt nicht, „dass er [ihr Ehemann] log".

- Zum Zitieren gehört die korrekte **Quellenangabe,** die es jedem Leser möglich macht, die Zitate auf ihre Richtigkeit hin zu überprüfen. Die Quellenangabe muss daher Autor, Titel, Erscheinungsort, Erscheinungsjahr und Seitenangabe enthalten.

Beispiel: Wolfgang Borchert, Das Gesamtwerk. Hamburg 1949, S. 185.

■ Es gibt zwei alternative Möglichkeiten der Quellenangabe, die zweite ist einfacher, hat sich aber in Deutschland noch nicht flächendeckend durchgesetzt.

A Jedes Zitat wird mit einer **Fußnote** versehen, in der beim erstmaligen Zitieren alle oben genannten Informationen enthalten sein müssen. Beim nochmaligen Zitieren derselben Quelle reichen dann der Verfassername, ein „a. a. O." (das heißt „am angegebenen Ort") und die Seitenzahl.

Beispiel: W. Borchert, a. a. O., S. 191

B Direkt hinter das Zitat kommt in den Text **in Klammern** der Autorenname, das Erscheinungsjahr und die Seitenzahl, die entsprechende Fußnote fällt weg. Die zur Nachprüfung noch fehlenden Informationen kann der Leser sich bei Bedarf aus dem Literaturverzeichnis am Textende besorgen.

Beispiel: (Borchert 1949, S. 191)

5 Literaturverzeichnis anlegen

■ Auch hier gibt es mittlerweile für die Schule Standards:

▸ Zusätzlich zu den schon beim Zitieren (→ S. 40) genannten Informationen zu Autor, Titel, Erscheinungsort, Erscheinungsjahr und Seitenangabe müssen noch eventuelle Untertitel, die Auflage, Ort und Zeit der Originalausgabe und – falls das Buch im Original in einer Fremdsprache erschienen ist – die genauen Angaben zur Übersetzung genannt werden.

▸ Gibt es mehrere Autoren, werden entweder alle genannt oder – bei mehr als drei – der erste und ein „u. a." („und andere").

▸ Handelt es sich um Herausgeber, etwa in einem Sammelband, gehört hinter den Namen in Klammern ein „Hg." oder „Hrsg." (für „Herausgeber").

▸ Ist der Beitrag aus einer Zeitschrift, gibt man zusätzlich den Titel der Zeitschrift, die Bandnummer und das Erscheinungsdatum an.

▸ Auch selbst recherchiertes Material z. B. aus Archiven oder Museen kann auf diese Weise so präzise beschrieben werden, dass die Richtigkeit nachprüfbar ist.

■ Nach wie vor problematisch sind Quellenangaben bei Informationen, die aus dem **Internet** stammen. Es gibt noch keine einheitlichen Regeln, aber zwei Grundsätze sind mittlerweile doch unumstritten: Autor und genauen Titel des Textes nennen und auf jeden Fall die vollständige URL („Uniform Ressource Locator") angeben.

Test

Der folgende Text stellt den Anfang einer Kurzgeschichte dar. Analysiere, durch welche inhaltlichen und sprachlich-stilistischen Mittel ein Bild von den beiden Personen Känsterle und Rosa geschaffen wird.

Wallfried Känsterle, der einfache Schlosser, sitzt nach Feierabend vor dem Fernsehschirm. Wo denn sonst? – Tagesschau, Wetterkarte, die Meisterschaft der Gewichtheber interessiert Känsterle. „Mach den Ton leiser, die Buben schlafen!", ruft Rosa, die in der Küche Geschirr gespült hat und nun hereinkommt. Känsterle gehorcht. „Es ist kalt draußen", plaudert sie, „wie gut, dass wir Winterfenster haben. Nur frisch anstreichen sollte man sie wieder einmal. Wallfried, im Frühjahr musst du unbedingt die Winterfenster streichen. Und kitten muss man sie! Überall bröckelt der Kitt. Niemand im Haus hat so schäbige Winterfenster wie wir! ... Der alte Weckhammer ist umgefallen, beim Treppensteigen, Herzschlag."
Känsterle drückt auf die Taste >Aus<.
„Die Witwe fragt, ob wir den Nikolaus gebrauchen könnten. Eine Kutte mit Kaninchenfell am Kragen, schöner weißer Bart, Stiefel, Sack und Krummstab, alles gut erhalten. Nur vierzig Mark will sie dafür, hat sie gesagt. Mein Mann wird kommen und ihn holen, hab ich da gesagt. Nicht wahr, Wallfried, du wirst Paul und Konradle die Freude machen?" Känsterle schaut auf die matte Scheibe. „Wallfried!" ruft Rosa.
„Aber Rosa", murmelt Känsterle hilflos, „du weißt doch, dass ich nicht zu so was tauge."
Rosa glättet mit der Hand das Tischtuch und schüttelt den Kopf, wobei der Haarknoten, trotz des Kamms, der ihn wie ein braunes Gebiss festhält, eigensinnig wackelt. „Vermaledeiter Stockfisch!", zischt sie, „nicht einmal den eignen Buben willst du diese Freude machen!" [...]

(Aus: Rainer Brambach: Känsterle, in: Ders., Für sechs Tassen Kaffee, Zürich 1972, S. 36 – 40)

Umgang mit literarischen Texten

1 Literarische Gattungen

1.1 Epische Formen

Roman

Der Roman bringt einen umfassend angelegten, weiträumig erzählten Zusammenhang zur Darstellung. Er richtet den Blick auf eine Einzelperson oder auf eine Gruppe von Menschen mit ihren Sonderschicksalen und macht die Zwiespältigkeiten und ständigen Entscheidungsfragen des Daseins sowie das Dilemma von Ideal und Wirklichkeit, innerer und äußerer Welt bewusst.

Trotz der Gebundenheit des Romans an die Außenwelt bestimmen letztlich nicht äußere Taten, sondern innere Entwicklungen den Gang der Handlung (am deutlichsten im Bildungsroman, der die innere Reifung eines jungen Menschen bis zu einem gewissen Abschluss zeigt). In der Gegenwartsliteratur kommt es häufig zum weitgehenden Verzicht auf äußere Handlung und zur Beschränkung auf die „Seelenanalyse" als Beitrag zur Selbstvergewisserung des Menschen, der sich selbst reflektierenden Persönlichkeit.

Novelle

Die Novelle ist eine kürzere Prosaerzählung von einer unerhörten, außergewöhnlichen, aber nicht märchenhaften Einzelbegebenheit mit einem zentralen Konflikt. Die Erzählweise ist konzentriert und geradlinig auf ein Ziel hinführend. Im Gegensatz zur offenen Form des Romans ist die Novelle häufig in sich geschlossenen, episch ausufernde Breite und ausführliche Charakterausmalung des Romans fehlen.

Die Novelle verlangt eine geraffte Einleitung, die dem Leser die Wesenszüge und Charaktereigenschaften der Hauptperson(en) deutlich macht, eine konzentriert herausgebildete und stetig zum Höhepunkt schreitende Handlung mit einem deutlichen Höhepunkt und einen abrundenden Schluss, der die Handlung zu einem inhaltlichen und erzählerischen Ende bringt.

Kurzgeschichte

Im letzten Jahrhundert hat sich diese Textform entwickelt, die man alsbald „Kurzgeschichte“ nannte – ohne allerdings eine genaue Definition dieses Genres formulieren zu können. Typisch für Kurzgeschichten ist nicht nur ihre Kürze, sondern auch die nüchterne Sprache, der unvermittelte Anfang ohne jede Einleitung und – als wichtigstes Merkmal – der offene Schluss, der Unruhe stiftet, dem Leser Fragen stellt und ihn zum Mitdenken und Mitwirken auffordert. Dieser offene Schluss, als Frage verstanden, ist oft der Schlüssel zum Verständnis des Textes.

1.2 Dramatische Formen

Klassisches (aristotelisches) Theater

Im Drama wird eine knappe und in sich geschlossene Handlung unmittelbar in Dialog und Monolog durch die Darstellung auf der Bühne zur Anschauung gebracht. Das Drama ist auf die Bühnendarstellung hin konzipiert und findet in ihr seine Vollendung.
Die Handlung des Dramas entfaltet sich aus dem Konflikt gegensätzlicher Haltungen, Ansichten, Sehnsüchte usw. der Hauptpersonen, die diese in die Tat umsetzen müssen, wodurch sie miteinander in Widerspruch oder Kampf geraten. Da das Drama auf der Bühne darstellbar sein muss, ist straffste zeitliche wie stoffliche Konzentration des Geschehens sowie ein enges Ineinandergreifen der Wechselwirkungen innerhalb der auf der Bühne entfalteten Situation notwendig.
Dieser inhaltlichen Konzentration entspricht die strenge architektonische Gliederung des klassischen Dramas, es wird eingeteilt durch Personen- und/oder Ortswechsel und Akte. Der seit der römischen Antike üblichen Aufteilung in fünf Akte entspricht die dramatische Konzeption: Im ersten Akt (Einleitung/Exposition) wird der oben beschriebene Grundkonflikt für den Zuschauer deutlich, dann folgen spannungssteigernde und die Spannung verzögernde (retardierende) Szenen bis zur Peripetie (Umschlag der Handlung), im Regelfall zum Ende des dritten Aktes, ein weiteres retardierendes Geschehen im vierten und schließlich die „Lösung“ (Katastrophe) im fünften und letzten Akt.

Episches Theater

BRECHT ist der „Erfinder“ des epischen Theaters, das eine klare Alternative zum klassischen, aristotelischen Drama sein will. BRECHT bezweckt mit der Technik seines epischen Theaters, den Zuschauer aus der passiven, der Suggestion durch das Dargestellte ausgelieferten Haltung zu lösen und ihn zur kritischen Stellungnahme zu dem Demonstrierten zu bringen. Daher der Verfremdungseffekt (V-Effekt), der die Illusion immer wieder aufheben und den Beispielcharakter immer wieder bewusst machen soll. Gegenstand des Spieles ist der „veränderliche und veränderte Mensch“. Das Geschehen läuft nicht dramatisch auf Höhepunkt, Katastrophe und Lösung zu, sondern wird in all seinen Wendungen und Möglichkeiten vorgeführt und immer wieder von reflektierenden und argumentierenden Songs unterbrochen. BRECHT selber hat die Unterschiede auf den Punkt gebracht (in: Gesammelte Werke, Bd. 15, Frankfurt/Main 1967, S. 266).

Dramatische Form des Theaters	Epische Form des Theaters
die Bühne „verkörpert“ einen Vorgang	sie erzählt ihn
der Zuschauer wird in eine Handlung hineinversetzt	er wird ihr gegenübergesetzt
verwickelt den Zuschauer in eine Aktion	macht ihn zum Betrachter
verbraucht dabei seine Aktivität	weckt jedoch seine Aktivität
ermöglicht ihm Gefühle	erzwingt von ihm Entscheidungen
vermittelt ihm Erlebnisse	vermittelt ihm Kenntnisse
es wird mit Suggestion gearbeitet	es wird mit Argumenten gearbeitet
die Empfindungen werden konserviert	die Empfindungen werden bis zu Erkenntnissen getrieben
der Mensch wird als bekannt vorausgesetzt	der Mensch ist Gegenstand der Untersuchung
der unveränderliche Mensch	der veränderliche und verändernde Mensch

Modernes und absurdes Theater

„Absurd“ bedeutet im Hinblick auf die traditionellen Theatergewohnheiten „nicht mit der Wirklichkeit, der Erfahrung und der Erwartung übereinstimmend“. Grundlage ist die Erfahrung, dass eine menschliche Existenz ohne Sinn absurd ist. Die Themen sind entsprechend das Erfahren der Sinnlosigkeit und der eigenen Identität. Die Personen wirken oft wie Marionetten, die Beziehungen zueinander lassen keine echte Kommunikation mehr zu (am deutlichsten wohl in BECKETTS „Warten auf Godot“). Die gewohnten Muster zum Wirklichkeitsverständnis, etwa das Gesetz von Ursache und Wirkung, gelten nicht mehr. Die Absurdität wird oft mit den Mitteln des Surrealismus (z. B. bei IONESCO: Menschen verwandeln sich in Nashörner) dargestellt. Oft überrascht auch schon der Bühnenraum. Die Personen stecken in Mülltonnen (BECKETTS »Endspiel«) oder versinken langsam im Sand (BECKETTS »Glückliche Tage«).
Das absurde Theater stellt am konsequentesten die alte Form des Dramas mit seiner kausal nachzuvollziehenden Entwicklung zu einem Ende hin in Frage. Die Absurdität der menschlichen Situation wird nicht diskutiert, sondern dargestellt. Dialoge im alten Sinne gibt es nicht mehr. Gestik und Mimik im Sinne der Clownerie gewinnen an Bedeutung.

1.3 Lyrische Formen

Naturlyrik

Von jeher übte der Bereich der Natur eine besondere Anziehungskraft auf die Lyriker aus. Immer wieder fanden sie dort ihre Themen und Motive. Das hat sich auch heute, da dieser Bereich in der Realität mehr und mehr bedroht ist, kaum geändert. Allerdings haben mit der Gefährdung der Natur viele neue, ungewohnte Töne in die Naturgedichte Eingang gefunden. Neben dem Bewahren und Aufheben der lebendigen Natur im lyrischen Bild stehen poetische Reflexionen über die Bedingungen von Naturgedichten und die Klagen bzw. Anklagen einer sogenannten Öko-Lyrik mit politischer Zielrichtung.

Politische Lyrik

Politischen Gehalt, schreibt ENZENSBERGER 1962, könne das Gedicht nur dadurch gewinnen, dass es sich jedem politischen Auftrag verweigere und gegen den Anspruch der Politik den Protest der politischen Autonomie

erhebe. „Politische Lyrik“ als selbständige Kategorie innerhalb des Lyrischen gibt es für ENZENSBERGER überhaupt nicht. Allein die Gültigkeit seiner sprachlichen Form ist Kriterium der künstlerischen und damit gesellschaftlichen Bedeutung des Gedichtes.
Über den allen Gedichten eigenen Mitteilungscharakter (→ BÜHLERS sprachtheoretisches Modell S. 12) hinaus beabsichtigen politische Gedichte im Regelfall die Veränderung (oder auch Erhaltung) bestimmter gesellschaftlicher Verhältnisse. Sprache ist hier also Instrument zielgerichteter Beeinflussung, tendenzgebundener Manipulation des Hörers oder Lesers, Medium eines primär gesellschaftlichen Wirk- und Machtwillens, weniger eines nur künstlerischen Aussagewillens – und das unterscheidet politische Lyrik doch nachhaltig von allen anderen Formen.

Groteske Lyrik

Die groteske Lyrik geht von ähnlichen oder gleichen Grundannahmen aus wie das absurde Theater: Das Groteske ist wesentlich eine Kategorie der Wirklichkeitserfahrung und -interpretation. Mittel der grotesken Lyrik ist oft das überraschende Zusammenbringen des Nicht-zusammen-Passenden, die Vermischung der Bereiche, Ordnungen und Stile.
Aus dieser formalen Struktur der Groteske ergibt sich ihre Funktion: Sie registriert das spannungsvoll-misstönende, absurd-paradoxe Nebeneinander der Elemente der modernen Welt und Gesellschaft. Das bisher fraglos Akzeptierte soll als fragwürdig und veränderungsbedürftig erkannt werden. Die Groteske ist also wesentlich Auseinandersetzung, Widerspruch, dichterischer Gegenentwurf zur gesellschaftlichen Wirklichkeit.

Lautmalerische Lyrik

Diese vor allem an den Namen Ernst JANDL gebundene Lyrik arbeitet mit der phonetischen Ebene der Sprache und mit dem Layout.

Beispiel: **falamaleikum** von Ernst Jandl

falamaleikum
falamaleitum
falnamaleutum
fallnamalsooovielleutum
wennabereinmalderkrieglanggenugausist
sindallewiederda.
oderfehlteiner?

2 Erschließung literarischer Texte

2.1 Inhaltliche Textelemente

Handlung

Unter Handlung versteht man die Ereigniskette, die der Autor gestaltet. Sie kann aus der Wirklichkeit stammen, aber ebenso gut der Fantasie des Autors entspringen. Aus diesen Ereignissen wird die Geschichte entwickelt. Anfang und Ende, mögen sie auch noch so unvermittelt bzw. offen sein, stehen in Relation zueinander und werden im Gange der Erzählung in einen vom Autor bewusst gestalteten, mehr oder minder verzweigten, mehr oder minder kunstvoll konstruierten, aber prinzipiell vorstellbaren Zusammenhang gebracht.
Für das klassische Drama galt die Forderung nach der „Einheit der Handlung“: Die Ereignisse innerhalb des Schauspiels dürfen nicht immer wieder von außen angeschoben werden, sondern müssen sich aus der im ersten Akt erkennbar werdenden Grundkonstellation (z. B. dem Zielkonflikt der Hauptpersonen, ihrem gegensätzlichen Charakter usw.) gleichsam organisch, von selbst entfalten.

Raum und Zeit

Der Raum ist im erzählenden Text nicht einfach der zufällige Ort der Ereignisse, sondern er wird im Erzählkontext mit Sinn aufgeladen. Er gewinnt eine über seine Gegenständlichkeit hinausreichende Bedeutung, tritt in Korrespondenz zur Handlung und zu den Innenwelten der Personen. Im Extremfall kann eine Landschaft zum Beispiel reine „Seelenlandschaft“ sein.
Für die Zeitgestaltung ist die Beziehung von **erzählter Zeit** (der Zeitraum, in dem das erzählte Geschehen sich abspielt) und **Erzählzeit** (die Zeit, in der die Geschichte erzählt bzw. gelesen wird) von Bedeutung.
Für das klassische Drama galt die Forderung nach der „Einheit von Ort und Zeit“. Das bedeutete:

- Der Handlungsort darf sich nicht ändern, das gesamte Geschehen hatte an einem einzigen Ort zu erfolgen.
- Die Dauer der während der Aufführung verstreichenden Zeit muss der „gespielten“ Zeit entsprechen.

Mit Beginn der Neuzeit wurden diese rigiden Forderungen mehr und mehr gelockert, und schon zur Zeit der deutschen Klassik waren Zeitsprünge und Ortswechsel (verschiedene Bühnenbilder) gang und gäbe. Die epische Literatur hat hier immer weit mehr Freiheiten gehabt: Der Erzähler kann sich streng linear an die zeitliche Reihenfolge der Ereignisse halten, er kann aber auch in Vorausdeutungen nach Belieben weit vorgreifen und damit die Spannung von der Finalspannung auf die Detailspannung verlagern, und er kann in Rückwendungen, mit einem Begriff aus der Filmsprache auch Rückblenden genannt, über Vorgeschichte und Voraussetzungen des jeweils gegenwärtigen Geschehens informieren.

2.2 Gattungstypische Textelemente

Epische Literatur

Erzählperspektive

Der Erzähler ist die fiktive, im Text mehr oder minder deutlich erscheinende Figur, die der Autor sich erfindet, um uns seine Geschichte zu präsentieren. In jedem Text ist ein Erzähler auszumachen als derjenige, der die dargebotenen Geschehensausschnitte begrenzt und anordnet, wie der Regisseur des Films die Szenen schneidet und montiert. Ohne einen Erzähler kein Erzählen.

Es gibt **drei Erzählperspektiven**, die in einem Text durchaus wechseln können.

Die auktoriale Perspektive: Der Erzähler ist in der Erzählsituation anwesend, er bringt sich persönlich, z. B. mit Unterbrechungen und Kommentaren, in das Geschehen. Dieser Erzähler ist scheinbar mit dem Autor identisch, dies ist aber im Regelfall eine Fiktion: Er ist eine eigenständige Gestalt. Wesentlich für den auktorialen Erzähler ist, dass er als Mittelsmann der Geschichte einen Platz sozusagen an der Schwelle zwischen der fiktiven Welt des Romans und der Wirklichkeit des Autors und des Lesers einnimmt. Er ist im wahrsten Sinne des Wortes „allwissend" – das unterscheidet diese Art des Erzählens grundlegend von den beiden anderen Perspektiven. Er kennt die Gedanken, Gefühle, Pläne, Wünsche usw. der Personen, er kann in die Zukunft (Vorausdeutung) und in die Vergangenheit (Rückwendung) sehen.

Die Ich-Perspektive: Der Erzähler gehört hier selber zur Welt der Romancharaktere. Er hat das Geschehen erlebt, miterlebt oder beobachtet oder

unmittelbar von den eigentlichen Akteuren des Geschehens in Erfahrung gebracht. Auch hier herrscht die berichtende Erzählweise vor, der sich die szenische Darstellung unterordnet. Der Ich-Erzähler „weiß“ natürlich nicht mehr, als ein „normaler“ Mensch in einer konkreten Lebenssituation wissen kann, d. h., er kann nicht „in die Köpfe der anderen hineinsehen“, sondern ihre Gedanken, Gefühle usw. nur von außen deuten.
Die personale Erzählperspektive: Sie ist im Grunde genommen eine Sondersituation der Ich-Erzählung, denn erzählt wird ganz und gar aus der Perspektive einer Figur, aber diese taucht explizit in der Handlung nicht auf. Der Leser erhält auf diese Weise in besonders intensiver Art die Illusion, dass er sich selbst auf dem Schauplatz des Geschehens befindet und die Handlung gleichsam „mit eigenen Augen“ erlebt. Die personale Erzählperspektive eröffnet also in besonderem Maße das Gefühl der Unmittelbarkeit und Wirklichkeit der fiktiven Handlung.

Einsträngiges und mehrsträngiges Erzählen

Einsträngig bedeutet, es gibt nur eine Haupthandlung, die geschildert wird. Handlungen, die außerhalb der Perspektive des Erzählers liegen, können allenfalls berichtet oder durch andere indirekte Formen dargestellt werden.
In einem mehrsträngigen Erzähltext dagegen laufen mehrere Handlungen parallel zueinander ab, und der Erzähler „springt“ von einem Handlungsort zum anderen. Das mehrsträngige Erzählen passt natürlich an besten zur auktorialen Perspektive, denn der „allwissende“ Erzähler kann selbstverständlich die Handlungsorte beliebig wechseln.

Dramatische Literatur

Der Dialog als Träger des Dramas

Der Dialog trägt im Drama den Handlungsfortgang in Rede und Gegenrede der Figuren. Im Dialog werden die Konflikte aufgebaut und die Figuren als individuelle Personen charakterisiert. Im Drama handeln die Figuren sprachlich, indem sie fragen, antworten, bitten, entschuldigen, befehlen, warnen, verschweigen, verheimlichen, verlangen usw. Die sprachliche Urzelle des Dramas ist der Anruf, der Reaktionen eines Gegenübers auslöst oder auslösen soll. Im dialogischen Sprechen verwirklichen sich personale Beziehungen als dramatische Handlung. Der Dialog ist das Gerüst, der Träger des Dramas.

Monolog und „Beiseite-Sprechen“

Der Monolog ist ein Selbstgespräch, in dem eine Person für sich bzw. mit sich selbst spricht. Er gibt Auskunft über die Gedanken, Pläne und den Gemütszustand dieser Person.
Der Monolog liegt an der Grenze theatralischer Darstellung: Er vermittelt Gedanken, die nicht unmittelbar durch Handlung ausgedrückt werden können, er lässt das Innere einer Person wie einen direkten psychologischen Bericht erscheinen.
Ebenso kennt das Drama die Möglichkeit, Figuren beiseite – zu sich selber oder auch direkt zum Publikum – sprechen zu lassen. Auch hier wird der Dialog nur vorübergehend unterbrochen. Eine wichtige Funktion besitzt dieses Beiseite-Sprechen im Lustspiel, es hebt Missverständnisse oder Verwechslungen pointierend hervor und macht die Zuschauer auf komische Situationen aufmerksam.

Botenbericht und Teichoskopie

Vorgänge, die beispielsweise aus technischen Gründen nicht auf der Bühne dargestellt werden können (Massenszenen), werden entweder durch die „Mauerschau“ (Teichoskopie) oder den Botenbericht dramatisch verwirklicht: Bei der Mauerschau sehen zwei oder mehr Schauspieler nach hinten in die Kulissen und berichten sich gegenseitig angeregt und gespannt von den Vorfällen, die sie dort (scheinbar) sehen – so kann das Geschehen den Zuschauern übermittelt werden. Dem gleichen Zweck dient der Bote, der von Geschehnissen, die für die Handlung wichtig sind, aber nicht auf die Bühne gebracht werden können, berichtet und damit dem Zuschauer die nötigen Informationen vermittelt.

Lyrische Literatur

Gedichte sind ihrem Wesen nach keineswegs nur Ausdruck von Gefühlen und Stimmungen, die der Dichter sich von der Seele schreibt, sondern – mehr als Prosatexte – in besonders hohem Maße formal durchgearbeitet, auf ihre Wirkung hin genau kalkuliert. Gerade in modernen Gedichten ist die sprachliche wie die äußere Form oft ein wesentlicher Schlüssel zum inhaltlichen Verständnis.

Vers

Lyrik wird grundsätzlich in Verse gefasst. Das heißt, die Zeilen brechen an einer vom Dichter – und nicht zufällig vom Drucker – gesetzten Stelle ab.

Die Brechung des Sprachflusses in Verse schafft durch die damit verbundene Akzentuierung von Wörtern, durch die Pausen und die Überlagerung der normalen Satzstruktur durch die Versstruktur ein Element, das zur rein inhaltlichen Erschließung hinzukommt und zum Verständnis des Textes beachtet werden muss.

Zeilenstil: Satzende und Versende stimmen überein; der Vers schließt mit einer Pause.

Enjambement (Zeilensprung): Der Satz überspringt das Versende und setzt sich im folgenden Vers fort. Am Versende entsteht keine Pause.

Hakenstil: Eine Folge von Enjambements, so dass die Verse durch die übergreifenden Satzbögen gleichsam verhakt erscheinen.

Strophe

Die den Gesamtaufbau eines Gedichts gliedernde Strophenform hat im Regelfall auch eine inhaltlich bedeutsame Funktion, besonders wenn sie vorgeprägten, tradierten Mustern entspricht.

Tradierte Gedichtformen

Sonett: Zwei vierzeiligen Strophen (Quartetten), meist mit dem Reimschema abba/abba, folgen zwei dreizeilige Strophen (Terzette), die in der Regel im Reimschema miteinander verbunden sind, z. B. cdc/dcd oder cde/cde oder ccd/eed.

Ode: Reimlose, strophisch gegliederte lange Gedichtform. Sie kann einem festen Metrum (→ S. 54) folgen, kann aber auch freirhythmisch sein. Typisch für die Ode ist der hohe, pathetische Sprachstil, der zur Größe und Würde der behandelten Themen passt.

Hymne: Ein der Ode verwandter feierlicher Preis- und Lobgesang, Ausdruck hoher Begeisterung. Entsprechend dem ekstatischen Ausdruck kennt die Hymne keine formalen Regelmäßigkeiten: kein Reim, freie Rhythmen, kein fester Strophenbau.

Lied: Strophisch gebaute Gedichtform mit relativ kurzen Versen und Reimbindung, allerdings werden Reim und Metrum (→ S. 54) nicht immer streng durchgehalten. Zuweilen ist ein Refrain (= Kehrreim) zu finden, d. h. die regelmäßige Wiederholung eines oder mehrerer Verse an einer bestimmten Stelle jeder Strophe.

Klang, Reim und Rhythmus

Wesentlich beteiligt am Sinnaufbau eines Gedichtes ist die lautliche Ebene, die in einigen Extremformen – z. B. den Gedichten E. JANDLS – sogar zum Hauptbedeutungsträger wird. Dazu gehören:

End- und Binnenreime

Beispiele: Es schlägt im Mai
mit hartem Schrei (Endreim)
Bey stiller nacht zur ersten wacht (Binnenreim)
Ein stimm sich gund zu klagen …

Alliterationen: Wiederholungen des Anfangsbuchstabens der Wörter

Beispiel: Einen Saal sah ich, der Sonne fern
am Totenstrand, das Tor nach Norden

Onomatopoesien: lautmalerische Häufung von Vokalen oder Konsonanten zur Nachahmung von Naturlauten bzw. zum Hervorrufen bestimmter Stimmungen

Beispiel: Da pispert's und knistert's und flistert's und schwirrt
(Goethe, Hochzeitslied)

Metrum: Dasselbe gilt für die metrisch-rhythmische Ausgestaltung der Gedichte. Fallende oder steigende Versmaße (Trochäus, Daktylus, Jambus, Anapäst) beeinflussen im Zusammenspiel mit der Rhythmisierung (fließend, wogend, hüpfend, tänzelnd, schreitend, drängend, gestaut oder zerhackt) den Hör- bzw. Leseprozess und damit das Verständnis.

- Trochäus: ´xx ´xx (betonte Silbe, unbetonte Silbe, fallend)
- Jambus: x´x x´x (unbetonte Silbe, betonte Silbe, steigend)
- Daktylus: ´xxx ´xxx (eine betonte Silbe, zwei unbetonte Silben, fallend)
- Anapäst: xx´x xx´x (zwei unbetonte Silben, eine betonte Silbe, steigend)

Lyrischer Sprecher (lyrisches Ich)

Hiermit ist der vom Autor erfundene fiktive Sprecher gemeint (vergleichbar dem fiktiven Erzähler in epischen Texten). Das lyrische Ich kann sich im Ich oder im Wir zeigen, es kann ein fiktives Du ansprechen, es kann aber auch im Verborgenen bleiben. Es darf mit dem realen Autor des Gedichts nicht verwechselt werden. Die dargestellten Erfahrungen sind zunächst als dichterische Fiktionen zu verstehen. Jedoch kann das lyrische Ich auch auf reale Erfahrungen und Zusammenhänge des autobiografischen Ichs verweisen.

Lyrische Sprache

Das vielleicht wichtigste Sinnelement lyrischer Texte liegt auf der Ebene der Bildlichkeit. Die Art und Weise, wie die sprachlichen Bilder konstruiert und kombiniert sind, bestimmt das Verstehen eines Gedichts weitgehend. Zu unterscheiden sind:

- rational nachvollziehbare Übertragungsvorgänge zwischen Sach- und Bildbereich, wie sie für Wie-Vergleiche und verkürzte Vergleiche (das Leben ist wie ein Jahrmarkt, Jahrmarkt des Lebens) typisch sind;
- verstandesmäßig unauflösbare Verschmelzungen von Sach- und Bildbereich, wie sie für viele Metaphern bezeichnend sind, die ein Gefühl, eine Stimmung, eine Befindlichkeit unmittelbar ausdrücken („schläft ein Lied in allen Dingen“);
- die von aller Wirklichkeit und allem alltäglichen Sprachgebrauch abgelösten, Bild- und Sachbereich scheinbar willkürlich zusammenzwingenden Chiffren (= absolute Metaphern, deren Sinn nur aus dem Zusammenhang eines Gedichts oder aller Gedichte eines Autors zu erschließen ist).

3 Produktionsorientierte Bearbeitung literarischer Texte

Produktionsorientierte Deutung: Indem man einen Text umschreibt, neu schreibt, in eine andere Textart umschreibt, mit dem Original vergleicht, kann man seine Aussage erfassen.

3.1 Perspektivenwechsel

Wie schon in dem Abschnitt über die bewusste Einbindung der eigenen Leseerwartungen (→ S. 37) ausgeführt, ist die Perspektivität eines Textes ein ausschlaggebender Faktor für den Verstehensprozess. Die Änderung dieser Perspektive vertieft daher auch diesen Vorgang des Verstehens: Der Leser bzw. Schreiber wird gezwungen, die Handlung des Textes aus einer anderen Sichtweise zu rekonstruieren und dabei Annahmen, Argumente oder Motive neu wahrzunehmen. So kann z. B. ein auktorial erzählter Text (→ S. 50) in die personale oder Ich-Form umgeschrieben werden – das vorher „gewusste“ Innenleben der anderen Figuren muss sich dann aus der deutenden Interpretation des personalen Erzählers erst erschließen. Ebenso kann ein personal erzählter Text aus der Perspektive einer anderen Person berichtet werden, deren Innenleben jetzt plötzlich erzählerisch ausgebreitet werden muss.

3.2 Erfundener innerer Monolog oder fiktiver Brief

Um zu einem vorliegenden Text einen inneren Monolog oder einen fiktiven Brief zu verfassen, versetzt man sich in die Rolle einer Figur, die in dem literarischen Text auftaucht, denkt über eine ganz bestimmte Situation, die diese Figur erlebt, nach und führt dabei ein erfundenes Selbstgespräch bzw. räsoniert in einem Brief an eine der Figur im Regelfall nahe stehende Person über ein bestimmtes Problem, eine besondere Situation usw.

3.3 Szenische Umsetzung eines Erzähltextes

Die Gestaltungsprinzipien erzählender Texte sind von denen dialogischer grundverschieden. Ein Umschreiben in die jeweils andere Obergattung wird daher das Verständnis der Figuren, der Konflikte, der Gefühle und Sehnsüchte der Personen usw. fördern und vertiefen. Bei der Umsetzung gibt es eine ganze Reihe von Anforderungen.

> **MERKE** Die wichtigste Regel bei der Umformung eines erzählenden in einen dramatischen Text lautet: Alles das, was an innerer wie äußerer Handlung geschehen soll, muss in einem Dialogtext entweder von den Personen, die auftreten, im Dialog oder Monolog gesagt oder durch eindeutige Regieanweisungen deutlich werden.

3.4 Umwandlung in eine andere Textgattung

Das Verstehen eines literarischen Textes (zum Beispiel einer Kurzgeschichte) kann man auch dadurch beweisen, dass man eine wesentliche Aussage der literarischen Vorlage in eine andere Textart umschreibt (zum Beispiel in ein Gedicht). Wichtig ist dabei allerdings der deutliche Bezug auf Einzelheiten des literarischen Ausgangstextes. Dessen Inhalt darf nicht verändert werden.

Dies sind Möglichkeiten für das **Schreiben in freien Versen:**

- Verse einrücken
- Verse an einer (gedachten) Mittelachse orientieren
- Wechsel von kurzen und langen Verszeilen
- unregelmäßige Absätze und Abschnitte bilden
- bestimmte Wörter oder Wortgruppen in einer Verszeile anordnen, um sie hervorzuheben
- die Rechtschreibung und Zeichensetzung verändern (nur Großschreibung der Buchstaben, nur Kleinschreibung, keine Kommas)
- Signalwörter durch Fettdruck oder durch Groß- oder Kleinbuchstaben hervorheben

Test

1 Zum epischen Theater:

Der Schweizer Dramatiker F. DÜRRENMATT urteilte über BRECHTS Episches Theater wie folgt: „Aus Opposition gegen das aristotelische Drama änderte Brecht den Bühnenstil. Sein Verfremdungseffekt reißt den Zuschauer immer wieder vom Spiel los und stellt ihn dem Spiel gegenüber. Der Verfremdungseffekt ist eine Notbremse, welche die Handlung zum Stehen bringt und Überlegungen möglich macht. Brechts Theater ist ein Drama zwischen der erstrebten Nicht-Identifikation des Publikums mit dem Stück und dem dem Zuschauer innewohnenden Trieb, sich immer wieder zu identifizieren. Der Zuschauer identifiziert sich unwillkürlich mit dem Geschehen auf der Bühne, während des Spiels nimmt er unwillkürlich an, das Geschehen sei ‚wirklich', aus dem simplen Grunde, weil er mitspielt."

(Aus: F. Dürrenmatt, Dramaturgische Überlegungen zu den Wiedertäufern, Zürich 1970)

Schreibe auf der Basis deiner eigenen Theatererfahrungen eine knappe Erörterung mit einem abschließenden Urteil über Dürrenmatts Kritik an Brecht.

Test

2 Zur Lyrik:

Um Mitternacht *(von E. Mörike)*

Gelassen stieg die Nacht ans Land,
Lehnt träumend an der Berge Wand,
Ihr Auge sieht die goldne Waage nun
Der Zeit in gleichen Schalen stille ruhn;
Und kecker rauschen die Quellen hervor,
Sie singen der Mutter, der Nacht, ins Ohr
Vom Tage,
Vom heute gewesenen Tage.

Das uralt alte Schlummerlied,
Sie achtet's nicht, sie ist es müd;
Ihr klingt des Himmels Bläue süßer noch,
Der flüchtgen Stunden gleichgeschwungnes Joch.
Doch immer behalten die Quellen das Wort,
Es singen die Wasser im Schlafe noch fort
Vom Tage,
Vom heute gewesenen Tage.

a Welche Versart und welche Strophenform hat das Gedicht?
b Welche Reimart, welche Reimfolge, welche Klangfiguren lassen sich feststellen?
c Finden sich Wendepunkte im Bewegungsablauf des Gedichtes, und falls ja, wodurch werden sie sprachlich und rhythmisch markiert?
d In welchem Verhältnis stehen die Sinnabschnitte des Gedichts zueinander?
e Welche Entsprechungen bestehen zwischen der Überschrift und dem Bewegungsablauf des Gedichtes?
f Wie ist das lyrische Ich gestaltet?
g Um welche Art von Bildern handelt es sich?
h Welche Adjektive und Verben bestimmen das Gedicht, welche Wirkung wird hierdurch gestaltet?
i An welche literarische Gattung erinnert das Vokabular?
j Welche räumlichen Dimensionen und welche Bewegungsrichtungen lassen sich erkennen?

Umgang mit Sachtexten

■ Im Vergleich zu poetischen Texten stehen bei Sachtexten der Gebrauchs- und Informationswert, der pragmatische Kommunikationszusammenhang (die Frage nach der Absicht des Verfassers und der Wirkung beim Adressaten) im Vordergrund. Man wird also bei Gebrauchstexten u. a. zunächst fragen: **Wer sagt wem was warum mit welcher Absicht?**

1 Leitfragen zur Analyse von Sachtexten

Fragen zu Thema, Inhalt und Aufbau

1 Welcher Sachverhalt, welches Thema, welches Problem wird behandelt?
2 Wie ist der Text gegliedert (Gedankenfolge, Argumentationsaufbau)?
3 Mit welchen Überschriften lassen sich die einzelnen Abschnitte kennzeichnen?
4 In welcher Weise lässt sich der Aufbau in einem Diagramm/einer Skizze verdeutlichen?

Fragen zur Textsorte

5 Welche Textsorte repräsentiert der Text; welche sprachlichen und inhaltlichen Einzelheiten deuten darauf hin?
6 Gibt er Tatsachen wieder?
7 Gibt er den Ausdruck von Gefühlen wieder?
8 Will er für etwas werben?
9 Handelt es sich um einen argumentativen Text, der Hypothesen aufstellt?
10 Geht es um einen erklärenden oder belehrenden Text für eine bestimmte Adressatengruppe?

Fragen zur sprachlich-stilistischen Form

11 Welche Sprach- und Stilebene verwendet der Verfasser: Standardsprache? Aufgelockerte Umgangssprache? Gruppensprache? Dialekt? Fachsprache? (→ S. 13 und folgende)
12 Ist in der Wortwahl und im Satzbau etwas besonders auffällig?
13 Welche rhetorischen Mittel verwendet der Text, wie setzt er sie ein?

Fragen zur Kommunikationssituation bzw. Textproduktion

14 Wer hat den Text verfasst?

15 Wo ist er (im Original) zu finden?

16 In welcher Zeit/unter welchen Bedingungen ist er entstanden?

17 Welchen Zweck verfolgt der Verfasser? Wird diese Absicht ausdrücklich formuliert oder steht sie zwischen den Zeilen?

Fragen zur Wirkung

18 An welches Publikum wendet sich der Verfasser? Welche Hinweise dazu geben Inhalt und Sprachstil?

19 Spricht er einzelne, individuelle Leser oder ein Massenpublikum an?

20 Wendet sich der Verfasser eher an den Verstand, an das Gefühl oder an das moralische Gewissen?

21 Was gefällt mir am Text, was gefällt mir nicht (z. B. verwaschenes Ergebnis, unklare Begrifflichkeit, wirr, eintönig, sprachlich-stilistisch schlecht)?

22 Was interessiert mich am Text? Welche Denkanstöße, Anregungen, Erkenntnisse vermittelt er mir? Ziehe ich Folgerungen aus dem Text? Kann mir der Text nützen?

2 Werbetexte

Werbung hat ein eindeutiges Ziel: Der Konsument soll zu dem Punkt geführt werden, an dem er sich zum Kauf entschließt. Bedürfnisse, Wertschätzungen und Einstellungen sollen planvoll beeinflusst werden mit dem Ziel, Verhalten zu steuern und womöglich Handlungen auszulösen. Werbende Texte sind häufig so angelegt, dass die verwendeten sprachlichen Mittel im Leser oder Hörer vorausberechnete Assoziationen und emotionale Schwingungen auslösen. Damit geht eine bedeutungsmäßige Aufwertung der Werbeobjekte einher, d. h., die benutzten Wörter und Wendungen lassen den Gegenstand wertvoller erscheinen, als er tatsächlich ist. Diese Aufwertung wird durch Faktoren erreicht, die eng aufeinander bezogen sind. Solche Aufwertung geschieht z. B. durch

- Betonung der Erlesenheit und Exklusivität,
- durch Komparative und Superlative,
- durch Entstofflichung der Ware.

Sprachlich-rhetorische Mittel sind z. B.

- Steigerung und Übertreibung (von höchster Reinheit)
- Fremdwortbildung (das fashionable Jerseykleid)
- Alliteration (Lasst die Preise purzeln, Food & Fun)
- Personifizierung (Autos lieben Dynamik)
- Satzellipse (Klarheit. Aus Prinzip.)
- Wiederholung (Man kann sich an Maßstäben orientieren. Oder Maßstäbe setzen.)
- Anklang an bekannte Redensarten (Der Klügere trinkt Tee. Statt: Der Klügere gibt nach.)
- Sprachspiel (Da werden Ihre Füße aber Augen machen.)
- Dreiergruppe (vielseitig, sicher, schnell)
- Emphatische Umstellung (Aus dieser Quelle trinkt die Welt. Statt: Die Welt trinkt aus dieser Quelle.)
- Technik des „under-sell" = kokettes Eingestehen scheinbarer Schwächen (Niemand ist perfekt …)
- Höflicher Imperativ (Gönnen Sie sich …)

3 Journalistische Textformen und Techniken

3.1 Nachricht

■ Die Nachrichtensprache ist nüchtern und wertfrei. In einer Nachricht werden W-Fragen beantwortet. Wer macht was, wann, wo, wie, warum, welche Quelle hat dies der Zeitung mitgeteilt? Die Nachricht schildert etwas, was geschehen ist, oder kündigt an, was geschehen wird. Man unterscheidet zwischen der kurzen **Meldung** und dem längeren **Bericht.**

■ Die **Kriterien,** nach denen Nachrichtenagenturen und Redakteure eine Nachricht auswählen, lauten im Regelfall:

- Was kommt unerwartet?
- Was hat Konsequenzen für eine große Zahl von Lesern?
- Was schafft Spannungen, ist umstritten?
- Sind Prominente oder bekannte Personen im Spiel?

- Wie nah (bezogen auf den Ort, den Sendeplatz) ist der Schauplatz des Ereignisses? (Je näher, desto besser.)
- Was ist geeignet, Gefühle anzusprechen (das „menschliche Interesse" zu rühren)?
- Wie konkret und anschaulich kann die Meldung gestaltet werden?
- Was erfreut, amüsiert den Leser?

■ Im Gegensatz zur „chronologischen" (d. h. der der zeitlichen Reihenfolge angepassten) Schilderung des Geschehens z. B. in einem Bericht (→ S. 26) ordnet der **„lead"-Stil** den Inhalt nach Wichtigkeit: Die Überschrift bringt das Wichtigste, der „head" (die fett gedruckten nächsten zwei bis drei Zeilen) fasst in kurzen Sätzen den Inhalt der Nachricht zusammen, die folgenden Absätze geben weitere Einzelheiten. Danach kommen Erläuterungen, gegebenenfalls auch schon Stellungnahmen usw.

3.2 Reportage

■ In der klassischen Reportage schildert ein Reporter ein selbst miterlebtes Ereignis. Geschildert werden nicht nur Fakten, sondern auch Gefühle und Eindrücke. Reportagen sind besonders in Hörfunk und Fernsehen eine häufige Darstellungsform. Sie stellen einen persönlich gefärbten Bericht dar, in dem nicht nur die erhaltenen oder erarbeiteten Informationen weitergegeben, sondern auch persönliche Erlebnisse und Engagement thematisiert werden können.

■ Die Fakten, die einer Reportage zugrunde liegen, brauchen keineswegs sonderlich aufregend zu sein; erst die Form des persönlichen Berichts macht die Reportage lesenswert und die Erlebnisse nachvollziehbar.

3.3 Interview

■ Das Interview findet Anwendung in fast allen Medien. Als journalistische Darstellungsform erscheint das Interview in Zeitungen meistens als Wortlautinterview. Die direkte und ausführliche Meinungswiedergabe eines Befragten ermöglicht dem Leser, sich mit den Aussagen des Interviewpartners auseinander zu setzen.

■ Kurzinterviews im Fernsehen oder im Hörfunk können auf Grund der Auswahl der Aussagen Kernsätze wiedergeben, aber auch einen falschen Eindruck vom gesamten Interview vermitteln.

3.4 Foto

■ Fotos sind in (seriösen) Zeitungen hauptsächlich Momentaufnahmen des Zeitgeschehens. In Wochenmagazinen dienen sie in erster Linie dazu, ein Thema ästhetisch anspruchsvoll zu visualisieren. Ein Foto kann dem Thema einen zusätzlichen Aspekt abgewinnen, es kann werten, kommentieren und auch manipulieren.

■ Manipulativ wirken Fotos häufig dann, wenn sie (in Boulevardzeitungen) mit reißerischen Überschriften verbunden werden. Problematisch sind Fotos, wenn sie die Intimsphäre der dargestellten Person verletzen.

3.5 Kommentar

■ In Kommentaren beziehen Autoren Stellung zu politischen, wirtschaftlichen und gesellschaftlichen Ereignissen. Kommentare sind die subjektive, oft analysierende Darstellung einer Meinung, die der Autor zu einem Thema vertritt; sie sollen den Leser zur eigenen Meinungsbildung anregen. Kommentare finden sich in allen Tageszeitungen und sind ein besonderes Merkmal von Wochenzeitungen.

3.6 Rezension

■ Die Rezension behandelt aktuelle kulturelle Themen: Bücher, Filme, Konzerte usw. werden besprochen. Die kritische Rezension formuliert immer die persönliche Meinung des jeweiligen Autors.

■ Die Sprache der Rezension richtet sich oft nach dem Anlass und nach der Lesergruppe.

3.7 Glosse

■ Unter Glosse versteht man einen kurzgefassten Kommentar, der pointiert zu Tagesereignissen Stellung nimmt. Die Glosse kommt in verschiedenen Spielarten vor, kann ernst oder amüsant, ironisch oder polemisch ausfallen. Sie drückt Meinungen aus und will sie an den Mann bringen; daher die häufig geistreiche und sprachlich reizvolle Einkleidung.

3.8 Karikatur

■ „Der Karikaturist zeichnet, was alle denken, aber keiner sich auszusprechen traut!“ Die Karikatur kritisiert – ebenso wie ihre textliche Schwester, die Satire – durch Übertreibungen. Sie veranschaulicht ein Thema, ist witzig bis satirisch und inhaltlich überspitzt. Sie kann – wie die Glosse – ernste und lustige Themen zum Inhalt haben. Sie ist eine gezeichnete Meinungsäußerung des Karikaturisten.

■ Ohne die dazugehörige Nachricht ist eine Karikatur häufig nicht zu verstehen.

3.9 Leserbrief

■ Leserbriefe sind – neben den Kommentaren – ein wichtiges Element im meinungsbildenden Teil der Zeitung. Sie sind eine Sonderform des „offenen Briefes“, denn der Schreiber wendet sich bewusst an die Öffentlichkeit. Sie enthalten im Regelfall eine klare Stellungnahme und sind dann, wenn sie gut aufgebaut sind, mit einer Erörterung (→ S. 29) vergleichbar.

■ Da die presserechtliche Verantwortung für den Inhalt eines Leserbriefs bei der Redaktion der jeweiligen Zeitung liegt, hat die Zeitung das Recht, Leserbriefe zu kürzen (z. B. Beleidigungen zu streichen) oder auch gar nicht zu drucken.

Test

1 Beziehe die „Leitfragen zur Analyse von Sachtexten“ (→ S. 59) auf die folgenden beiden Texte und beantworte möglichst viele von ihnen.

Text 1

Für alle Anleger, die keine Überraschungen mögen, haben wir von Union Investment den neuen UniWertSparplan entwickelt. Dabei können Sie sich mit gutem Gefühl auf attraktive Erträge freuen. Zudem ist Ihr Geld auch in turbulenten Zeiten gut aufgehoben – Dank der Sicherungssystematik. Diese zielt darauf ab, Ihre Beiträge gegen Kursverluste abzusichern. Und Sie können Ihr Geld besonders individuell investieren. Denn der UniWertSparplan bietet die Möglichkeit, den Vermögensaufbau auf Ihren persönlichen Wunschtermin auszurichten. Nutzen Sie diese Vorteile. Und sorgen Sie dafür, dass Ihre Träume bald in Erfüllung gehen.

Text 2

SEINE MAJESTÄT DER KÖNIG DER BELGIER,
IHRE MAJESTÄT DIE KÖNIGIN VON DÄNEMARK, …

ENTSCHLOSSEN, den mit der Gründung der Europäischen Gemeinschaften eingeleiteten Prozess der europäischen Integration auf eine neue Stufe zu heben, …

IN DEM FESTEN WILLEN, im Rahmen der Verwirklichung des Binnenmarkts sowie der Stärkung des Zusammenhalts und des Umweltschutzes den wirtschaftlichen und sozialen Fortschritt ihrer Völker unter Berücksichtigung des Grundsatzes der nachhaltigen Entwicklung zu fördern und Politiken zu verfolgen, die gewährleisten, dass Fortschritte bei der wirtschaftlichen Integration mit parallelen Fortschritten auf anderen Gebieten einhergehen, …

ENTSCHLOSSEN, den Prozess der Schaffung einer immer engeren Union der Völker Europas, in der die Entscheidungen entsprechend dem Subsidiaritätsprinzip möglichst bürgernah getroffen werden. weiterzuführen,
IM HINBLICK auf weitere Schritte, die getan werden müssen, um die europäische Integration voranzutreiben,
HABEN BESCHLOSSEN, eine Europäische Union zu gründen; …

Test

2 Ordne den folgenden Text einer der oben (→ S. 61) aufgelisteten journalistischen Formen zu, und begründe deine Entscheidung durch eine ausführliche Textanalyse.

Liebe Leser, wir flehen Sie an: Vergessen Sie den Erweiterungsbau für Ihren Partykeller, schicken Sie die Schwarzarbeiter nach Hause, sammeln Sie Frau und Freundin ein und eilen Sie nach Berlin in die Ausstellung der Meisterwerke des Museum of Modern Art. Es lohnt sich! ... Wie bitte, moderne Malerei interessiert Sie nicht? Weil Sie die moderne Kunstausstellung in der Sparkasse Bad Salzuflen an das Wappen der italienischen Kriegsmarine erinnert hat: „weißer Adler auf weißem Grund"? Weil Sie bei Ihrem jüngsten Museumsbesuch den Männer-Abtritt mit einer Jubiläums-Installation für Marcel Duchamps verwechselt haben? Macht nichts, dann fahren Sie nach Berlin, um die deutsch-amerikanische Freundschaft zu pflegen. Oder wie der unvergessliche Zeitgeistkommentator Michael Stürmer in der „Welt" so schön schreibt: Seien Sie Amerika dankbar, dass es uns undankbaren Deutschen wieder die Hand reicht und an den Katzentisch der Weltgemeinschaft zurückführt. Denn ein Jahr ist es her, dass Gerhard Schröder dem amerikanischen Präsidenten sein ungewaschenes Nein zum großen Freiheitskrieg entgegenschmetterte und sich weigerte, an der erfolgreichen Waffensuche im Irak teilzunehmen. Deutschland wäre es Amerika schuldig gewesen. ... Aber Amerika, so hören wir, ist wie ein Vater. Er straft nicht, er beschämt. Die amerikanische Morgengabe lässt den deutschen Kriegsverweigerer rot werden und kuriert ihn von seiner Undankbarkeit. Deutschland erblasst vor Neid angesichts der Bilder von Max Beckmann, Gerhard Richter, Max Ernst, Otto Dix. [...]

(Quelle: Die Zeit vom 26. 2. 2004)

Rechtschreibung, Zeichensetzung, Grammatik

1 Rechtschreibung

1.1 Hilfen

- Wörter verlängern, verwandte Wörter suchen, das Wort in den Singular oder Plural setzen, um z. B. End- oder Umlaute herauszubekommen
- Lautprinzip: Schreiben, wie man spricht
- Stammprinzip: Gleiches möglichst gleich schreiben
- Grammatisches Prinzip: Grammatische Regeln beachten
- Prinzip der Homonymie: Gleich klingende Wörter mit unterschiedlicher Bedeutung unterschiedlich schreiben
- Genau hinsehen, sorgfältig schreiben
- Deutlich sprechen, genau hinhören
- Eselsbrücken anwenden
- Die Bedeutung beachten
- Die wichtigste Regel: Das Wörterbuch benutzen

1.2 Wichtige Probleme der Rechtschreibung

Ausführlichere Angaben finden sich in den Bänden „Mein Grundwissen“ für die Klassen 5/6 und 7/8. Hier die wichtigsten Probleme im Überblick.

Die s-Laute

■ Das **weich ausgesprochene (stimmhafte)** *s* wird immer mit *s* geschrieben.
Beispiele: lesen, Häuser, Reise

Die Schreibung des Wortstammes wird nach dem Stammprinzip beibehalten, auch wenn das *s* in Ableitungen – dann im Auslaut, in dem es im Deutschen kein stimmhaftes *s* gibt – scharf (stimmlos) ausgesprochen wird.
Beispiele: er liest – lesen, das Häuschen – Häuser, sie reist – reisen

■ Das **scharf ausgesprochene (stimmlose)** *s* wird mit *ss* oder *ß* geschrieben, und zwar
- nach kurzem Vokal mit *ss*

Beispiele: Sessel, nass, Fluss
- nach langem Vokal mit *ß*

Beispiele: fließen, er saß, Fuß

■ Die **Nachsilbe** *-nis* wird im Singular immer mit *s* geschrieben.

FEHLERQUELLE
Im Plural wird die Nachsilbe ***-nis*** mit *ss* geschrieben: ***-nisse.***
Beispiel: Ereignis – Ereignisse

■ Die **Konjunktion** *dass* wird immer mit *ss* geschrieben, das **Pronomen** sowie der **Artikel** *das* dagegen mit *s*.

MERKE Wenn man „dieses", „jenes" oder „welches" einsetzen kann (Einsatzprobe), wird ***das*** mit *s* geschrieben.

Groß- und Kleinschreibung

Großschreibung

■ Nomen (Substantive)
Beispiele: der Hund, das dicke Buch, unser Urlaub

■ Eigennamen und feste Verbindungen
Beispiele: der Westfälische Frieden, Frankfurter Würstchen

- Nomen in Tageszeiten

Beispiele: heute Abend, am gestrigen Nachmittag, des Morgens

- Andere Wortarten, die zu Nomen geworden sind

Beispiele: das Autofahren, sein Schnarchen, das Allerbeste, wenig Neues, auf dem Laufenden sein, das Weite suchen, im Allgemeinen, in Bezug auf

- Superlative von Adjektiven, die zu Nomen geworden sind

Beispiele: Sie sind auf das Beste angewiesen. (Frage: auf was?) Es fehlt am Notwendigsten. (Frage: an was?)

▶ **BEACHTE** Kleinschreibung bei der Frage „Wie?".

Beispiel: Sie spielt am schönsten. (Wie spielt sie?)

Sowohl Groß- als auch Kleinschreibung

In einigen Fällen sind beide Schreibungen möglich.

aufs herzlichste	aufs Herzlichste
aufs Schönste	aufs schönste
die Deinen	die deinen
zugrunde gehen	zu Grunde gehen
aufseiten	auf Seiten

Kleinschreibung

- Pronomen

Beispiele: jeder (ein jeder, eine jede), mancher, alle, allen, alles, beide, beides

- Zahladjektive

Beispiele: viel, wenig (der/die/das/ein/eine) andere, anderer

- Feste Verbindungen aus Präposition und nicht gebeugtem Adjektiv

Beispiele: durch dick und dünn, schwarz auf weiß, seit längerem, von weit her, über kurz oder lang

- Superlative von Adjektiven mit *am* (wenn die Frage lautet: Wie?)

Beispiele: Sie spielt am besten. Er ist am schönsten.

■ Denominalisierungen (Wörter, die ihre Aufgabe als Nomen (Substantiv) verloren haben und die Aufgabe einer anderen Wortart übernehmen

Beispiele: teils … teils, anfangs, ein paar, ein wenig, dank seiner Hilfe, kraft eines starken Motors, zeit seines Lebens

■ Im Zusammenhang mit den Verben ***sein, werden, bleiben*** werden kleingeschrieben: ***angst, bange, leid, pleite, recht, schuld***

Beispiele: Du bist schuld. Mir ist angst und bange.

Getrennt- und Zusammenschreibung

Grundregeln

■ Die **Getrenntschreibung** von Wörtern ist der Normalfall. Es handelt sich dabei um die Bestandteile von **Wortgruppen.**

Beispiele: aufeinander hören, Angst haben, getrennt schreiben

■ **Zusammenschreibungen** sind die Ausnahme und bedürfen einer Regel. Es handelt sich bei der Zusammenschreibung um Bestandteile von **Zusammensetzungen.**

Beispiele: altersschwach, durchbrechen, liebäugeln, handhaben, zusammenschreiben

■ Manchmal kann man entscheiden, ob zusammengeschrieben oder getrennt geschrieben wird. Man kann dann den Ausdruck als Zusammensetzung oder als Wortgruppe verstehen und schreibt entsprechend zusammen oder getrennt.

Beispiel: zustande – zu Stande

Getrenntschreibung

■ Nomen (Substantiv) und Verb

Beispiele: Angst haben, Feuer fangen, Fuß fassen, Halt machen, Maß halten, Not leiden, Rad fahren, Schlange stehen

■ Wortgruppe aus Adjektiv und Verb, wenn das Adjektiv steigerbar oder erweiterbar ist

Beispiele: fest halten (fester halten), genau nehmen (genauer nehmen), gut gehen (sehr gut gehen), leicht fallen (leichter fallen)

- Infinitiv und Verb

Beispiele: kennen lernen, laufen lassen

- Partizip und Verb

Beispiele: gefangen nehmen, getrennt schreiben

- Adverb und Verb

Beispiele: abseits stehen, daheim bleiben, rückwärts fallen, seitwärts treten, vorwärts blicken

- Das Verb ***sein*** in Verbindung mit anderen Wörtern

Beispiele: da sein, fertig sein, pleite sein, vorbei sein, vorhanden sein, zufrieden sein, zurück sein

- Adjektiv und Partizip, wenn sich der erste Bestandteil steigern lässt oder wenn sich die Wortgruppe erweitern lässt

Beispiel: schwach besiedeltes Land (ein schwächer/ein sehr schwach besiedeltes Land)

- Wortgruppen, in denen der erste Bestandteil aus einem Adjektiv mit der Endung *-ig, -isch* oder *-lich* besteht

Beispiele: deutlich gemacht, emsig arbeitend, freundlich lachend

- Die folgenden Wortgruppen: ***außer dass, ohne dass, statt dass, gar nicht, gar kein, wie viel, zu viel, zu wenig***

Zusammenschreibung

- Untrennbare Verben

Beispiele: frohlocken, liebkosen, vollenden, wetteifern

- Zusammensetzungen mit den verblassten Nomen (Substantiven) ***heim-, irre-, preis-, stand-, statt-, teil-, wett-, wunder-***

Beispiele: standhalten, wetteifern

- Zusammensetzungen aus gleichrangigen Adjektiven (man kann ein ***und*** zwischen beide setzen)

Beispiele: dummdreist, nasskalt

■ Zusammensetzungen, in denen der erste Bestandteil für eine Wortgruppe steht

Beispiel: freudestrahlend (vor Freude strahlend)

■ Zusammensetzungen, in denen der erste oder zweite Bestandteil so nicht selbstständig vorkommen

Beispiel: letztmalig, redselig, vieldeutig

■ Zusammensetzungen mit einem bedeutungsverstärkenden Bestandteil

Beispiele: superschlau, todlangweilig

■ Zusammensetzungen aus Bestandteilen, deren Zugehörigkeit zu ihren ursprünglichen Wortarten oder -formen nicht mehr deutlich erkennbar ist

Beispiele: bergauf, bisweilen, irgendein, irgendwo

Getrennt oder zusammen

Hier kann die Schreiberin/der Schreiber selbst entscheiden, ob sie/er Wortbestandteile als Zusammensetzung (zusammengeschrieben) oder als Wortgruppe (getrennt geschrieben) betrachtet.

Zusammenschreibung – Zusammensetzung	Getrenntschreibung – Wortgruppe
anstelle	an Stelle
aufgrund	auf Grund
aufseiten	auf Seiten
mithilfe	mit Hilfe
zugunsten	zu Gunsten
infrage stellen	in Frage stellen
zugrunde gehen	zu Grunde gehen
zustande bringen	zu Stande bringen
ein Achtelliter	ein Achtel Liter
sodass	so dass

2 Zeichensetzung

2.1 Regeln zur Kommasetzung

- Komma bei Aufzählungen

Beispiel: Auf der Jahrgangsstufen-Fete trifft Jonas seine früheren Klassenkameraden Tim, Jan und Christof.

- Komma zwischen Hauptsätzen (Satzreihe)

Beispiele: Sie ging schon früh weg, daraufhin ging er auch. Ulrike liebt Katzen, Ulrich mag Hunde lieber.

- Komma vor entgegensetzenden Konjunktionen

Beispiele: Kai tanzt gerne lateinamerikanisch, **aber** auf keinen Fall Walzer. Peter hat den Satz lange geübt, **doch** im entscheidenden Moment fiel er ihm nicht ein.

- Komma zwischen Hauptsatz und Gliedsatz (Nebensatz) (einfaches Satzgefüge)

Beispiele: Obwohl nicht alle kommen konnten, ist die Stimmung spitze. Das Sortiment an Getränken, das Tina und Tim zusammengestellt hatten, kam bei allen gut an.

▶ **BEACHTE** Das den Nebensatz abschließende Komma nicht vergessen!

- Komma zwischen Hauptsätzen und Gliedsätzen (Nebensätzen) (komplexes Satzgefüge)

Beispiel: Weil plötzlich alle verschwunden waren, räumte Catrin nach dem Fest allein auf, obwohl Tina und Lars, die als Erste die Fete verlassen hatten, sich gestern, als die Aufgaben verteilt wurden, zum Aufräumen bereit erklärt hatten.

- Komma bei Infinitiv- und Partizipgruppen in Verbindung mit einem hinweisenden Wort

Beispiele: Sie hatten nicht **daran** gedacht, nach der Fete aufzuräumen. Nach der Fete aufzuräumen, **daran** hatten sie einfach nicht mehr gedacht.

■ Komma bei Zusätzen und Nachträgen

Beispiel: Nur eine war nach der Fete noch dageblieben, nämlich Catrin.

■ Komma bei Anreden und Ausrufen

Beispiele: Gehst du morgen mit ins Kino, Johanna? Hallo, hörst du mich nicht? Malena, komm doch auch mit!

> **MERKE** Das Komma zwischen Hauptsätzen, die durch und bzw. oder verbunden sind: Es muss kein Komma gesetzt werden.
>
> Beispiele: Er will heute ins Kino und sie möchte lieber ins Theater. Peter will Fußball sehen oder ein Buch lesen.
>
> Es **kann** aber ein Komma gesetzt werden, wenn der Satz dadurch übersichtlicher gegliedert wird oder Missverständnisse vermieden werden können.

■ Das Komma bei Infinitiv- und Partizipialkonstruktionen ist nicht zwingend erforderlich.

▶ **BEACHTE** aber: Es muss ein Komma gesetzt werden, wenn diese Konstruktionen zwischen Subjekt und Prädikat treten.

Beispiele: Er, ohne zu zögern, sagt sofort zu. Sie, vor Langeweile gähnend, sah sich den Film zu Ende an.

Es **muss** ein Komma gesetzt werden, wenn die Konstruktionen angekündigt werden oder nachträglich darauf Bezug genommen wird.

Beispiele: Darauf, sie ins Kino einzuladen, kam er nicht. Er kam nicht darauf, sie ins Kino einzuladen. Sie ins Kino einzuladen, darauf kam er nicht.

Das Komma **kann** gesetzt werden, um den Satz besser zu gliedern und ihn damit verständlicher zu machen oder um Missverständnisse zu vermeiden.

2.2 Zeichensetzung bei der wörtlichen Rede

- Begleitsatz vorn

Beispiele:

Carina meint: „Heute fahren wir weg." (Aussagesatz)
Lars fragt: „Fahren wir heute?" (Fragesatz)
Jens ruft: „Fahrt doch mit!" (Aufforderungssatz/Wunschsatz/Ausruf)

- Begleitsatz hinten

Beispiele:

„Heute fahren wir weg", meinte Carina.
„Fahren wir heute?", fragt Lars.
„Fahrt doch mit!", ruft Jens.

- Begleitsatz in der Mitte

Beispiele:

„Morgen früh", bemerkt Martina, „fahren wir los."
„Das verstehe ich nicht", meint Steffi, „warum fahren wir nicht mit dem Bus?"
„Das machen wir", ruft Frau Hermes, „kommt mal alle her!"

- Der Begleitsatz geht weiter

Beispiele:

Sie bemerkte: „Es ist kalt heute", und zog sich einen Mantel an.
Sie fragte: „Kommst du jetzt?", und schloss die Tür auf.
Sie forderte ihn auf: „Lass das sein!", und drehte ihm den Rücken zu.

2.3 Satzendzeichen bei Satzgefügen

- Das Satzendzeichen wird immer vom letzten Hauptsatz bestimmt.

Beispiel: Ich frage mich, ob es wohl regnen wird. Hermann meint, dass das gute Wetter sich noch lange halten wird, glaubst du, dass er damit Recht hat?

3 Grammatik

3.1 Wortlehre

Flektierbare und nicht flektierbare Wortarten

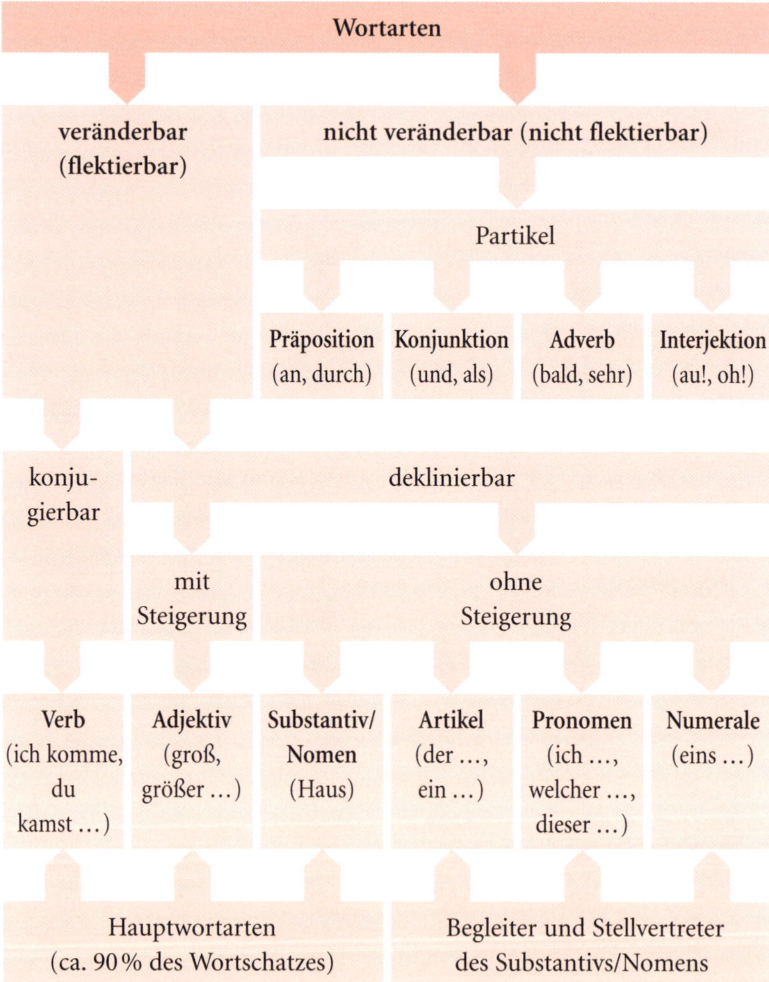

Konjugation des Verbs

Ein konjugiertes Verb enthält fünf verschiedene Informationen:

1 zur Person → Wer tut etwas?
2 zur Anzahl → Wie viele tun etwas?
3 zur Zeitform → Wann geschieht etwas?
4 zur Handlungsart → Wird das Geschehen vom Handelnden (Aktiven) oder vom Betroffenen (Passiven) aus gesehen?
5 zur Aussage → Wie wird das Geschehen eingeschätzt: als realistisch, als wahrscheinlich oder als unwahrscheinlich

Beispiel: das Verb *rufen*

Person:
1. Person *ich rufe*
2. Person *du rufst*
3. Person *sie ruft*

Numerus (Anzahl):
Singular *ich rufe*
Plural *wir rufen*

Beispiel: *rufen*

Tempus (Zeitform):
ich rief
ich habe gerufen
ich werde rufen

Modus (Aussageweise):
Indikativ *er ruft*
Konjunktiv I *er rufe*
Konjunktiv II *er riefe*
Imperativ *ruft!*

Genus (Handlungsart):
Aktiv *Tanja ruft*
Passiv *Tanja wird gerufen*

Deklination des Nomens/Substantivs

Ein dekliniertes Nomen enthält verschiedene Informationen:

Numerus (Anzahl):
Singular, Plural

Kasus (Fall):
Nominativ, Genitiv, Dativ, Akkusativ

Genus (grammatisches Geschlecht):
Maskulinum (männlich)
Femininum (weiblich)
Neutrum (sächlich)

Deklination (Beugung) von Nomen und bestimmtem Artikel

Numerus (Anzahl)	Kasus (Fall)	Genus (Geschlecht) Maskulinum	Femininum	Neutrum
Singular (Einzahl)	1. Fall: Nominativ (Wer? Was?)	*der Mann*	*die Frau*	*das Kind*
	2. Fall: Genitiv (Wessen?)	*des Mannes*	*der Frau*	*des Kindes*
	3. Fall: Dativ (Wem?)	*dem Mann*	*der Frau*	*dem Kind*
	4. Fall: Akkusativ (Wen? Was?)	*den Mann*	*die Frau*	*das Kind*
Plural (Mehrzahl)	1. Fall: Nominativ (Wer? Was?)	*die Männer*	*die Frauen*	*die Kinder*
	2. Fall: Genitiv (Wessen?)	*der Männer*	*der Frauen*	*der Kinder*
	3. Fall: Dativ (Wem?)	*den Männern*	*den Frauen*	*den Kindern*
	4. Fall: Akkusativ (Wen? Was?)	*die Männer*	*die Frauen*	*die Kinder*

3.2 Satzlehre

Überblick über die Satzglieder

■ **Subjekt (Satzgegenstand)**
Hilfsfrage: Wer?/Was?
Beispiel: *Seine neue Freundin* ist nicht gekommen.
Er wartet vergebens.

■ **Prädikat (Satzaussage)**
Hilfsfragen: Was tut? Was ist? Was geschieht?
Beispiel: Lars *wartet* in der Pausenhalle.
Tina *ist* eben *zurückgekommen.*

■ **Prädikativ (auch: Prädikatsnomen)**
Besteht aus der Ergänzung zu den Verben *sein, werden, bleiben*
Beispiele: Lara ist *meine Freundin.*
Er ist *schlau.*
Sie bleibt *hier.*
Meine Meinung ist, *dass ich meine Mathe-Note nicht ändern kann.*

■ **Objekte (Ergänzungen)**
Akkusativobjekt (Ergänzung im 4. Fall)
Hilfsfrage: Wen?/Was?
Beispiel: Karlo bemerkt *das Fehlen seines Mopeds.*
Karlo bemerkt, *dass sein Moped fehlt.*

Dativobjekt (Ergänzung im 3. Fall)
Hilfsfrage: Wem?
Beispiel: Sie schenkt *ihrem Freund* ein spannendes Buch.
Er gibt *ihr* einen Kuss.

Genitivobjekt (Ergänzung im 2. Fall, nur noch selten)
Hilfsfrage: Wessen?
Beispiel: Sie erinnern sich *der schönen Stunden.* Häufiger mit präposi tionalem Objekt: Sie erinnern sich *an* die schönen Stunden.

Präpositionales Objekt (Ergänzung mit Präposition)
Hilfsfragen: Auf was? Mit wem? Für wen?
Beispiel: Er beruft sich *auf die Abmachung.*
Er beruft sich *darauf, was sie abgemacht haben.*

Adverbiale Bestimmung

Die adverbiale Bestimmung wird auch **Adverbiale** (Umstandsbestimmung der Zeit, des Ortes, der Art und Weise, des Grundes, des Zweckes, …) genannt. Hilfsfragen: Wann? Wo? Wie ? Warum? Zu welchem Zweck? …

Beispiele: *Gestern* war Michael mit Julia verabredet.
Wegen des schlechten Wetters wurde der Wandertag abgesagt.
Trotz kurzer Vorbereitungszeit war ihr Vortrag vorzüglich.
Obwohl sie nur kurze Zeit zur Vorbereitung hatte, war ihr Vortrag vorzüglich.

Attribut (Beifügung)

Das Attribut ist kein Satzglied, sondern ein Satzgliedteil; es drückt eine nähere Bestimmung eines Nomens/Substantivs oder Pronomens aus.

Beispiele: Die *kleine* Tanja kann gut tanzen.
Tanja, *die klein ist,* kann gut tanzen.
Tanja, *meine Freundin,* kann gut tanzen.
Tanja, *sie ist meine Freundin,* kann gut tanzen.
Das Tanzen *seiner Freundin* gefällt vielen gut.

- Die Satzglieder spielen im Satz jeweils eine bestimmte Rolle: Subjekt, Prädikat, Prädikativ, Objekt, adverbiale Bestimmung. Jedes Satzglied außer dem Prädikat kann durch ein Attribut näher bestimmt werden.

Subjekt	Prädikat	Prädikativ	Objekt	adverbiale Bestimmung
Nominativ: Wer? Was?	Was tut? Was geschieht? Was ist?	(Ergänzung zu den Verben *sein, bleiben, werden, heißen*)	Genitiv: Wessen? Dativ: Wem? Akkusativ: Wen? Was?	Zeit: Wann? Ort: Wo? Art und Weise: Wie? Grund: Warum? Zweck: Wozu? Mittel: Womit?
Attribut		Attribut	Attribut	Attribut

Beispiele:

Pia	ist	ein hübsches Mädchen.		
Der aufmerksame Autofahrer	bemerkt		das spielende Kind	in der engen Einfahrt.
Sie	schenkt		ihm ein Buch.	

Überblick über die Adverbialsätze

Die Adverbialsätze nehmen im Satz die Satzgliedrolle **Adverbiale/adverbiale Bestimmung** ein. Ihre Bedeutung und Bezeichnung richtet sich nach den einleitenden **Konjunktionen.**

Adverbialsatz	Konjunktion	Beispiel
Kausalsatz (Ursache, Begründung)	weil, da	Weil sie nicht kam, war er traurig.
Temporalsatz (Zeitpunkt, Zeitdauer)	als, nachdem, sooft, während, bis	Er freute sich, als sie kam.
Konditionalsatz (Bedingung, Voraussetzung)	wenn, falls, sofern	Wenn sie heute wieder nicht kommt, gibt es Streit.
Konsekutivsatz (Folge)	sodass (so dass), dass	Sie hatte sich so auf das Treffen gefreut, dass sie an nichts anderes mehr dachte.
Finalsatz (Absicht, Zweck)	damit, auf dass, dass	Sie tröstet ihn, damit er sich wieder beruhigt.
Konzessivsatz (Einräumung)	obwohl, obschon	Sie mögen sich noch immer, obwohl sie sich oft streiten.
Modalsatz (Art und Weise)	dadurch dass, indem	Dadurch, dass sie nichts sagte, war alles schnell vergessen.
Komparativsatz (Vergleich)	wie, als ob, als wenn	Es kam ihm so vor, als wenn sie traurig sei.

Wortarten und Satzglieder im Zusammenhang

Satz	Die	begeisterte	Spielerin	üerrascht	heute
Wortart	best. Artikel	Adjektiv	Nomen/ Substantiv	Verb	Adverb
Satzglied u. seine Rolle im Satz		Subjekt Attribut		Prädikat	adverbiale Bestimmun der Zeit

Satz	weil	dieser	ihr	gestern
Wortart	Konjunktion	Demonstrativ- pronomen	Personal- pronomen	Adverb
Satzglied u. seine Rolle im Satz	(verknüpft Nebensatz mit dem Hauptsatz)	Subjekt	Dativobjekt	adverbiale Bestimmun der Zeit

hren	besten	Freund	mit	einem	frechen	Kuss.
ossessiv- ronomen	Adjektiv Substantiv	Nomen/	Präpo- sition	unbest. Artikel	Adjektiv	Nomen/ Substantiv
	Akkusativobjekt Attribut			präpositionales Objekt Attribut		
auptsatz						

inen	großen	Blumenstrauß	geschenkt hat.
nbest. Artikel	Adjektiv	Nomen/ Substantiv	Verb
	Akkusativobjekt Attribut		Prädikat
ebensatz			

Test

Analysiere und vergleiche die beiden folgenden Textausschnitte unter folgenden Aspekten:

- Unterstreiche im Text 1 alle verwendeten Adjektive, Adverbien, Verben und Nomen jeweils verschiedenfarbig.
- Analysiere genau, welche Wirkung diese Wörter erzielen und welche Stimmung sie erzeugen.
- Vergleiche Text 1 mit Text 2 und beschreibe genau: Welche Unterschiede gibt es in Bezug auf die Wortarten, und welche Wirkung haben diese Unterschiede?
- Untersuche den unterschiedlichen Satzbau in beiden Texten und erläutere auch hier die unterschiedliche Wirkung.
- Welche Absichten (Intentionen) haben beide Autoren bei der Wahl ihrer sprachlichen Stilmittel verfolgt?

Text 1

Ein leidenschaftlicher und raschlebiger Sommer war angebrochen. Die heißen Tage, so lang sie waren, loderten weg wie brennende Fahnen, den kurzen schwülen Mondnächten folgten kurze schwüle Regennächte, wie Träume schnell und mit Bildern überfüllt fieberten die glänzenden Wochen dahin.

Klingsor stand nach Mitternacht [...] auf dem schmalen Steinbalkon seines Arbeitszimmers. Unter ihm sank tief und schwindelnd der alte Terrassengarten hinab, ein tief durchschattetes Gewühl dichter Baumwipfel, Palmen, Zedern, Kastanien, Judasbaum, Blutbuche, Eukalyptus, durchklettert von Schlingpflanzen, Lianen, Glyzinen. Über der Baumschwärze schimmerten blassspiegelnd die großen blechernen Blätter der Sommermagnolien, riesige schneeweiße Blüten dazwischen halbgeschlossen, groß wie Menschenköpfe, bleich wie Mond und Elfenbein, von denen durchdringend und beschwingt ein inniger Zitronengeruch herüberkam [...]

In den Geflügelhöfen schrie plötzlich ein Pfau auf, zwei- und dreimal, und durchriss die waldige Nacht mit dem kurzen, bösen und hölzernen Ton seiner gepeinigten Stimme, wie wenn das Leid aller Tierwelt ungeschlacht und schrill aus der Tiefe schellte [...]

(aus: Hermann Hesse, Klingsors letzter Sommer)

Test

Text 2

Plötzlich wachte sie auf. Es war halb drei. Sie überlegte, warum sie aufgewacht war. Ach so! In der Küche hatte jemand gegen einen Stuhl gestoßen. Sie horchte nach der Küche. Es war still. Es war zu still und als sie mit der Hand über das Bett neben sich fuhr, fand sie es leer. Das war es, was es so besonders still gemacht hatte: sein Atem fehlte. Sie stand auf und tappte durch die dunkle Wohnung zur Küche. In der Küche trafen sie sich. Die Uhr war halb drei. Sie sah etwas Weißes am Küchenschrank stehen. Sie machte Licht. Sie standen sich im Hemd gegenüber. Nachts. Um halb drei. In der Küche […]

(aus: Wolfgang Borchert, Das Brot)

Lösungen

S. 15 Test

Die folgenden Antworten sind Formulierungsvorschläge. Sicher hast du andere Formulierungen gefunden. Wichtig ist nur, dass du den verschiedenen Zitaten die richtigen sprachtheoretischen Begriffe zuordnest. Sie sind hier unterstrichen.

a Sprache als Mittel der lautmalerischen (onomatopoetischen) Erfassung der Umwelt. Dieses Mittel stellt uns die Natur zur Verfügung.

b Ferdinand de Saussures Konzept der „Arbitrarität" der Sprachzeichen.

c Sprache als gleichsam „lebender Mechanismus", der dem einzelnen Menschen als fertiger Naturorganismus gegenüber tritt: Für diese Sichtweise gibt es hier, in diesem Kapitel, keine sprachtheoretische Schublade.
Allenfalls könnte man an „Sprachwandel" denken, der sich im Laufe der Zeit quasi „natürlich" vollzieht. Doch ist Sprachwandel ohne Mitwirkung der Menschen nicht denkbar. Eine Sprache stirbt nicht von allein, tot kann eine Sprache erst genannt werden (vergleiche die „tote Sprache" Latein im Gegensatz zu den gesprochenen Sprachen Englisch, Französisch usw.), wenn die Menschen nicht mehr leben, die sie ursprünglich gesprochen haben.

d Sonder- und Gruppensprachen: heben die Zusammengehörigkeit der jeweiligen Gruppe hervor. Es handelt sich um bewusste Abweichungen im Sprachgebrauch. Hier kann von einer Sondersprache gesprochen werden, da der erwähnte „Stamm" seine Wörter auswechselt, angeregt von den „alten Frauen". Andere Stämme bleiben außerhalb diese Sprachentwicklung. Offensichtlich gibt es ein Bedürfnis nach Einigung auf bestimmte Wörter und bestimmten Wortgebrauch innerhalb einer Gruppe.
Üblicherweise bezieht sich „Sondersprache" auf bestimmte soziale Gruppen innerhalb einer Gesellschaft!

S. 34 f. Test

1 a **falsch:**

- die Anrede
- die Formulierung „Durch Zufall“
- der Hinweis „gerne mit viel Geld zu tun“ zu haben
- der Hinweis auf die „lustigen Kollegen“ des Bruders
- die abschließende Grußformel

es fehlt:

- der Adressat
- besonders die Verdeutlichung des eigenen Interesses an der Stelle
- ein Hinweis auf die eigene Qualifikation für die Stelle

es ist überflüssig:

- der Hinweis auf den Bruder
- das Nennen der Hobbys, da diese nichts mit dem Beruf zu tun haben

b Es gibt verschiedene Möglichkeiten für eine korrekte Bewerbung. Absender und Adressat dürfen jedoch nie vergessen werden, außerdem sind Anrede und abschließende Grußformel standardisiert.
In der Anrede schreibst du:
Sehr geehrte Damen und Herren,
(klein weiter in einer neuen Zeile).
Falls eine bestimmte Person angesprochen werden soll:
Sehr geehrte Frau X, / Sehr geehrter Herr Y,
(klein weiter in einer neuen Zeile).
Die abschließende Grußformel lautet immer:
Mit freundlichen Grüßen

Ein Vorschlag:
Oben rechts der Absender.
Anschließend links der Adressat.
Nachfolgend rechts Ort und Datum.
Dann, linksbündig wie der gesamte weitere Brief: die Betreffzeile („Betr.“ oder „Betrifft:“ muss nicht geschrieben werden), möglichst fett hervorgehoben

Uwe Greßmann
Dichterstraße 9
10407 Berlin

Wunderlich-Bank
Personalabteilung
Postfach 7777
11111 Berlin

Berlin, den 1. April 2010

Bewerbung auf die ausgeschriebene Stelle als Bankkaufmann

Sehr geehrte Damen und Herren,

in der XY-Zeitung las ich Ihre Stellenausschreibung für die Stelle eines Bankkaufmannes/einer Bankkauffrau. Hiermit möchte ich mich bewerben.
Wie Sie aus dem beiliegenden Lebenslauf ersehen können, arbeite ich seit meinem Realschulabschluss ... (usw.).
In meiner Freizeit leite ich die Turniere des örtlichen Schachvereins und organisiere die Vorträge der Geschwister-Scholl-Bibliothek. Hierfür trete ich eigenverantwortlich in Kontakt zu Buchautoren, Wissenschaftlern, Lehrern und anderen Persönlichkeiten, woraus Sie ersehen können, dass ich Erfahrung im selbstständigen Arbeiten und in der Zusammenarbeit mit verschiedensten Menschen habe.

Über ein Gespräch würde ich mich sehr freuen.

Mit freundlichen Grüßen

Uwe Greßmann

Anlage

2	a	– 3	n	– 4
	b	– 6	o	– 9
	c	– 2	p	– 10
	d	– 4	q	– 5
	e	– 3	r	– 2
	f	– 6	s	– 8
	g	– 7	t	– 9
	h	– 4	u	– 5
	i	– 5	v	– 1
	j	– 8	w	– 1
	k	– 4	x	– 2
	l	– 1	y	– 7
	m	– 3	z	– 9

S. 43 **Test**

Folgende Punkte solltest du in deiner Lösung beachtet haben:

Inhaltlich:

- Känsterle sitzt nur vor dem Fernseher – Hinweis auf Passivität, Lethargie
- Känsterle „gehorcht", schaut vor sich hin, auch als der Fernseher aus ist
- Rosa wird als die Aktive beschrieben, spült, kommt herein, redet, kommentiert, schüttelt den Kopf usw.
- Zu Rosas Person werden Details genannt – „… wobei der Harrknoten, trotz des Kamms, der ihn wie ein braunes Gebiss festhält, eigensinnig wackelt" –; von Känsterle erfahren wir nur, dass er „der einfache Schlosser" ist, er bleibt blass, wir bekommen kein Bild von ihm

Sprachlich:

- Verwendung besonderer Adjektive: „einfach" für den Schlosser Känsterle, „eigensinnig" für den wackelnden Haarknoten Rosas
- Besonders auffällig: Verwendung der Verben des sprachlichen Ausdrucks: Rosa ruft, plaudert, zischt, Känsterle dagegen gehorcht wortlos oder murmelt … hilflos
- Verwendung der wörtlichen Rede: Rosas Dominanz wird durch ihr permanentes Reden im Kontrast zu Känsterles Schweigen besonders deutlich

S. 57 f. Test

1 Eine „Musterlösung“ ist hier leider nicht möglich. Wichtig ist, dass du dich möglichst gut und intensiv an Deine Erfahrungen bei Theateraufführungen (auch bei Schultheateraufführungen erinnerst. Hattest du stärker den Eindruck, das vorgeführte Spiel aus der Distanz des Betrachters verfolgen zu können, also im Sinne Brechts? Oder hast du dich unwillkürlich mit dem Geschehen auf der Bühne, vielleicht mit einzelnen Figuren, identifiziert? Hast du also, wie Dürrenmatt nahelegt, in Gedanken „mitgespielt“?
In letzterem Fall würdest du Dürrenmatts Kritik an Brecht zustimmen, im ersten Fall würdest du sie ablehnen.
Bleibe nicht abstrakt, sondern bringe mindestens ein gut beschriebenes, lebendiges Beispiel für deinen Eindruck von der Bühne.

2

Um Mitternacht

Gelassen stieg die Nacht ans Land,
Lehnt träumend an der Berge Wand,
Ihr Auge sieht die goldne Waage nun
Der Zeit in gleichen Schalen stille ruhn;
    Und kecker rauschen die Quellen hervor,
    Sie singen der Mutter, der Nacht, ins Ohr
    Vom Tage,
    Vom heute gewesenen Tage.

Das uralt alte Schlummerlied,
Sie achtet's nicht, sie ist es müd;
Ihr klingt des Himmels Bläue süßer noch,
Der flüchtgen Stunden gleichgeschwungnes Joch.
    Doch immer behalten die Quellen das Wort,
    Es singen die Wasser im Schlafe noch fort
    Vom Tage,
    Vom heute gewesenen Tage.

E. Mörike

a Zeilenstil vorherrschend, fast jeder Vers endet mit einem Satzzeichen (Komma, Punkt, Semikolon), wenige Zeilensprünge (Enjambements).
Das Gedicht besteht aus zwei Strophen mit jeweils acht Zeilen.
Es weist Merkmale der Liedform auf: relativ kurze Verse mit Reimbindung, außerdem ein Refrain (Kehrreim, „Vom Tage, vom heute gewesenen Tage") in den letzten beiden Versen jeder Strophe.

b Das gesamte Gedicht weist Endreime auf, und zwar im Reimschema aabb, also als Paarreime. Lediglich beim Refrain, den letzten beiden Versen jeder Strophe, gibt es keinen Reim, sondern das selbe Wort wird wiederholt („Tage"). Die ersten beiden Verse der zweiten Strophe enden mit einem unreinen Reim („Schlummerlied/...ist es müd").
Das Metrum ist unterschiedlich. In den ersten vier Verszeilen bei beiden Strophen herrscht ein vierhebiger Jambus vor, die anschließenden zwei Verszeilen weisen jeweils einen vierhebigen Daktylus auf. Die jambischen Verse strahlen Ruhe und Gleichmaß aus („Gelassen" ist das erste Wort des ersten Verses, mit „Das uralt alte Schlummerlied" beginnt die zweite Strophe, also sehr bedächtig). Der Daktylus der anschließenden Verse bewirkt sofort eine stärkere Betonung und heftigeren Rhythmus. Dies entspricht dem Inhalt dieser Verse („Und kecker rauschen" beginnt Vers 5 der ersten Strophe, „Doch" lautet der zupackende Beginn von Vers 5 der zweiten Strophe).
Als Klangfiguren fallen auf: Alliteration im 4. Vers der ersten Strophe („Schalen stille"), Wiederholungen (Anapher: in den letzten beiden Versen beider Strophen „Vom", Epipher bzw. identischer Reim: in den letzten beiden Versen beider Strophen).

c Wendepunkte liegen in beiden Strophen jeweils zwischen den ersten vier und den folgenden Zeilen. Sie sind deutlich erkennbar am Wechsel des Metrums vom Jambus zum Daktylus und an den Dynamik ausdrückenden Worten der jeweils fünften Verse (wie oben bereits zitiert).
Der Wechsel im Bewegungslauf wird unterstützt durch den Wechsel von Tätigkeitsverben der ersten vier Zeilen der ersten Strophe wie stieg, sieht, lehnt (die durch das Attribut „Gelassen" und das

Adverb „träumend“ eine Art „Verlangsamung“ erfahren) zu Vorgangsverben wie rauschen und singen in den folgenden vier Versen der beiden Strophen.
Auch durch den Komparativ „kecker“ in Vers 5 der ersten Strophe wird semantisch der Gegensatz zwischen gelassener, ausgeglichener, ruhender Nacht und den aktiven, rauschenden Quellen hervorgehoben.

d Gegenüberstellung von zwei – rhythmisch, sprachlich und strukturell (rauschende Quellen auch durch die Einrückungen der Verszeilen dargestellt) – unterschiedlichen Vorstellungen von vergehender/vergangener und voranschreitender Zeit.
Die erste Strophe bildet eine Art Einleitung, welche die gelassene Nacht als solche vorstellt, für welche der Tag schon vergangen und damit abgeschlossen ist (es wird auch beschrieben, dass die Nacht den Tag ablöst: „Gelassen stieg die Nacht ans Land“, Vers 1) und beschreibt in ihrem zweiten, dynamischeren Teil im Gegensatz dazu die Quellen, für die der vergangene Tag noch präsent ist und bedeutungsvoll erscheint („Sie singen der Mutter, der Nacht, ins Ohr/Vom Tage“).
Die zweite Strophe beschreibt diese zwei „Konzepte“ von der vergangenen Zeit etwas genauer. Die Quellen können nicht davon ablassen, das „uralt alte Schlummerlied„ (Vers 1 von Strophe 2) vom heute gewesenen Tage zu singen – das Lied der Erinnerung also an das unmittelbar vergangene Geschehen, das sich so schnell nicht, auch im Schlafe nicht („Es singen die Wasser im Schlafe noch fort“, Vers 6), beiseite drängen lässt.

e Die Überschrift „Um Mitternacht“ beinhaltet den Wechsel der Tage, den kurzen Moment, in dem es (im übertragenen Sinne) keinen beendeten und auch noch keinen begonnenen Tag zu geben scheint. Dies wird zum einen durch die Synästhesie der „goldne[n] Waage“ ausgedrückt, deren Schalen, in der die Zeit liegt, „stille ruhn“. Der inhaltlich, sprachlich und rhythmisch gestaltete Bewegungsablauf der ruhigen Nacht und der lebendigen Quellen beschreiben genau diesen Moment, das Zwischen-den-Gegensätzen-Liegen.
Klar wird erst in Vers 5 von Strophe 2, dass sich die Nacht letztlich

nicht gegen den weiteren Verlauf der Zeit sträuben kann, da die rauschenden Quellen immer das Wort behalten und sie nicht ruhen lassen (in einer Art zeitlosem Augenblick). Aber auch die Quellen können den vergangenen Tag nicht festhalten, denn dieser ist abgelaufen. Die Mitternacht hat ihn beendet. Ein größerer Gegensatz als der zwischen Tag und (Mitter-)Nacht ist nicht denkbar. In der Spannung zwischen Überschrift (Mitternacht) und Bewegung (Tagesablauf) zeigt sich eindringlich das Thema des Gedichts.

f Das lyrische Ich tritt in den Hintergrund, betrachtet nur, ohne am Geschehen beteiligt zu sein. Es ändert in Strophe 2 seinen Standpunkt von einer gleichwertigen Betrachtung der ruhenden Nacht und der rauschenden Quellen zu einer bevorzugten Stellung der Quellen.
Zum Schluss urteilt es sogar, dass die Quellen immer „das Wort" behalten, obwohl sie mit ihrer Keckheit gegen die Taglied-„Müdigkeit" und die völlig anderen Interessen ihrer Mutter, der Nacht, verstoßen.

g Die verwendeten Bilder sind hauptsächlich Personifikationen und Metaphern bzw. Allegorien.
▸ personifizierte Nacht („Mutter") = Allegorie für abgeschlossenen Tag und vielleicht sogar Metapher für eine fiktive Person, die versucht, dem fortwährenden Lauf des Wechsels zwischen Tag und Nacht und damit der Vergänglichkeit (des Augenblicks) zu entrinnen, keine Zeit zu spüren, sie sozusagen anzuhalten (dies wird durch die bereits beschriebenen Adjektive und Verben, die in Verbindung mit der Nacht stehen, unterstrichen)
▸ personifizierte Quellen = Metapher für eine (oder mehrere) fiktive Person, die versucht, die Nacht an der Beendigung des Tages (was unmittelbar mit ihrem Erscheinen eintritt) zu hindern, indem sie ihr ununterbrochen vom vergangenen Tag erzählt (sie wünschen sich Altes zurück und treten ebenfalls gegen die Vergänglichkeit der Zeit auf, aber im Hinblick bzw. Rückbezug auf alte Zeiten)

h Die vorherrschenden Adjektive und Verben wurden alle bereits bei den vorherigen Fragen genannt.

i Wie bereits (unter a) erwähnt, erinnert die Form an ein Lied. Das Vokabular lässt an Kalendergeschichten, weise Sprüche oder gar Kirchenpredigten denken, was an dem alles beherrschenden Thema „Vergänglichkeit" liegt.

j Der Raum, den das Gedicht umreißt, ist weltumspannend („Nacht", „Tage", „Land", „Berge", „Quellen") und reicht in den Himmel („des Himmels Bläue"). Die Bewegung ist die Bewegung der Zeit vom Gestern zum Morgen, was besonders durch den Kontrast mit dem stillen Moment um Mitternacht, zwischen den Tagen, deutlich wird.

S. 65 Test

1 Die Leitfragen sind nummeriert. Mögliche Antworten findest du hier. Vielleicht hast du auch andere sinnvolle Antworten gefunden.

Text 1

> Für alle Anleger, die keine Überraschungen mögen, haben wir von Union Investment den neuen UniWertSparplan entwickelt. Dabei können Sie sich mit gutem Gefühl auf attraktive Erträge freuen. Zudem ist Ihr Geld auch in turbulenten Zeiten gut aufgehoben – Dank der Sicherungssystematik. Diese zielt darauf ab, Ihre Beiträge gegen Kursverluste abzusichern. Und Sie können Ihr Geld besonders individuell investieren. Denn der UniWertSparplan bietet die Möglichkeit, den Vermögensaufbau auf Ihren persönlichen Wunschtermin auszurichten. Nutzen Sie diese Vorteile. Und sorgen Sie dafür, dass Ihre Träume bald in Erfüllung gehen.

1 Werbung für Geldanlage
2 Keine äußere, formale Gliederung, aber klare inhaltliche Steigerung bis zur „Erfüllung eines Traumes".
3 (Nur ein Abschnitt, daher keine verschiedenen Überschriften nötig.)

4 (Skizze nicht hilfreich, allenfalls ließe sich ein Pfeil von links unten – Textbeginn – nach rechts oben – Höhepunkt der Versprechungen – ziehen.)

5 Werbetext. Sprachlich besonders deutlich durch Wortneuschöpfung („UniWertSparplan“) sowie durch viele eine positive Stimmung erzeugende Ausdrücke und Versprechungen („mit gutem Gefühl“, „attraktive Erträge“, „gut aufgehoben“, „absichern“, „besonders individuell“, „auf Ihren persönlichen Wunschtermin“, „Ihre Träume in Erfüllung gehen“). Wichtig sind dabei die Adjektive (neu, gut, attraktiv, turbulent, gut, individuell, persönlich). Inhaltlich wird die Textsorte Werbetext besonders deutlich durch die direkte Anrede („Sie können“ usw.) und den stark appellativen Charakter – bis hin zum Imperativ im letzten Satz.

6 Zumindest behauptet er, Tatsachen wiederzugeben. Zu überprüfen ist das jedoch nicht.

7 Der Text appelliert an Gefühle wie Sicherheitsgefühl („Sicherungssystematik“), Selbstwertgefühl („besonders individuell“) und Wunschträume beim Leser, er bringt jedoch selbst keine Gefühle zum Ausdruck.

8 Ja, für eine Geldanlage. Vergleiche Frage 1.

9 Scheinbare „Argumente“ und „Hypothesen“, die jedoch nicht zu begründen oder überprüfen sind, da es sich um Versprechungen handelt.

10 Nein. Der Text ist nur scheinbar erklärend oder belehrend, tatsächlich aber nur voller Versprechungen. Ernstzunehmende Erklärungen zum Themengebiet der Geldanlage könnten nur von jemandem kommen, der kein eigenes wirtschaftliches Interesse dabei vertritt, also nichts verkaufen, sondern wirklich nur informieren will.

11 Mischung aus aufgelockerter Standardsprache und Fachsprache.

12 Wortwahl: Die bereits erwähnte Wortneuschöpfung fällt auf („UniWertSparplan“), außerdem der Einsatz von werbenden Adjektiven (vergleiche Frage 5). Es gibt eine ganze Reihe von Begriffen, die aus dem Bankgewerbe kommen scheinen („Anleger“, „Erträge“, „Sicherungssystematik“, „Beiträge“, „Kursverluste“, „investieren“, „Vermögensaufbau“). Diese sollen Kompetenz ausstrahlen, gleichzeitig sind sie aber so einfach zu verstehen, dass niemand

abgeschreckt wird. Im Gegenteil: Dem Leser der Werbung wird suggeriert, dass er hier als Gesprächspartner in Geldangelegenheiten ernst genommen werde.

Satzbau: Einfacher Satzbau. Hauptsätze und einfache Satzgefüge lösen sich ab.

13 Direkte Anrede. Imperativ im letzten Satz.

14 Wahrscheinlich ein bezahlter Werbetexter im Auftrag der Bank bzw. der Investmentfirma.

15 –

16 –

17 Der Zweck wird deutlich geäußert: Potenzielle Kunden zu gewinnen.

18 Vgl. Frage 10. Jeder „Anleger" soll sich angesprochen fühlen, also jeder, der Geld sparen und dabei vermehren möchte.

19 Weder Einzelne noch ein Massenpublikum, sondern potenzielle Kunden.

20 Scheinbar wird der Verstand des Lesers, der Leserin angesprochen – doch mit völlig unklaren Begriffen wie „Sicherungssystematik" und pauschalen Versprechungen wie dem Versprechen, dass „Träume bald in Erfüllung gehen". Tatsächlich wendet sich der Text an Gefühle, was er auch direkt sagt („mit gutem Gefühl", „abzusichern", „Wunschtermin", „Träume"), und wirbt damit um Vertrauen.

21 Man könnte feststellen, dass der Text recht raffiniert verfasst ist. Und sich daran erinnern, wie wichtig es ist, die Mechanismen der Werbung zu durchschauen. Tatsächlich reagieren wir auf manche Werbung positiv, sie „gefällt" uns. Das muss man sich klar machen, wenn man ihr nicht zum Opfer fallen will.

22 Wenn mich etwas an diesem Werbetext interessiert, bin ich ihm bereits auf den Leim gegangen.

Text 2

SEINE MAJESTÄT DER KÖNIG DER BELGIER,
IHRE MAJESTÄT DIE KÖNIGIN VON DÄNEMARK, …

ENTSCHLOSSEN, den mit der Gründung der Europäischen Gemeinschaften eingeleiteten Prozess der europäischen Integration auf eine neue Stufe zu heben, …

IN DEM FESTEN WILLEN, im Rahmen der Verwirklichung des Binnenmarkts sowie der Stärkung des Zusammenhalts und des Umweltschutzes den wirtschaftlichen und sozialen Fortschritt ihrer Völker unter Berücksichtigung des Grundsatzes der nachhaltigen Entwick-lung zu fördern und Politiken zu verfolgen, die gewährleisten, dass Fortschritte bei der wirtschaftlichen Integration mit parallelen Fortschritten auf anderen Gebieten einhergehen, …

ENTSCHLOSSEN, den Prozess der Schaffung einer immer engeren Union der Völker Europas, in der die Entscheidungen entsprechend dem Subsidiaritätsprinzip möglichst bürgernah getroffen werden. weiterzuführen,
IM HINBLICK auf weitere Schritte, die getan werden müssen, um die europäische Integration voranzutreiben,
HABEN BESCHLOSSEN, eine Europäische Union zu gründen;
…

1 Gründung der Europäischen Union.
2 Klare (auch äußerlich erkennbare) Aufteilung in Absichten (vier Absätze) und eine Folgerung (letzter Absatz).
3 Man könnte den Beginn jedes Absatzes als Überschrift wählen.
4 Vielleicht vier Punkte hintereinander an einer Linie sowie ein Pfeil zum fünften Punkt, der Folgerung bzw. dem Beschluss.
5 Politischer Verlautbarung. Offizielles Gründungsdokument der EU (Präambel).
6 Im vorliegenden Textausschnitt werden Absichten genannt, keine Tatsachen.
7 Nein.

8 Nein.
9 Nein.
10 Erklärender Text, weil die Motive, die hinter dem Beschluss stehen, genannt werden. Adressatengruppe ist die allgemeine Öffentlichkeit.
11 Feierliche, offizielle Sprachebene, deutlich oberhalb der Standardsprache.
12 Typischer politischer Verlautbarungstext mit „ellenlangen", oft parataktisch unschön aneinander gereihten und schwer verständlichen Sätzen.
13 –
14 Offiziell die Staatschefs der EU, faktisch Juristen in der EU-Bürokratie.
15 Amsterdamer Vertrag (Präambel).
16 Anfang der 1990er Jahre, um den europäischen Vereinigungsprozess weiter voranzutreiben.
17 Dieser Zweck (vgl. Frage 16) wird deutlich herausgestellt. Es ist der Zweck einer politischen Verlautbarung, auf sich aufmerksam zu machen.
18 Offizieller Sprachstil und Inhalt zeigen, dass sich der Text an die gesamte Öffentlichkeit wendet, EU-Bürger wie auch Nicht-Mitglieder der EU. Zusätzlich kann man sich vorstellen, dass er sich an die Menschen wendet, die in Zukunft die Geschichte der EU betrachten werden, an Politiker, Historiker und andere Interessierte.
19 Nicht Einzelne werden angesprochen, die gesamte Menschheit kann als Empfänger gedacht werden.
20 Das liegt im Belieben des Lesers, der Leserin.
21 –
22 Der Text ist eine wichtige Grundlage bei der Untersuchung der EU sowie beim Nachdenken über politische Prozesse im Allgemeinen. Er kann als Basis dienen für einen Vergleich zwischen politischen Absichten und deren Verwirklichung oder Nicht-Verwirklichung.

2 Der Text ist eine Glosse, also ein kurzgefasster und besonders zugespitzter Kommentar, der zu einem Tagesereignis (der MoMa-Ausstellung in Berlin) Stellung nimmt und dabei auf ironisch-humorvolle, aber durchaus substantielle Art zeitgenössische Probleme im Verhältnis Deutschland – USA thematisiert.

S. 84 f. Test

Grundlinien für deine Lösung:

Text 1 geht „überschwänglich" mit stark gefühlsbetonten Verben, Nomen und insbesondere Adjektiven sowie Metaphern und Alliterationen um.

- Zum Beispiel Verben: lodern, fiebern, schrei, durchriss
- Zum Beispiel Adjektive bzw. Adverbien: leidenschaftlich und raschlebig, glänzend, tief durchschattet, riesige schneiweiße, durchdringend und beschwingt, innig, kurz, böse und hölzern
- Zum Beispiel Metaphern: groß wie Menschenköpfe, bleich wie Mond und Elfenbein, wie wenn das Leid aller Tierwelt ungeschlacht und schrill aus der Tiefe schellte
- Zum Beispiel Alliterationen: Über der Baumschwärze schimmerten blassspiegelnd die großen blechernen Blätter

Wirkung: Der Text spricht sehr stark die emotionale Seite des Lesers an und weckt Gefühle von Romantik, Sehnsucht, Liebe, aber auch von Schauder, Gefahr, Endgültigkeit.

Text 2 verwendet keine wertenden/gefühlsbetonten Adjektive. Die Sprache ist nüchtern und klar und auch der Satzbau denkbar lakonisch und kurz – insbesondere bei den letzten Sätzen.

Die Wirkung entspricht der Sprache und der Grammatik: Klar, nüchtern, kurz, unprätentiös, schlicht, alltäglich.

Text 1 (Hesse) will den Leser in eine beinahe „orgiastische" Sinnenwelt „entführen", in der der Künstler Klingsor (wie im Titel angekündigt) die letzten Monate seines Lebens wie im Rausch verbringen wird.

Text 2 (Borchert) will auf eine alltägliche – graue, aber keineswegs banale oder nebensächliche – Situation aufmerksam machen: Die Not der Menschen in der Nachkriegszeit.

Mathematik

9./10. Klasse

Inhaltsverzeichnis

Zentrische Streckung, Strahlensätze, Ähnlichkeit

Die Satzgruppe des PYTHAGORAS

Der Kreis

Geometrische Körper

Die Menge der reellen Zahlen

1 Quadratwurzeln

Beispiel: 25 ist das Quadrat von 5. Wie kommt man von 25 zurück auf 5? Man sagt: 5 ist die Quadratwurzel (oder einfach Wurzel) von 25 und schreibt $\sqrt{25} = 5$.

Allgemein:

> **MERKE** Für nichtnegative Zahlen a gilt: Die Quadratwurzel oder einfach Wurzel aus a ist diejenige nichtnegative Zahl, deren Quadrat a ergibt. Man schreibt dafür $\sqrt{a}$.
> $(\sqrt{a})^2 = a$

„Nichtnegativ" heißt: positiv oder 0. Die obige Definition schließt ein: $\sqrt{0} = 0$.
Die Zahl a unter der Wurzel nennt man **Radikand.** Das Berechnen der Quadratwurzel heißt **Wurzelziehen** oder **Radizieren.**

Beispiele: $\sqrt{1} = 1$; $\sqrt{4} = 2$; $\sqrt{9} = 3$; $\sqrt{16} = 4$; $\sqrt{\frac{1}{4}} = \frac{1}{2}$;
$\sqrt{0{,}36} = \sqrt{\frac{36}{100}} = \sqrt{\left(\frac{6}{10}\right)^2} = \frac{6}{10} = 0{,}6$;
aber $\sqrt{-4}$ ist nicht definiert.

Nicht jeder Wurzelterm ist eine rationale Zahl. Da es z. B. keine rationale Zahl gibt, deren Quadrat 2 ist, ist $\sqrt{2}$ keine rationale Zahl.
Ist der Radikand das Quadrat einer rationalen Zahl, so kann die Wurzel gezogen werden.
Beispiele: $\sqrt{5^2} = \sqrt{25} = 5$; $\sqrt{(-5)^2} = \sqrt{25} = 5$

Bei einer positiven Zahl ist die Wurzel aus dem Quadrat der Zahl gleich der ursprünglichen Zahl. Das Radizieren ist die Umkehrung des Quadrierens.

Bei einer negativen Zahl ist die Wurzel aus dem Quadrat der Zahl gleich dem Betrag der ursprünglichen Zahl.

Allgemein:

MERKE Für beliebige rationale Zahlen a gilt: $\sqrt{a^2} = |a|$.

Wir betrachten nun Gleichungen der Form $x^2 = a$:

Fall 1: $a < 0$: In der Grundmenge $\mathbb{Q}$ gibt es keine Lösung $L = \{\ \}$.

Fall 2: $a = 0$: $L = \{0\}$.

Fall 3: a ist positiv und Quadrat einer rationalen Zahl. $L = \{-\sqrt{a}\,; \sqrt{a}\}$.

Fall 4: a ist positiv und Quadrat einer rationalen Zahl. In der Grundmenge $\mathbb{Q}$ gibt es keine Lösung: $L = \{\ \}$. Um Lösungen zu erhalten, muss man den Zahlenbereich erweitern.

Beispiele:

$x^2 = -5 \Rightarrow L = \{\ \}$

$x^2 = 0 \Rightarrow L = \{0\}$

$x^2 = 100 \Rightarrow L = \{-10; 10\}$

$x^2 = 2 \Rightarrow$ Keine rationale Zahl ist Lösung.

Übungen

1 Schreibe ohne Wurzelzeichen.

a) $\sqrt{36}$ b) $\sqrt{81}$ c) $\sqrt{169}$ d) $\sqrt{196}$ e) $\sqrt{900}$

f) $(\sqrt{5})^2$ g) $(\sqrt{7})^2$ h) $\sqrt{0}$ i) $\sqrt{1}$ j) $\sqrt{25^2}$

k) $\sqrt{1{,}44}$ l) $\sqrt{0{,}4^2}$ m) $\sqrt{0{,}01}$ n) $\sqrt{0{,}81}$ o) $\sqrt{\frac{1}{9}}$

p) $\sqrt{(-3)^2}$ q) $\sqrt{\left(-\frac{1}{2}\right)^2}$ r) $\sqrt{x^2}$ s) $\sqrt{(a+b)^2}$ t) $(\sqrt{3a})^2$

2 Entscheide, ob die Wurzeln rationale Zahlen sind.

a) $\sqrt{7}$ b) $\sqrt{81}$ c) $\sqrt{100}$ d) $\sqrt{13}$

2 Die Menge der reellen Zahlen

Wir erweitern nun den Zahlenbereich so, dass auch die Gleichung $x^2 = 2$ Lösungen hat, die wir mit $-\sqrt{2}$ und $\sqrt{2}$ bezeichnen. $\sqrt{2}$ ist keine rationale Zahl, man kann jedoch eine Strecke der Länge $\sqrt{2}$ konstruieren und damit $\sqrt{2}$ auf der Zahlengeraden darstellen. Man zeichnet ein Quadrat mit dem Flächeninhalt 2. Das geht leicht, wenn man mit den Diagonalen beginnt und jeder Diagonalen die Länge 2 gibt.
Von den vier Teildreiecken hat dann jedes den Flächeninhalt $\frac{1}{2}$, also ist der Flächeninhalt des Quadrates gleich 2.

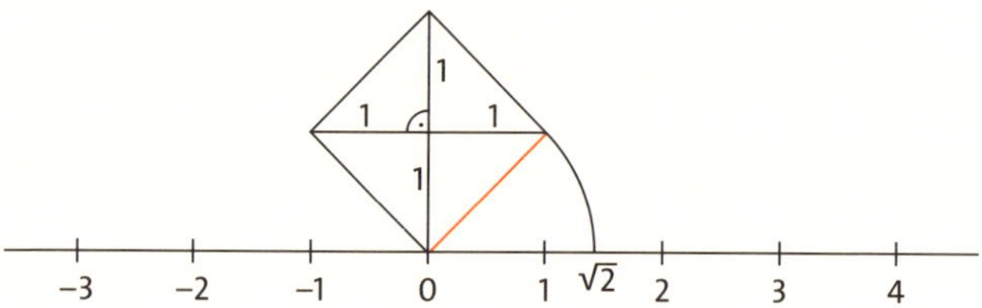

Die Seitenlänge des Quadrates beträgt dann $\sqrt{2}$. Mit einem Zirkel kann man diese Länge auf die Zahlengerade übertragen. Damit erhält man den genauen Platz der – nicht rationalen – Zahl $\sqrt{2}$ auf der Zahlengeraden. Statt „nicht rational" sagt man auch „irrational".
Auch $\sqrt{3}$; $\sqrt{5}$; $\sqrt{7}$ sind irrationale Zahlen. Vielleicht kennst du die Zahl $\pi = 3{,}141\,59\ldots$ (sprich: pi) aus der Kreisberechnung. Auch sie ist eine irrationale Zahl.

MERKE Rationale Zahlen und irrationale Zahlen fasst man in der Menge der reellen Zahlen $\mathbb{R}$ zusammen.

Jeder reellen Zahl ist ein Punkt auf der Zahlengeraden zugeordnet und umgekehrt.

Beispiel:

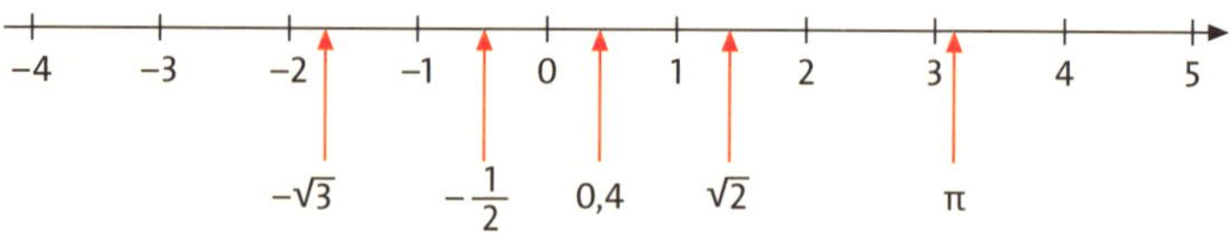

Man kann irrationale Zahlen durch eine „Intervallschachtelung" darstellen.

Beispiel:

$1 < \sqrt{2} < 2$; denn $1 < 2 < 4$

$1{,}4 < \sqrt{2} < 1{,}5$; denn $1{,}96 < 2 < 2{,}25$

$1{,}41 < \sqrt{2} < 1{,}42$; denn $1{,}9881 < 2 < 2{,}0164$

…

Irrationale Zahlen sind unendliche nichtperiodische Dezimalbrüche. Mit dem Taschenrechner erhält man einen Näherungswert, z. B. $\sqrt{2} \approx 1{,}414213562$.

Übung

Trage die folgenden reellen Zahlen auf der Zahlengeraden ein. Berechne dazu Näherungswerte mit dem Taschenrechner.

a) $\frac{1}{3}\sqrt{5}$; $4 - 3\sqrt{7}$; $-2\sqrt{2}$; $-3 + \sqrt{15}$

b) $\frac{8}{7}$; $\frac{1}{2} + \frac{1}{2}\sqrt{22}$; $\frac{1}{3}\sqrt{30}$; $2 - 2\sqrt{3}$

3 Rechnen mit Quadratwurzeln

Die Rechengesetze für rationale Zahlen (Assoziativgesetz, Kommutativgesetz, Distributivgesetz) gelten ohne Ausnahmen auch für reelle Zahlen. Durch Addition, Multiplikation und Division (letztere ohne null im Divisor) von reellen Zahlen erhält man wieder reelle Zahlen.

Beispiele:

a) $2\sqrt{3} \cdot 3 = 2 \cdot 3 \cdot \sqrt{3} = 6\sqrt{3}$

b) $(\sqrt{3} + 1) \cdot \sqrt{3} = (\sqrt{3})^2 + \sqrt{3} = 3 + \sqrt{3}$

$6\sqrt{3}$ und $3 + \sqrt{3}$ sind reelle Zahlen.

MERKE $\sqrt{a} \cdot \sqrt{b} = \sqrt{a \cdot b}$ für $a, b \in \mathbb{Q}_0^+$

$\frac{\sqrt{a}}{\sqrt{b}} = \sqrt{\frac{a}{b}}$ für $a \in \mathbb{Q}_0^+, b \in \mathbb{Q}^+$

Gleiche Wurzeln und Vielfache von Wurzeln kann man zusammenfassen.

Beispiel: $3\sqrt{2} + 5\sqrt{2} + \sqrt{3} = (3 + 5)\sqrt{2} + \sqrt{3} = 8\sqrt{2} + \sqrt{3}$

Übungen

1 Berechne den Termwert ohne Taschenrechner.

a) $\sqrt{3} \cdot \sqrt{5}$ b) $\sqrt{3} \cdot \sqrt{27}$ c) $\sqrt{2} \cdot \sqrt{2} \cdot \sqrt{2}$

d) $\frac{\sqrt{8}}{\sqrt{2}}$ e) $\frac{2 \cdot \sqrt{32}}{\sqrt{2}}$ f) $\frac{\sqrt{15}}{\sqrt{5}}$

2 Vereinfache die Terme.

a) $\sqrt{2} + 3\sqrt{7} + 5\sqrt{2}$ b) $-\sqrt{5} - 2\sqrt{3} + 5\sqrt{3}$

4 Teilweises Radizieren und Rationalmachen des Nenners

Manche Quadratwurzeln kann man vereinfachen, indem man den Radikanden in Faktoren zerlegt, sodass mindestens ein Faktor ein Quadrat ist.

Beispiel: $\sqrt{50} = \sqrt{25 \cdot 2} = \sqrt{25} \cdot \sqrt{2} = 5\sqrt{2}$

Ist $\frac{1}{\sqrt{3}}$ eine reelle Zahl? Ja, denn wir haben schon festgestellt, dass der Quotient aus reellen Zahlen (Ausnahme: Nenner gleich null) wieder eine reelle Zahl ergibt. Allerdings ist $\frac{1}{\sqrt{3}}$ nicht die endgültige Form dieser Zahl. Man formt durch Erweitern so um, dass keine Wurzel mehr im Nenner steht. Dies nennt man **Rationalmachen des Nenners.**

Also: $\frac{1}{\sqrt{3}} = \frac{1 \cdot \sqrt{3}}{\sqrt{3} \cdot \sqrt{3}} = \frac{\sqrt{3}}{3}$ (oder $\frac{1}{3}\sqrt{3}$).

Steht eine Wurzel allein oder als Faktor im Nenner, erweitert man mit dieser Wurzel.

Steht im Nenner eine Summe/Differenz mit einer Wurzel, so muss man mit einer Differenz/Summe erweitern, sodass man die 3. binomische Formel $[(a - b)(a + b) = a^2 - b^2]$ anwenden kann.

Beispiel:

$$\frac{1}{1 + \sqrt{2}} = \frac{1 - \sqrt{2}}{(1 + \sqrt{2})(1 - \sqrt{2})} = \frac{1 - \sqrt{2}}{1^2 - (\sqrt{2})^2} = \frac{1 - \sqrt{2}}{-1} = \sqrt{2} - 1$$

Übungen

1 Vereinfache durch teilweises Radizieren. Alle Variablen sind positiv.

a) $\sqrt{200}$ b) $\sqrt{75}$ c) $\sqrt{18}$ d) $\sqrt{1000}$

e) $\sqrt{8a^2}$ f) $\sqrt{xy^2z^3}$ g) $\sqrt{50x^3}$ h) $\sqrt{20(a+b)^2}$

2 Mache den Nenner rational.

a) $\frac{2}{\sqrt{3}}$ b) $\frac{5}{\sqrt{7}}$ c) $\frac{2}{\sqrt{2}-2}$ d) $\frac{5}{\sqrt{3}+\sqrt{5}}$

Test

1 Gegeben sind die Zahlen $\frac{2}{3}$; $-\sqrt{5}$; π; $\sqrt{3}$; $-1{,}5$.

a) Trage die Zahlen aus $\mathbb{R}$ in die Zahlengerade ein.

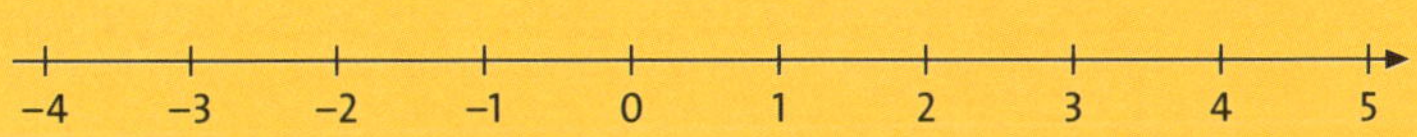

b) Ordne anschließend die Zahlen. Beginne mit der kleinsten Zahl.

2 Löse die Gleichungen in der Grundmenge $\mathbb{R}$.

a) $x^2 = 5$ b) $x^2 = 16$ c) $x^2 = 17$ d) $x^2 = -2$

3 Radiziere teilweise und fasse dann zusammen, falls möglich.

a) $\sqrt{500} + \sqrt{200}$ b) $\sqrt{50} - \sqrt{200}$ c) $\sqrt{48} - \sqrt{12}$

4 Erweitere so, dass rationale Nenner entstehen.

a) $\frac{\sqrt{7}-\sqrt{5}}{\sqrt{7}+\sqrt{5}}$ b) $\frac{1}{2\sqrt{3}+1}$ c) $\frac{a}{\sqrt{a}-\sqrt{b}}$

Quadratische Gleichungen

1 Allgemeine Form und Normalform

Einfache quadratische Gleichungen der Form $x^2 = a$ haben wir schon im vorhergehenden Kapitel behandelt. Die höchste vorkommende Potenz von x ist bei einer quadratischen Gleichung x^2. Es kann jedoch auch ein Glied mit x vorkommen, zum

Beispiel: $3x^2 + 4x + 5 = 0$.

> **MERKE** $ax^2 + bx + c = 0$ mit $a \neq 0$ heißt **allgemeine Form** einer quadratischen Gleichung.

Wenn nichts anderes vereinbart wird, lösen wir quadratische Gleichungen in der Grundmenge $\mathbb{R}$ (Menge der reellen Zahlen).
Dividiert man obige Gleichung durch a, so erhält man die **Normalform** einer quadratischen Gleichung.

Allgemeine Form:	Normalform:
$ax^2 + bx + c = 0$	$x^2 + px + q = 0$
mit $a \neq 0$	
Lösungsformel:	Lösungsformel:
$x_{1/2} = \frac{-b \pm \sqrt{b^2 - 4ac}}{2a}$	$x_{1/2} = -\frac{p}{2} \pm \sqrt{\frac{p^2}{4} - q}$
x_1 mit „+“; x_2 mit „–“	x_1 mit „+“; x_2 mit „–“
Diskriminante $D = b^2 - 4ac$	Diskriminante $D = \frac{p^2}{4} - q$

Falls $D > 0$: Zwei Lösungen x_1 und x_2 wie oben.

Falls $D = 0$: Eine Lösung $x = -\frac{b}{2a}$ bzw. $x = -\frac{p}{2}$.

Falls $D < 0$: Keine Lösung, denn eine Wurzel aus einer negativen Zahl ist nicht definiert.

Beispiel:

$3x^2 + 9x - 6 = 0$

$a = 3; b = 9; c = -6$

$D = 9^2 - 4 \cdot 3 \cdot (-6) = 153 > 0$

⇒ 2 Lösungen

$x_{1/2} = \frac{-9 \pm \sqrt{153}}{2 \cdot 3}$

$x_{1/2} = \frac{-9 \pm 3 \cdot \sqrt{17}}{2 \cdot 3}$

$x_1 = \frac{-3 + \sqrt{17}}{2} \approx 0{,}56$

$x_2 = \frac{-3 - \sqrt{17}}{2} \approx -3{,}56$

$L = \{\frac{-3 - \sqrt{17}}{2}; \frac{-3 + \sqrt{17}}{2}\}$

Beispiel:

$x^2 + 3x - 2 = 0$

$p = 3; q = -2$

$\mathrm{D} = \frac{3^2}{4} - (-2) = \frac{17}{4} > 0$

⇒ 2 Lösungen

$x_{1/2} = -\frac{3}{2} \pm \sqrt{\frac{17}{4}}$

$x_{1/2} = -\frac{3}{2} \pm \frac{1}{2}\sqrt{17}$

$x_1 = -\frac{3}{2} + \frac{1}{2}\sqrt{17} \approx 0{,}56$

$x_1 = -\frac{3}{2} - \frac{1}{2}\sqrt{17} \approx -3{,}56$

$L = \{-\frac{3}{2} - \frac{1}{2}\sqrt{17}; -\frac{3}{2} + \frac{1}{2}\sqrt{17}\}$

Ob du eine quadratische Gleichung mit der *abc*-Formel löst oder zunächst in die Normalform bringst, um sie mit der *pq*-Formel zu lösen, kannst du selbst entscheiden. Natürlich kannst du auch eine Gleichung in der Normalform mit der *abc*-Formel lösen (mit $a = 1$).

Übungen

1 Löse die gegebenen quadratischen Gleichungen.

a) $2x^2 - 3x - 2 = 0$

b) $10x^2 + 0{,}5x - 6 = 0$

c) $\frac{1}{2}x^2 + 3x + 4 = 0$

d) $3x^2 - 18x + 15 = 0$

e) $0{,}25x^2 + 2x + 4 = 0$

f) $0{,}1x^2 - 2x - 30 = 0$

2 Verwende den Taschenrechner und runde die Lösungen auf zwei Kommastellen.
Ein Tipp: Wenn du zuerst die Wurzel berechnest und Ihren Wert speicherst, geht es schneller.

a) $x^2 + x - 1 = 0$

b) $x^2 + 2x + \frac{1}{4}$

c) $x^2 + \sqrt{5}x + 1 = 0$

2 Sonderfälle

Wenn in der quadratischen Gleichung $ax^2 + bx + c = 0$ entweder $b = 0$ oder $c = 0$ ist, kann man die Gleichung auch ohne Lösungsformel lösen.

Fall 1: $b = 0$

$$ax^2 + c = 0 \quad | \text{ nach } x^2 \text{ auflösen}$$
$$x^2 = -\frac{c}{a}$$
$$x_1 = \sqrt{-\frac{c}{a}}\,;\; x_2 = \sqrt{-\frac{c}{a}}$$

Wenn der Radikand positiv ist, gibt es die beiden Lösungen x_1 und x_2.
Wenn der Radikand null ist, gibt es eine Lösung: $x = 0$.
Wenn der Radikand negativ ist, gibt es keine Lösung.

Beispiel:

$$2x^2 - 8 = 0$$
$$x^2 = 4$$
$$x_1 = \sqrt{4} = 2 \text{ und } x_2 = -\sqrt{4} = -2$$
$$L = \{-2; 2\}$$

Fall 2: $c = 0$

$$ax^2 + bx = 0 \quad | \; x \text{ ausklammern}$$
$$x(ax + b) = 0$$
$$x = 0 \text{ oder } ax + b = 0$$
$$ax = -b$$
$$x = -\frac{b}{a}$$
$$\text{also: } x_1 = 0;\; x_2 = -\frac{b}{a}$$
$$L = \{0; -\frac{b}{a}\}$$

Beispiel:

$$x^2 + 3x = 0$$
$$x(x + 3) = 0$$
$$x = 0 \text{ oder } x + 3 = 0$$
$$x = -3$$
$$\text{also: } x_1 = 0;\; x_2 = -3$$
$$L = \{-3; 0\}$$

Übung

■ **Ermittle die Lösungen der quadratischen Gleichungen.**

a) $x^2 - 121 = 0$
b) $10a^2 + 5 = 815$
c) $-2m^2 + 6 = -66$
d) $k^2 = 2k$
e) $7b^2 + 3b = 0$
f) $13z = 8z^2$

3 Der Satz von VIETA

MERKE Hat eine quadratische Gleichung in der Normalform ($x^2 + px + q = 0$) zwei Lösungen x_1 und x_2, dann gilt:

(1) $x_1 + x_2 = -p$

(2) $x_1 \cdot x_2 = q$

Diese Beziehungen sind unter dem Satz von VIETA bekannt. Man kann damit Lösungen von quadratischen Gleichungen auf ihre Richtigkeit überprüfen oder die Lösung einer quadratischen Gleichung durch Probieren finden.

Beispiel:

$x^2 - 5x + 6 = 0$

$x_1 \cdot x_2 = q = 6$

$x_1 + x_2 = -p = 5$

Wir probieren, ob man 6 in ein Produkt zweier Zahlen zerlegen kann, deren Summe 5 ist.

$6 = 1 \cdot 6$ (nein) $= 2 \cdot 3$ (ja). Also: $L = \{2; 3\}$.

Übungen

1 Überprüfe mit Hilfe des Satzes von VIETA, ob die angegebenen Zahlen x_1 und x_2 Lösungen der jeweiligen quadratischen Gleichung sind.

a) $x^2 - 2x - 8 = 0$
$x_1 = -2;\ x_2 = 4$

b) $10a^2 + 5 = 815$
$x_1 = -4;\ x_2 = 4$

2 Suche die Lösungen durch Probieren mit dem Satz von VIETA.

a) $x^2 + 2x - 15 = 0$

b) $x^2 - 8x + 7 = 0$

c) $x^2 + 12x + 36 = 0$

4 Zerlegung eines quadratischen Terms in Linearfaktoren

Sind x_1 und x_2 die Lösungen der quadratischen Gleichung $ax^2 + bx + c = 0$, dann lässt sich der quadratische Term $ax^2 + bx + c$ in Linearfaktoren zerlegen: $ax^2 + bx + c = a \cdot (x - x_1)(x - x_2)$.
Wenn die quadratische Gleichung keine Lösung hat, dann lässt sich der quadratische Term nicht in Linearfaktoren zerlegen.

Beispiel:

$x^2 - 8x + 12 = (x - ?)(x - ?)$
Die Gleichung $x^2 - 8x + 12 = 0$ hat, wie man mit VIETA oder mit der Lösungsformel leicht findet, die Lösungen $x_1 = 6$; $x_2 = 2$. Also gilt:
$x^2 - 8x + 12 = (x - 6)(x - 2)$.

Übung

Zerlege die quadratischen Terme in Linearfaktoren.

a) $x^2 - 5x + 6$ b) $x^2 - 9x + 8$ c) $2x^2 + 2x - 4$

5 Wurzelgleichungen

Eine Wurzelgleichung liegt vor, wenn die Unbekannte unter dem Wurzelziehen vorkommt, zum

Beispiel: $\sqrt{x + 1} - 4 = 0$.

Schritte zur Lösung einer Wurzelgleichung:

1. Falls möglich, isoliere die Wurzel auf einer Seite.
2. Quadriere die Gleichung.
3. Kommen mehrere Wurzeln vor, musst du eventuell mehrmals quadrieren, um sämtliche Wurzeln zu beseitigen.
4. Löse die wurzelfreie Gleichung.
5. Mache die Probe.

Führt man konsequent die Probe durch, kann man auf die (manchmal schwierige) Bestimmung der Definitionsmenge verzichten.

Beispiel:
$$\sqrt{x+1} - 4 = 0$$
$$\sqrt{x+1} = 4$$
$$(\sqrt{x+1})^2 = 4^2$$
$$x + 1 = 16$$
$$x = 15$$

Probe: Linke Seite: $\sqrt{15+1} - 4 = 4 - 4 = 0$

Rechte Seite: 0

Also ist $x = 15$ eine gültige Lösung: $L = \{15\}$.

Übung

Bestimme die Lösungsmenge über der Grundmenge $G = \mathbb{R}$.

a) $\sqrt{2x-4} = 5$ b) $\sqrt{2+3x} = \sqrt{2}$ c) $\sqrt{x^2-3} = x-3$

Test

1 Zerlege in Linearfaktoren, falls möglich.

a) $x^2 - x + 4$ b) $x^2 - 10x + 25$ c) $x^2 - 2x - 8$

2 Gib die Lösungsmengen der Gleichungen an.

a) $(x-2)(x+5) = 0$ b) $11x + x^2 = 0$ c) $2b^2 - 2b = 0$

d) $-y^2 + 19 = -30$ e) $7x^2 = 63$ f) $-x^2 + 5 = 0$

g) $x^2 - 4x = 5$ h) $y^2 - 90 = y$ i) $161 = 16a + a^2$

j) $x^2 - 8x + 10 = 0$ k) $x^2 - 6x + 4 = 0$ l) $x^2 = \sqrt{2} - 2$

m) $\sqrt{25+x^2} = x+2$ n) $\sqrt{x-11} = \sqrt{2x-3}$ o) $\sqrt{2+3x} = \sqrt{5x-2}$

3 Runde die Lösungen auf 2 Dezimalen.

a) $0{,}84x^2 - \frac{1}{3}x - 0{,}21 = 0$ b) $1{,}25x^2 + 0{,}84x - 2 = 0$

c) $2{,}4x^2 - 9{,}1x + 3{,}1 = 0$

4 Eine Strecke *a* soll so geteilt werden, dass das Verhältnis von *a* zum größeren Teilstück *x* gleich dem Verhältnis von *x* zum kleineren Teilstück ist. Berechne *x*. (Goldener Schritt)

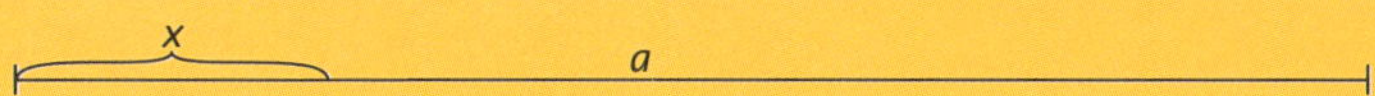

Quadratische Funktionen

1 Wiederholung – Funktionsbegriff

Den Begriff „Funktion“ hast du im Lernbereich „Lineare Funktion“ erstmals kennen gelernt. Die folgenden Begriffe benötigen wir auch bei den quadratischen Funktionen.

> **MERKE** Eindeutige Zuordnungen heißen **Funktionen.**
> **Definitionsbereich** nennt man die Ausgangsmenge der jeweiligen Zuordnung. Die Elemente dieser Menge heißen **Argumente.** Für sie wird häufig die Variable *x* als Symbol benutzt.
> **Wertebereich** nennt man die Menge, auf die die Zuordnung erfolgt. Die Elemente dieser Menge heißen **Funktionswerte.** Für sie wird meistens die Variable *y* verwendet.

Funktionen lassen sich durch verschiedene Möglichkeiten darstellen:

1 durch **Gleichungen** (solche kennst du bereits für lineare Funktionen, z. B. $y = 3x + 5$ oder $y = 7{,}8x - 1$),
2 als **graphische Darstellung** in einem Koordinatensystem,
3 als **Menge geordneter Wertepaare** in einer Wertetabelle.

Für die Beschreibung des Graphen einer Funktion verwendet man u. a. den Begriff **Monotonie.** Darunter versteht man einen bestimmten Verlauf des Graphen im Koordinatensystem. Liegt dir das Bild (der Graph) einer Funktion vor, dann kannst du deren Monotonieverhalten ganz leicht erkennen. Du betrachtest den Graphen von links nach rechts und entscheidest, ob der Graph **steigt** (nach oben geht) oder **fällt** (nach unten geht).

Beispiele:

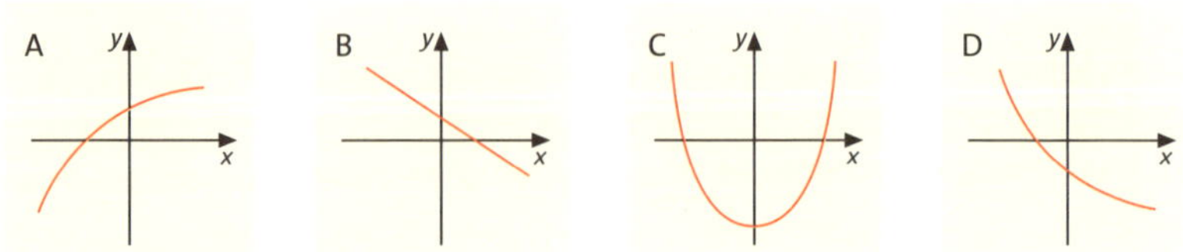

Bild A zeigt eine steigende, Bild B und D jeweils eine fallende Funktion. Die Funktion im Bild C ist nicht im ganzen Definitionsbereich monoton, jedoch fallend für $x \leqq 0$ und steigend für $x \geqq 0$.

Die Schnittpunkte der Graphen von Funktionen mit den Koordinatenachsen haben eine besondere Bedeutung. Eine Koordinate von diesen Punkten ist jeweils null, deshalb lassen sich diese Schnittpunkte meist leicht angeben.
Nullstelle einer Funktion f heißt jedes Argument (jeder x-Wert) aus dem Definitionsbereich, dessen zugehöriger Funktionswert gleich null ist. Man schreibt: $y = f(x_0) = 0$; x_0 ist Nullstelle.
Die Nullstelle liest man dort ab, wo der Graph der Funktion die x-Achse schneidet. Der Schnittpunkt mit der y-Achse ist $(0; f(0))$.

Übung

Lies die Nullstellen ab. Gib an, ob die Funktion monoton steigend oder monoton fallend ist.

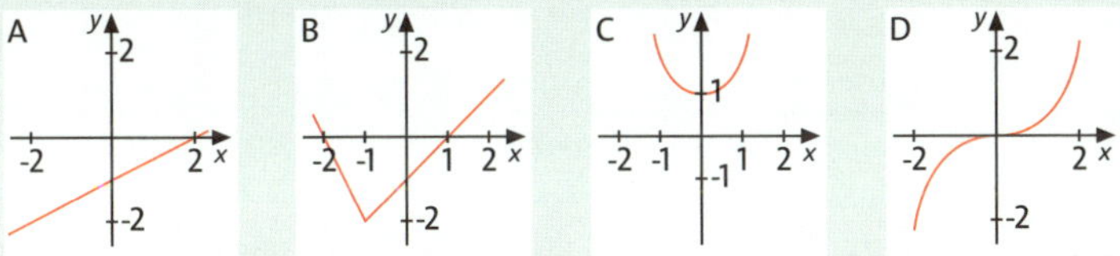

2 Die Funktion $y = x^2$

Wir betrachten die quadratische Funktion $y = f(x) = x^2$. Diese Funktion stellen wir im Koordinatensystem grafisch dar.

x	−3	−2	−1,5	−1	−0,5	0	0,5	1	1,5	2	3
$y = x^2$	9	4	2,25	1	0,25	0	0,25	1	2,25	4	9

Eigenschaften der Funktion $y = x^2$

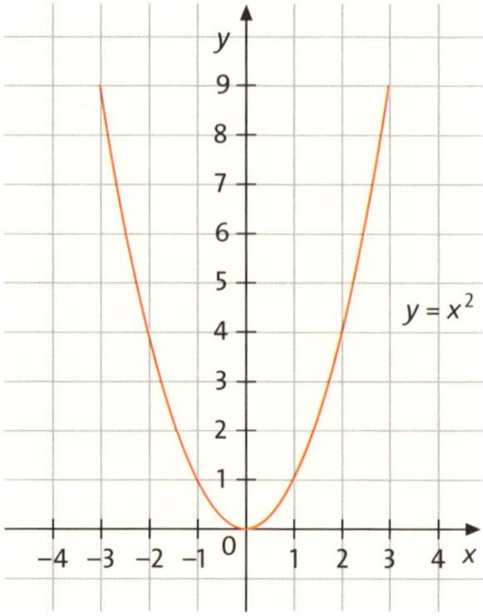

▸ Für die Argumente x kannst du alle reellen Zahlen einsetzen. Deshalb kann der **Definitionsbereich** aus der Menge der reellen Zahlen oder einer Teilmenge davon bestehen.

▸ Es gibt **keine negativen Funktionswerte,** weil das Quadrat einer Zahl immer größer oder gleich null ist. Deshalb liegt die Kurve oberhalb der x-Achse. Der **Wertebereich** ist die Menge der nicht negativen reellen Zahlen (oder eine Teilmenge davon).

▸ Für $x \leqq 0$ (links von der y-Achse) verläuft die Funktion **monoton fallend.**

▸ Für $x \geqq 0$ (rechts von der y-Achse) verläuft die Funktion **monoton steigend.**

▸ Die Punkte, die zur Funktion gehören, liegen nicht auf einer Geraden. Man nennt diesen Graphen der quadratischen Funktion **Normalparabel.**

▸ Die Parabel berührt die x-Achse bei $x = 0$. Deshalb hat die Funktion **eine Nullstelle,** sie heißt $x_0 = 0$.

▸ Von besonderer Bedeutung ist der tiefste Punkt der Parabel. Er heißt **Scheitelpunkt** S. Er hat die Koordinaten $S(0; 0)$.

▸ Mit der Längeneinheit 1 cm kannst du eine solche Normalparabel mit der Parabelschablone zeichnen.

Übung

■ **Die Funktion $y = f(x) = x^2 - 3$ und $y = g(x) = x^2 + 2{,}5$ haben verschobene Normalparabeln als Graphen.**

a) Zeichne die Graphen in ein Koordinatensystem.
b) Welche Wertebereiche haben die Funktionen?
c) Was kannst du über die Monotonie der Funktionen sagen?
d) Wie viele Nullstellen haben die Funktionen?
e) Wie lauten die Scheitelpunkte der Parabeln?

3 Die allgemeine quadratische Funktion

Für die Gleichung einer quadratischen Funktion gibt es zwei gleichberechtigte Formen:

Allgemeine Form

$y = ax^2 + bx + c$

Scheitelpunkt: $S(-\frac{b}{2a}; c - \frac{b^2}{4a})$

Umwandlung in die Scheitelpunktform:

a) quadratische Ergänzung oder
b) Verwendung der Scheitelpunktsformel

Scheitelpunktform[1]

$y = a(x + d)^2 + e$

Scheitelpunkt: $S(-d; e)$

Umwandlung in die allgemeine Form: Ausmultiplizieren und zusammenfassen

Graph:
Parabel mit Scheitelpunkt S
$a > 0$: Die Parabel ist nach oben geöffnet.
$a < 0$: Die Parabel ist nach unten geöffnet.
$|a| > 1$: Die Parabel verläuft steiler als die Normalparabel.
$|a| = 1$: Die Parabel ist kongruent zur Normalparabel.
$|a| < 1$: Die Parabel verläuft flacher als die Normalparabel.

Beispiel:

Wir wollen die Gleichung $y = -\frac{1}{2}x^2 + x + \frac{9}{2}$ zunächst durch quadratische Ergänzung in die Scheitelpunktform umwandeln. Dazu klammern wir den Faktor a (hier: $-\frac{1}{2}$) aus den ersten Gliedern aus und führen die quadratische Ergänzung innerhalb der Klammer aus:

$y = -\frac{1}{2}(x^2 - 2x) + \frac{9}{2}$
$y = -\frac{1}{2}(x^2 - 2x + 1^2 - 1^2) + \frac{9}{2}$
$y = -\frac{1}{2}[(x - 1)^2 - 1] + \frac{9}{2}$
$y = -\frac{1}{2}(x - 1)^2 + \frac{1}{2} + \frac{9}{2}$
$y = -\frac{1}{2}(x - 1)^2 + 5$

Durch einen Vergleich mit der allgemeinen Scheitelpunktform $y = a(x + d)^2$ erhält man:

$a = -\frac{1}{2};\ d = -1;\ e = 5 \Rightarrow S(-d; e) = S(1; 5)$.

---

[1] Manchmal auch so: $y = a(x - x_S)^2 + y_S$ mit $S(x_S; y_S)$.

Den Scheitelpunkt S hätten wir auch mit der Scheitelpunktformel erhalten können:

$$\left.\begin{array}{l} x = -\frac{b}{2a} = -\frac{1}{-1} = 1 \\ y = c - \frac{b^2}{4a} = \frac{9}{2} - \frac{1}{-2} = 5 \end{array}\right\} \quad S(1; 5)$$

Zur Probe wandeln wir die Scheitelpunktform in die allgemeine Form zurück:

$$\begin{aligned} y &= -\tfrac{1}{2}(x-1)^2 + 5 \\ &= -\tfrac{1}{2}(x^2 - 2x + 1) + 5 \\ &= -\tfrac{1}{2}x^2 + x - \tfrac{1}{2} + 5 \\ &= -\tfrac{1}{2}x^2 + x + \tfrac{9}{2} \end{aligned}$$

x	−3	−2	−1	0	1	2	3	4	5
$y = -\frac{1}{2}(x-1)^2 + 5$	−3	0,5	3	4,5	5	4,5	3	0,5	−3

Die Parabel ist wegen $a < 0$ nach unten geöffnet und wegen $|a| < 1$ flacher als die Normalparabel.

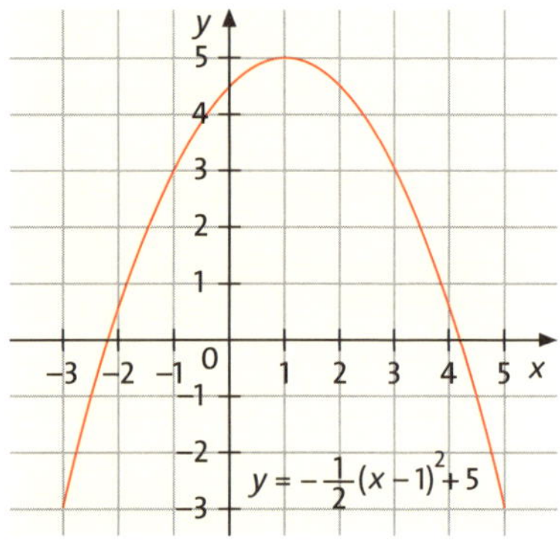

Übungen

1 Forme die Funktionsgleichungen in die Scheitelpunktform um. Zeichne anschließend die Parabeln in ein Koordinatensystem.

a) $y = x^2 - 6x + 10$
b) $y = x^2 + 4x$
c) $y = x^2 + 9x + 18$
d) $y = x^2 - 2x - 2$

2 Berechne die Scheitelpunktkoordinaten und zeichne die Parabeln.

a) $y = 2x^2 - 10x + 8$
b) $y = -\frac{1}{4}x^2 + x + 3$
c) $y = -\frac{1}{2}x^2 + 4x - 3$

4 Nullstellen einer quadratischen Funktion

Nullstellen einer Funktion sind dort, wo der Graph die x-Achse schneidet oder berührt. Es sind Punkte, deren y-Koordinate null ist. Bei einer quadratischen Funktion gibt es drei Möglichkeiten:

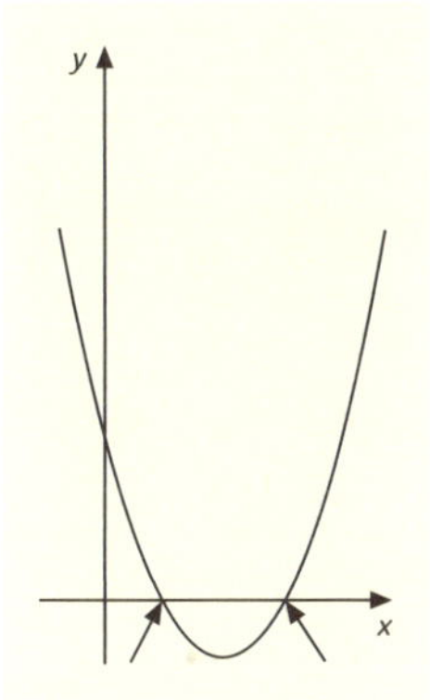

zwei Nullstellen

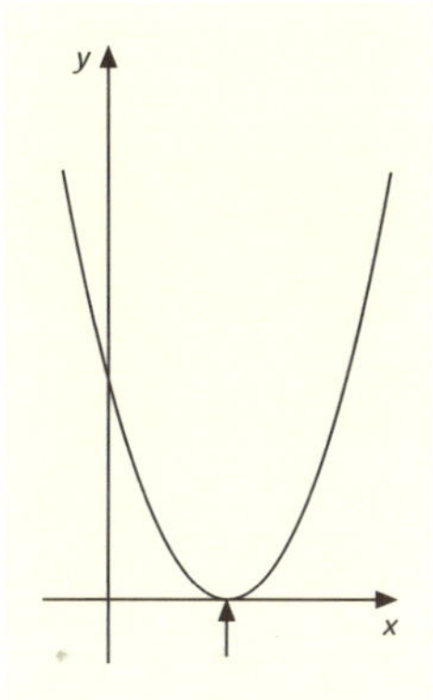

eine Nullstelle

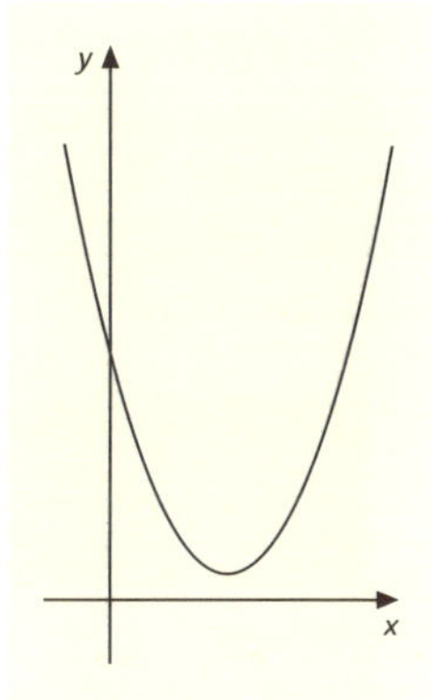

keine Nullstelle

Wir berechnen die Nullstellen, indem wir $y = 0$ setzen und die quadratische Gleichung lösen.

Beispiel:

$y = x^2 - 5x + 6$ | $y = 0$ setzen.
$0 = x^2 - 5x + 6$ | Mit VIETA oder Lösungsformel lösen.
$x_1 = 2$ und $x_2 = 3$
Die Nullstellen dieser Funktion sind 2 und 3.

Übungen

1 Berechne die Nullstelen der folgenden Funktionen, soweit vorhanden.

a) $y = x^2 + 6x + 8$
b) $y = x^2 + 4x$
c) $y = x^2 + x - 3$

2 Zeichne die Graphen der Funktionen. Bestimme zunächst grafisch, danach rechnerisch die Nullstellen.

a) $y = -(x - 2)^2 + 3$
b) $y = 0{,}25x^2 + 0{,}5x - 1{,}5$

Test

1 **Bringe die Funktionsgleichungen in die Scheitelpunktform. Gib dann die Koordinaten des Scheitelpunktes, den Wertebereich und das Monotonieverhalten der Funktion an.**

a) $y = x^2 - 10x - 1$　　b) $y = x^2 - x - 1$

2 **Bestimme die Scheitelkoordinaten.**

a) $y = x^2 - x + 5$　　b) $y = x^2 + 4x - 1$　　c) $y = x^2 - 10x - 6$

3 **Ermittle die Scheitelkoordinaten der Parabel.**

a) $y = -\frac{1}{2}(x + 3)^2 + 4$　　b) $y = 2(x - 3)^2 - 2$　　c) $y = -(x - 1)^2 - 1$

4 **Berechne die Scheitelkoordinaten und zeichne die Parabeln.**

a) $y = -x^2 + 2x - 4$　　b) $y = -x^2 - 6x - 10$　　c) $y = -0{,}5x^2 + 4$

5 **Von einer Parabel sind die Koordinaten des Scheitels und eines weiteren Punktes P gegeben. Bestimme die Scheitelpunktform der Parabelgleichung.**

a) $S(1; 1)$; $P(0; 5)$　　b) $S(-2; -4)$; $P(1; 6)$

6 **Berechne die Nullstellen der Funktionen, soweit vorhanden.**

a) $y = (x + 4)^2 - 4$　　b) $y = (x - 3)^2 + 2$　　c) $y = x^2 - 2x - 2$

7 **Ein Wasserstrahl tritt waagerecht aus einer Düse aus, die sich im Ursprung eines *x*-*y*-Koordinatensystems befindet. Für die Bewegung eines Wasserteilchens gilt: $x = 10\,t$ und $y = -5\,t^2$.**
t ist die Zeit in Sekunden, x und y sind die Koordinaten in der Einheit Meter.

a) Ergänze die x- und y-Werte in der Tabelle.

t	0	1	2	3	4
x					
y					

b) Trage die x-y-Wertepaare als Punkte in ein Koordinatensystem ein und verbinde sie zu einer glatten Kurve.

c) Ermittle die Gleichung der Bahnkurve des Wasserteilchens (ohne t).

Rechnen mit Potenzen

1 Natürliche Zahlen als Exponenten

MERKE Für die Potenzen, deren Exponenten natürliche Zahlen sind, gilt:

$a^1 = a$ mit $a \in \mathbb{R}$

$a^n = \underbrace{a \cdot a \cdot a \cdot \ldots \cdot a}_{n \text{ Faktoren}}$ mit $n \in \mathbb{N}$ und $n > 1$

a heißt Basis oder Grundzahl.
n heißt Exponent oder Hochzahl.
a^n heißt Potenz.

Beispiel: $2^4 = 2 \cdot 2 \cdot 2 \cdot 2 = 16$

Ist die Basis der Potenz eine negative Zahl, dann ist der Potenzwert

- positiv ⇒ wenn der Exponent eine gerade Zahl ist oder
- negativ ⇒ wenn der Exponent eine ungerade Zahl ist.

Beispiele:

a) $(-3)^3 = -27$; Der Exponent ist eine ungerade Zahl. Das Ergebnis ist eine negative Zahl.

b) $(-3)^4 = +81$; Der Exponent ist eine gerade Zahl. Das Ergebnis ist eine positive Zahl.

Potenzen von Brüchen müssen mit einer Klammer geschrieben werden.

Beispiel:

$\left(\frac{2}{5}\right)^4 = \frac{2}{5} \cdot \frac{2}{5} \cdot \frac{2}{5} \cdot \frac{2}{5} = \frac{16}{625}$ Da der Bruch in der Klammer steht, gilt der Exponent 4 für den ganzen Bruch.

Dagegen:

$\frac{2^4}{5} = \frac{2 \cdot 2 \cdot 2 \cdot 2}{5} = \frac{16}{5}$ Es steht keine Klammer. Der Exponent 4 steht nur im Zähler, also wird nur der Zähler potenziert.

Berechnung von Potenzen mit dem Taschenrechner erfolgt, je nach Modell, mit der [x^y]-Taste oder [^]-Taste.

Beispiele:

a) $2^{10} = ?$

2 [x^y] 10 [=] Anzeige: 1024

b) $(-2)^{10} = ?$

2 [+/-] [x^y] 10 [=] Anzeige: 1024

oder

[(] [(-)] 2 [)] [x^y] 10 [=] Anzeige: 1024

Übungen

1 Berechne die Potenzwerte.

a) 3^4 b) $(-2)^3$ c) $(-1)^{11}$ d) $\left(\frac{2}{7}\right)^3$

2 Berechne die Näherungswerte mit 3 Dezimalen.

a) $(-2,11)^5$ b) $\left(\frac{2}{3}\right)^5$ c) $\left(-\frac{1}{3}\right)^4$ d) $\frac{4^3}{3}$

2 Ganze Zahlen als Exponenten

MERKE Definition

1 $a^0 = 1$

2 $a^{-n} = \frac{1}{a^n}$

3 0^0 ist nicht erklärt (definiert).

▶ **BEACHTE** $a \in \mathbb{R}$ und $a \neq 0$; $n \in \mathbb{N}$

Mit Hilfe dieser Festlegung $a^{-n} = \frac{1}{a^n}$ kannst du jede Potenz mit einem negativen Exponenten in eine Potenz mit einem positiven Exponenten umwandeln und umgekehrt.

Beispiele:

Potenz mit negativem Exponenten	Potenz mit positivem Exponenten	Produkt-dastellung	Potenzwert
2^{-3}	$\frac{1}{2^{+3}}$	$\frac{1}{2 \cdot 2 \cdot 2}$	$\frac{1}{8}$
4^{-2}	$\frac{1}{4^{+2}}$	$\frac{1}{4 \cdot 4}$	$\frac{1}{16}$
$0{,}5^{-4}$	$\frac{1}{0{,}5^{+4}}$	$\frac{1}{0{,}5 \cdot 0{,}5 \cdot 0{,}5 \cdot 0{,}5}$	16

2.1 Große und kleine Zahlen

Sehr große und sehr kleine Zahlen werden normalerweise mit Zehnerpotenzen geschrieben, z. B.:

- Lichtgeschwindigkeit: $c \approx 3 \cdot 10^5 \frac{\text{km}}{\text{s}} = 300\,000 \frac{\text{km}}{\text{s}}$;
- Ruhemasse eines Elektrons: $m = 9{,}1095 \cdot 10^{-31}\,\text{kg}$;
- Gravitationskonstante: $\gamma = 6{,}670 \cdot 10^{-11}\ \text{N} \cdot \text{m}^2 \cdot \text{kg}^{-2}$.

Diese Schreibweise heißt Gleitkommadarstellung. Dafür hat der Taschenrechner eine eigene Taste, die Exponententaste: EE oder EEX oder EXP.

Beispiele:

a) $7{,}18 \cdot 10^{21}$ Ablaufplan: 7,18 EE 21 Anzeige: 7.18 21

b) $31\,430 \cdot 10^{15}$ Ablaufplan: 31 430 EE 15 Anzeige: 3.143 19

Wenn du wissen willst, welche Zahl sich hinter einer Zehnerpotenz verbirgt, benötigst du folgende Regel:
Bei positivem Exponent rückt das Komma nach rechts.
Bei negativem Exponent rückt das Komma nach links.

Beispiele:

a) $2{,}445789 \cdot 10^{+6} = 2\,445\,789$ Das Komma rückt 6 Stellen nach rechts, weil der Exponent positiv ist.

b) $7{,}8364 \cdot 10^{-4} = 0{,}000\,783\,64$ Das Komma rückt 4 Stellen nach links, weil der Exponent negativ ist.

Vielleicht kannst du deinen Taschenrechner dazu bringen, alle Zahlen mit Zehnerpotenzen anzuzeigen, indem du auf MODE SCI umschaltest. Du musst dann noch die Zahl der geltenden Ziffern eingeben:

Beispiel:

Mit MODE SCI 3 erhält man:

1 ÷ 30 = Anzeige: 3.33^{-02} ($= 3{,}33 \cdot 10^{-02}$)

Mit MODE NORM kehrst du zur normalen Anzeige zurück.

Übungen

1 Schreibe alle Potenzen mit positivem Exponenten.

a) $1{,}2^{-15}$ b) $25{,}6^{-2}$ c) $0{,}4^{-1}$

d) $\frac{1}{5^{-n}}$ e) $\frac{4}{5^{-3}}$ f) $\frac{2}{(-3)^{-3}}$

2 Berechne die Potenzen mit Hilfe des Taschenrechners.

a) $(-0{,}5)^{-5}$ b) $\frac{1}{(-50)^{-4}}$ c) $(-0{,}04)^{-4}$

3 Schreibe analog zu a) in Gleitkommadarstellung. Der Faktor vor der Zehnerpotenz soll nur eine Ziffer vor dem Komma haben, die ungleich null ist.

a) $127\,400 = 1{,}27400 \cdot 10^5$ b) 654 000 000

c) −14 102 d) 36 e) 0,004 03

f) 0,000 0001 g) 0,17 h) −0,247 00

3 Rationale und reelle Zahlen als Exponenten

Für Potenzen mit rationalen Exponenten gilt:

MERKE $a^{\frac{m}{n}} = \sqrt[n]{a^m}$ mit den Bedingungen : $a \in \mathbb{R}$ und $a > 0$; $n \in \mathbb{N}$ und $n \geqq 2$; $m \in \mathbb{Z}$.
$\sqrt[n]{a^m}$ spricht man: n-te Wurzel aus a hoch m.

Die zweite Wurzel ist die bereits bekannte Quadratwurzel, also: $\sqrt[2]{a} = \sqrt{a}$. Das Wurzelziehen ist eine Umkehroperation zum Potenzieren. $\sqrt[n]{a}$ ist somit diejenige nichtnegative reelle Zahl, deren n-te Potenz a ergibt. Es ist also:

$\sqrt[4]{256} = 4$; weil $4^4 = 256$

$\sqrt[5]{243} = 3$; weil $3^5 = 243$

$\sqrt[5]{0{,}00001} = 0{,}1$; weil $0{,}1^5 = 0{,}00001$

$\sqrt[n]{a^m}$ ist diejenige nichtnegative reelle Zahl, deren n-te Potenz a^m ergibt. Die Festlegung $a^{\frac{m}{n}} = \sqrt[n]{a^m}$ nutzen wir für das Umwandeln der Potenzschreibe in die Wurzelschreibweise.

Beispiele:

a) $4{,}1^{\frac{5}{3}} = \sqrt[3]{4{,}1^5}$ b) $21{,}3^{\frac{-7}{2}} = \sqrt[2]{21{,}3^{-7}} = \sqrt[2]{\frac{1}{21{,}3^7}}$

Der Zähler des Exponenten bleibt bei der Basis.

Der Nenner des Exponenten wird auf die Wurzel geschrieben.

Natürlich können wir auch Potenzen, deren Exponenten rationale Zahlen sind, mit dem Taschenrechner berechnen.

Beispiel: $5{,}7^{\frac{4}{7}} = ?$

Wenn dein Taschenrechner eine Bruchtaste hat [a%], dann geht das ganze bequem:

5,7 [x^y] [(] 4 [a%] 7 [)] [=] Anzeige: 2.7035132

Also ist $5{,}7^{\frac{4}{7}} \approx 2{,}70$

Bei manchen Taschenrechnern kann die Klammer um den Bruch entfallen. Probiere es mit deinem Taschenrechner aus.

3.1 Potenzen mit irrationalen Exponenten

So wie irrationale Zahlen (z. B. $\sqrt{2}$) durch eine Intervallschachtelung definiert sind, so kann man auch Potenzen mit irrationalen Exponenten durch eine Intervallschachtelung definieren. Somit sind Potenzen für alle reellen Exponenten definiert.

Beispiel:

$1 < \sqrt{2} < 2$ $3^1 < 3^{\sqrt{2}} < 3^2$

$1{,}4 < \sqrt{2} < 1{,}5$ $3^{1,4} < 3^{\sqrt{2}} < 3^{1,5}$

$1{,}41 < \sqrt{2} < 1{,}42$ $3^{1,41} < 3^{\sqrt{2}} < 3^{1,42}$

usw. usw.

Übungen

1 Schreibe die Potenz als Wurzel

a) $105{,}6^{\frac{-2}{7}}$ b) $0{,}04^{0,5}$ c) $72^{\frac{1}{-3}}$

2 Schreibe die Wurzel als Potenz

a) $\sqrt[4]{15^8}$ b) $\sqrt{\left(\frac{1}{3}\right)^{-3}}$ c) $\sqrt[3]{11}$

3 Berechne die Potenzen bzw. Wurzeln exakt.

a) $81^{\frac{1}{2}}$ b) $16^{\frac{3}{4}}$ c) $1000^{\frac{2}{3}}$ d) $8^{\frac{-1}{3}}$

e) $\sqrt[3]{27}$ f) $\sqrt[4]{100^2}$ g) $\sqrt[11]{11^{11}}$ h) $\sqrt[4]{(\frac{1}{2})^8}$

4 Berechne Näherungswerte mit 3 Dezimalen. Du kannst dazu den Taschenrechner auf MODE FIX 3 einstellen. Mit MODE NORM kehrst du zur normalen Anzeige zurück.

a) $81^{\frac{1}{3}}$ b) $2{,}7^{\frac{6}{5}}$ c) $5^{-\frac{3}{8}}$ d) $3^{\sqrt{2}}$

e) $\sqrt[4]{423}$ f) $\sqrt{(\frac{2}{3})^3}$ g) $\sqrt[5]{4^7}$ h) $\sqrt[4]{0{,}7^{-3}}$

4 Potenz- und Wurzelgesetze

Sind

a) eine reelle Basis und ganzzahlige Exponenten ($a, b \in \mathbb{R}\backslash\{0\}$ und $m, n \in \mathbb{Z}$) oder

b) eine positive Basis und reelle Exponenten ($a, b \in \mathbb{R}^+$ und $m, n \in \mathbb{R}$) gegeben, so gelten die folgenden **Potenzgesetze**:

Potenzgesetz	Wortlaut	Beispiel
$a^m \cdot a^n = a^{m+n}$	Potenzen mit gleicher Basis werden multipliziert, indem man die Basis beibehält und die Exponenten addiert.	$7^2 \cdot 7^3 = 7^{2+3} = 7^5$
$a^m : a^n = a^{m-n}$ bzw. $\frac{a^m}{a^n} = a^{m-n}$	Potenzen mit gleicher Basis werden dividiert, indem man die Basis beibehält und die Exponenten subtrahiert.	$6^5 : 6^3 = 6^{5-3} = 6^2$
$a^n \cdot b^n = (a \cdot b)^n$	Potenzen mit gleichen Exponenten werden multipliziert, indem man das Produkt der Basen bildet und den Exponenten beibehält.	$4^2 \cdot 3^2 = (4 \cdot 3)^2 = 12^2$

Potenzgesetz	Wortlaut	Beispiel
$a^n : b^n = (a : b)^n$ bzw. $\frac{a^n}{a^n} = \left(\frac{a}{b}\right)^n$	Potenzen mit gleichem Exponenten werden dividiert, indem man die Basen dividiert und den Exponenten beibehält.	$15^3 : 5^3 = (15 : 5)^3 = 3^3$
$(a^m)^n = a^{m \cdot n}$	Potenzen werden potenziert, indem man die Basis beibehält und die Exponenten multipliziert.	$(3^4)^2 = 3^{4 \cdot 2} = 3^8$

Aus den Potenzgesetzen ergeben sich folgende **Wurzelgesetze**:

$\sqrt[n]{a} : \sqrt[n]{b} = \sqrt[n]{a : b}$	$a, b \in \mathbb{R}; a \geqq 0; b > 0; n \in \mathbb{N}; n > 1$
$\sqrt[n]{a} \cdot \sqrt[n]{b} = \sqrt[n]{a \cdot b}$	$a, b \in \mathbb{R}; a \geqq 0; b \geqq 0; n \in \mathbb{N}; n > 1$
$\sqrt[m]{\sqrt[n]{a}} = \sqrt[n]{\sqrt[m]{a}} = \sqrt[m \cdot n]{a}$	$a \in \mathbb{R}; a \geqq 0; m, n \in \mathbb{N}; m > 1; n > 1$

Beispiele:

a) $\sqrt[3]{4} \cdot \sqrt[3]{2} = \sqrt[3]{4 \cdot 2} = \sqrt[3]{8} = 2$ — gleicher Wurzelexponent 3

b) $\sqrt[4]{768} : \sqrt[4]{3} = \sqrt[4]{768 : 3} = \sqrt[4]{256} = 4$ — gleicher Wurzelexponent 4

c) $\sqrt{\sqrt{625}} = \sqrt[4]{625} = 5$ — Produkt der Wurzelexponenten ist 4.

Steht eine Wurzel im Nenner eines Bruches, so ist es üblich, den Bruch so zu erweitern, dass keine Wurzel mehr im Nenner steht. Man nennt das „den Nenner rational machen“.

Beispiel:

$$\frac{1}{\sqrt[3]{2}} = \frac{\sqrt[3]{4}}{\sqrt[3]{2} \cdot \sqrt[3]{4}} = \frac{\sqrt[3]{4}}{\sqrt[3]{8}} = \frac{\sqrt[3]{4}}{2}$$

Übungen

1 Vereinfache ohne Taschenrechner.

a) $4x^2 \cdot 7xy$ b) $\frac{2}{3}abc \cdot \frac{6}{5}bc^2$ c) $70r^5s : (7rs^4)$

d) $21u^7 : (3u^2v^2)$ e) $8^3 \cdot 8^2 \cdot 8^{-6}$ f) $(4^4)^{0,5}$

g) $\sqrt[4]{\frac{1}{9}} \cdot \sqrt[4]{9^5}$ h) $\left(\frac{5b^3}{c}\right)^4 \cdot \left(\frac{c^2}{10b^2}\right)^4$ i) $\sqrt[7]{\sqrt[4]{3^{28}}}$

2 Wandle so um, dass keine Wurzel mehr im Nenner steht. Alle Variablen sind positiv.

a) $\frac{\sqrt{b}}{\sqrt{a}}$ b) $\frac{x}{\sqrt[3]{xy}}$ c) $\frac{a \cdot \sqrt{b}}{\sqrt[3]{a}}$ d) $\frac{18b}{\sqrt[3]{9b}}$

Test

1 Schreibe mit Zehnerpotenzen in der Form: $a \cdot 10^p$ mit $a \in \mathbb{R}$ und $1 \leqq a < 10$; $p \in \mathbb{Z}$.

Beispiel: $437 = 4{,}37 \cdot 10^2$

a) 4314 b) 0,238 c) 0,00405 d) 337,05
e) 0,000056 e) 1600300 g) 65,43 h) 0,10203

2 Vereinfache.

$\left(\frac{a}{2b}\right)^2 : \left(\frac{b^2}{3a}\right)^{-3}$

3 Forme die Terme in Potenzschreibweise um und vereinfache so weit wie möglich. Alle Variablen sind positiv.

a) $\sqrt[5]{32}$ b) $\sqrt[8]{1}$ c) $\sqrt[4]{\frac{1}{81}}$ d) $\sqrt[3]{\frac{27}{125}}$

e) $\sqrt[2n]{4^{2m}}$ f) $\frac{1}{\sqrt[3]{4}}$ g) $\sqrt[4]{(-2)^4}$ h) $\sqrt[3]{c^6}$

4 Radiziere teilweise.

a) $\sqrt[5]{6^7}$ b) $\sqrt[3]{5000}$ c) $\sqrt[n]{5^{n+2}}$

5 Berechne einen Näherungswert mit sechs Dezimalen.

a) $\sqrt[4]{513} \cdot \sqrt[4]{718}$ b) $\sqrt[3]{\sqrt{121}}$ c) $5{,}7^{\frac{2}{3}} : 5{,}7^{\frac{1}{4}}$

Potenzfunktionen

1 Potenzfunktionen mit ganzzahligen Exponenten

MERKE Eine Funktion, die sich mit einer Funktionsgleichung der Form $y = f(x) = x^r$ mit $r \in \mathbb{R}$ beschreiben lässt, heißt Potenzfunktion.

Wir betrachten zunächst Potenzfunktionen mit natürlichen Exponenten. Die Funktion $y = f(x) = x^1 = x$ ist die einfachste davon; ihr Graph ist eine Gerade durch den Nullpunkt (Winkelhalbierende des 1. und 3. Quadranten, falls der Maßstab auf beiden Achsen gleich ist).)

Ist der Exponent ganzzahlig ($r \in \mathbb{Z}$), können Potenzfunktionen folgendermaßen eingeteilt werden:

1 Potenzfunktionen mit geraden, positiven Exponenten
Beispiele: $y = x^2$; $y = x^4$; $y = x^6$

2 Potenzfunktionen mit ungeraden, positiven Exponenten
Beispiele: $y = x^3$; $y = x^5$; $y = x^7$

3 Potenzfunktionen mit geraden, negativen Exponenten
Beispiele: $y = x^{-2}$; $y = x^{-4}$; $y = x^{-6}$

4 Potenzfunktionen mit ungeraden, negativen Exponenten
Beispiele: $y = x^{-3}$; $y = x^{-5}$; $y = x^{-7}$

Die Eigenschaften der Potenzfunktionen mit positiven Exponenten werden auf S. 134 zusammengestellt.
Die Eigenschaften der Potenzfunktionen mit negativen Exponenten werden auf S. 135 zusammengestellt.

	gerader positiver Exponent	ungerader positiver Exponent
allgemeine Funktionsgleichung ($n \in \mathbb{N}$; $n \geqq 1$)	$f(x) = x^k$ mit $k = 2n$	$f(x) = x^k$ mit $k = 2n + 1$
Beispiele:	$f(x) = x^2$; $f(x) = x^4$; $f(x) = x^6$	$f(x) = x^3$; $f(x) = x^5$; $f(x) = x^7$
grafische Darstellung	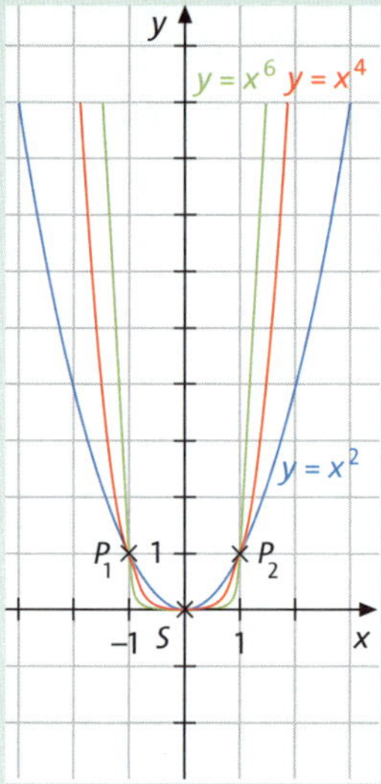 Parabel k-ter Ordnung	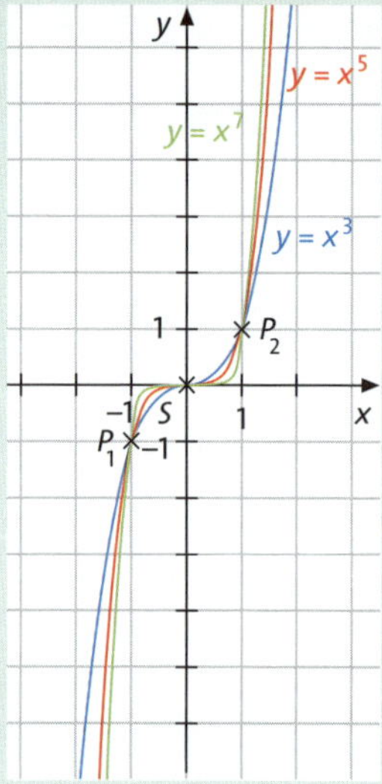 Parabel k-ter Ordnung
Definitionsbereich	$x \in \mathbb{R}$	$x \in \mathbb{R}$
Wertebereich	$y \in \mathbb{R}_0^+$	$y \in \mathbb{R}$
gemeinsame Punkte	$(-1; 1)$, $(0; 0)$, $(1; 1)$	$(-1; -1)$, $(0; 0)$, $(1; 1)$
Monotonie	fallend für $x < 0$ steigend für $x > 0$	steigend für alle x
Nullstellen	$x_0 = 0$	$x_0 = 0$
Symmetrie	Achsensymmetrie (y-Achse ist Symmetrieachse)	Punktsymmetrie (Nullpunkt $(0; 0)$ ist Symmetriepunkt)
Asymptoten[1]	keine	keine

[1] Eine Asymptote ist eine Gerade, an die sich eine Kurve immer mehr annähert, ohne sie je zu berühren.

Für die Potenzfunktionen mit negativen ganzzahligen Exponenten gilt:

	gerader negativer Exponent	ungerader negativer Exponent
allgemeine Funktionsgleichung ($n \in \mathbb{N}$; $n \geqq 1$)	$f(x) = x^{-k}$ mit $k = 2n$	$f(x) = x^{-k}$ mit $k = 2n - 1$
Beispiele:	$f(x) = x^{-2}$; $f(x) = x^{-4}$; $f(x) = x^{-6}$	$f(x) = x^{-3}$; $f(x) = x^{-5}$; $f(x) = x^{-7}$
grafische Darstellung	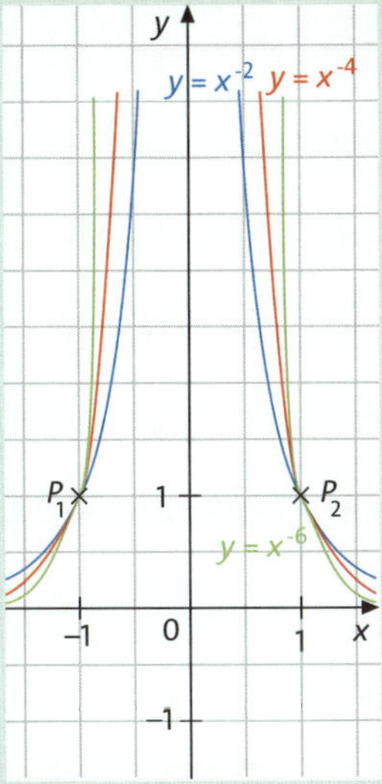 Hyperbel k-ter Ordnung	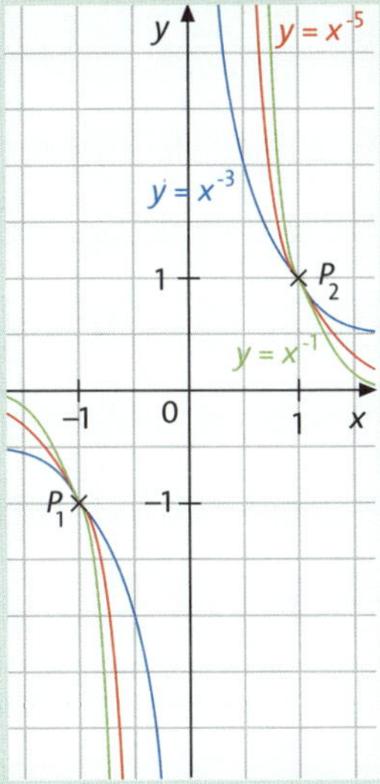 Hyperbel k-ter Ordnung
Definitionsbereich	$x \subset \mathbb{R}\setminus\{0\}$	$x \in \mathbb{R}\setminus\{0\}$
Wertebereich	$y \in \mathbb{R}^+$	$y \in \mathbb{R}\setminus\{0\}$
gemeinsame Punkte	(−1; 1), (1; 1)	(−1; −1), (1, 1)
Monotonie	steigend für $x < 0$; fallend für $x > 0$	fallend für alle x
Nullstellen	keine	keine
Symmetrie	Achsensymmetrie (y-Achse ist Symmetrieachse)	Punktsymmetrie (Nullpunkt [0; 0] ist Symmetriepunkt)
Asymptoten	x-Achse y-Achse	x-Achse y-Achse

Übung

■ **Ergänze die Tabelle.**

	$y = x^{20}$	$y = x^{-94}$	$y = x^{-17}$
Wertebereich			
Asymptoten			
Nullstellen			
Verlauf: $x > 0$ $x < 0$			
Graph liegt in den Quadranten ...			

2 Potenzfunktionen mit rationalem Exponenten

Wir betrachten Potenzfunktionen der Form $y = f(x) = x^{\frac{m}{n}}$ ($m \in \mathbb{Z}$; $n \in \mathbb{N}$). Potenzen mit gebrochenem Exponenten kann man auch als Wurzel schreiben, z. B. $x^{\frac{2}{3}} = \sqrt[3]{x^2}$; $x^{-\frac{2}{3}} = \frac{1}{\sqrt[3]{x^2}}$.

Wir unterscheiden 3 Fälle:

1. Fall:

Der Exponent ist größer als null und kleiner als eins, also $0 < \frac{m}{n} < 1$.

Dann muss gelten: $n > m > 0$.

Beispiel: $y = f(x) = x^{\frac{1}{2}}$

$y = f(x) = x^{\frac{2}{5}}$

$y = f(x) = x^{\frac{3}{4}}$

Hier siehst du alle Funktionsgraphen im Koordinatensystem.

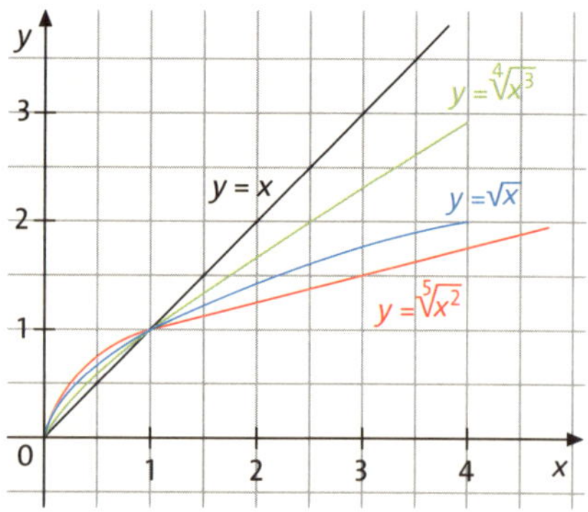

Für diese Potenzfunktionen gilt:

1 Alle haben den Definitionsbereich: $x \in \mathbb{R}_0^+$.

2 Alle haben den Wertebereich $y \in \mathbb{R}_0^+$.

3 Für alle x-Werte steigen die Graphen.
4 (0; 0) und (1; 1) sind gemeinsame Punkte.
5 Für $x < 1$: Die Graphen liegen über der Geraden $y = x$.
Für $x > 1$: Die Graphen liegen unter der Geraden $y = x$.
6 Je mehr sich der Exponent $\frac{m}{n}$ der Zahl 1 nähert, um so enger liegt der Graph an der Geraden $y = x$.

2. Fall:

Der Exponent ist größer als eins, also $1 < \frac{m}{n} < +\infty$.
Dann muss gelten: $m > n > 0$.

Beispiel: $y = f(x) = x^{\frac{6}{5}}$
$y = f(x) = x^{\frac{5}{2}}$
$y = f(x) = x^{\frac{3}{2}}$

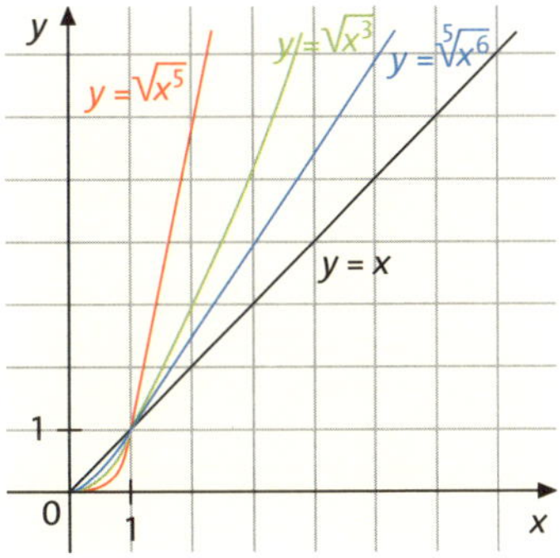

Für diese Potenzfunktion gilt:
1 Alle haben den Definitionsbereich $x \in \mathbb{R}_0^+$.
2 Alle haben den Wertebereich $y \in \mathbb{R}_0^+$.
3 Für alle x-Werte steigen die Graphen.
4 (0; 0) und (1; 1) sind gemeinsame Punkte.
5 Für $x < 1$ gilt: Die Graphen liegen unter der Geraden $y = x$.
Für $x > 1$ gilt: Die Graphen liegen über der Geraden $y = x$.
6 Je mehr sich der Exponent $\frac{m}{n}$ der Zahl 1 nähert, um so enger liegt der Graph an der Geraden $y = x$.

3. Fall:

Der Exponent ist kleiner als null, also $-\infty < \frac{m}{n} < 0$.
Dann muss gelten: $m < 0$ und $n > 0$.

Beispiel: $y = f(x) = x^{-\frac{1}{2}}$
$y = f(x) = x^{-\frac{5}{2}}$
$y = f(x) = x^{-\frac{1}{5}}$

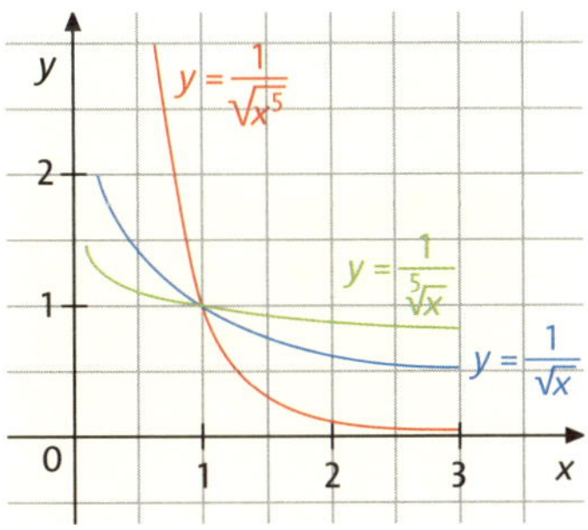

Auch diese Potenzfunktionen haben wieder gemeinsame Eigenschaften:

1 Alle haben den Definitionsbereich $x \in \mathbb{R}^+$.
2 Alle haben den Wertebereich $y \in \mathbb{R}^+$.
3 (1; 1) ist ein gemeinsamer Punkt.
4 Für alle x-Werte fallen die Graphen.

Zusammenfassung der drei Fälle:

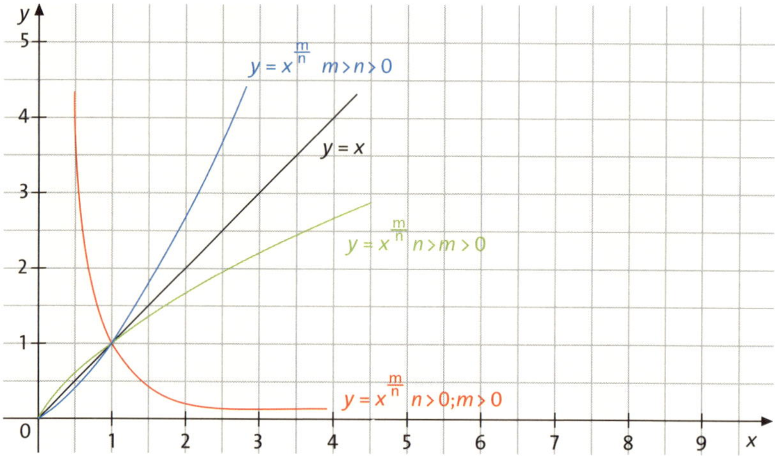

Übungen

1 Schreibe die Funktionsgleichung mit Wurzeln.

a) $y = x^{\frac{1}{4}}$ b) $y = x^{-\frac{3}{4}}$ c) $y = x^{0,4}$
d) $y = x^{-0,1}$

2 Zeichne die Graphen für $|x| \leqq 5$ und $y \leqq 7$.

a) $y = x^{5,2}$ b) $y = x^{-3,5}$ c) $y = x^{\frac{4}{5}}$

Test

Gib Definitionsbereich, Wertebereich und etwaige Symmetrieeigenschaften an und zeichne die Graphen für $|x| \leqq 5$ und $|y| \leqq 5$.

a) $y = 2x^{-2}$ b) $y = \sqrt[3]{x}$ c) $y = x^{-0,5}$

Funktion und Umkehrfunktion

1 Regeln und Beispiele

Bei einer Funktion ist jedem x-Wert genau ein y-Wert zugeordnet. Bei einer eineindeutigen Funktion ist auch jedem y-Wert genau ein x-Wert zugeordnet.

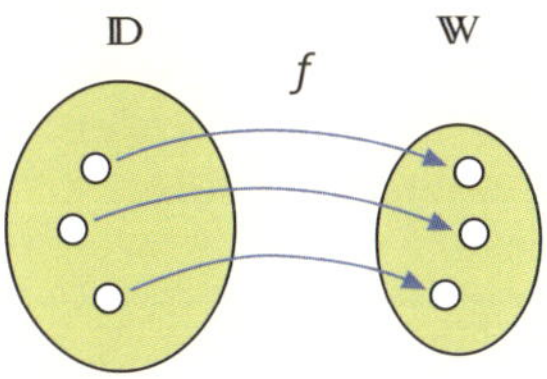

eineindeutig

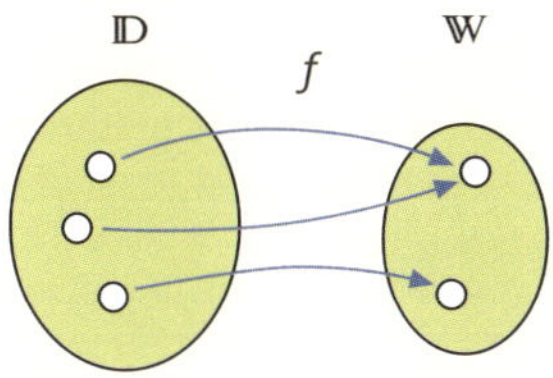

nicht eineindeutig

Beim Graphen einer eindeutigen Funktion schneidet jede Parallele zur x-Achse den Graphen höchstens einmal.

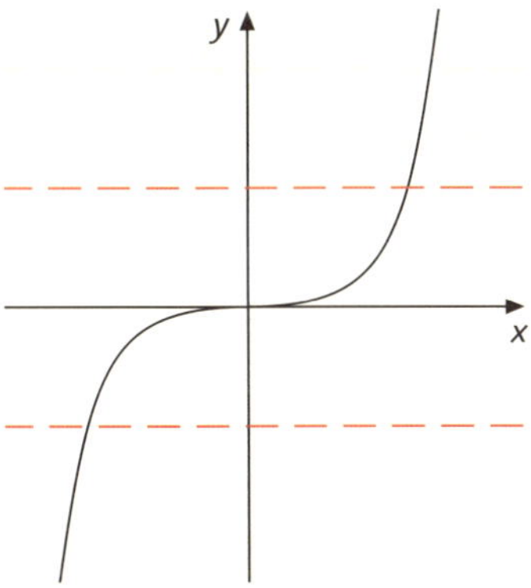

eineindeutig

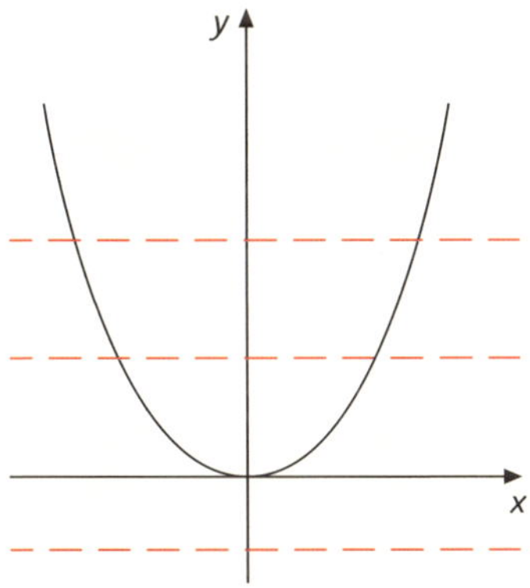

nicht eineindeutig

Ist f eine eineindeutige Funktion, so versteht man unter der Umkehrfunktion f^{-1} von f die Menge der geordneten Paare $(y; x)$, für die $(x; y) \in f$ gilt. Zu Umkehrfunktionen sagt man auch inverse Funktionen.

Die Funktionsgleichung von f^{-1} erhält man durch Ausführung folgender Schritte:

- Funktionsgleichung der Funktion f nach x auflösen;
- Variablen x und y vertauschen.

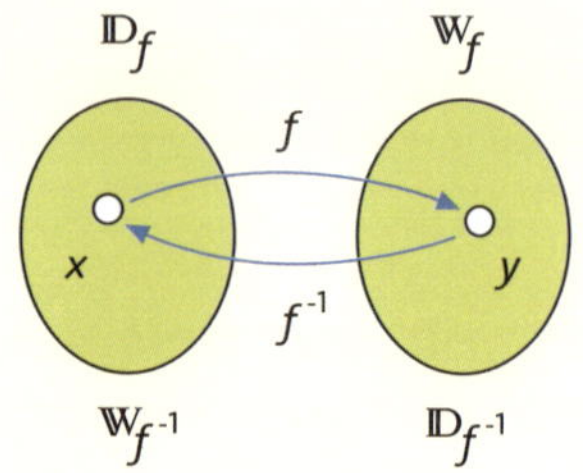

Der Definitionsbereich von f ist der Wertebereich von f^{-1}.
Der Wertebereich von f ist der Definitionsbereich von f^{-1}.
Der Graph von f^{-1} ergibt sich durch Spiegelung des Graphen f an der Geraden mit der Gleichung $y = x$.
Manche Funktionen sind nicht im ganzen Definitionsbereich umkehrbar, aber in bestimmten Intervallen, in denen sie eindeutig sind.

Beispiele:

a) Gegeben ist die Funktion f mit der Funktionsgleichung $y = 4x - 3$. Dies ist zwar eine lineare Funktion, macht aber die Vorgehensweise für das Finden der Umkehrfunktion f^{-1} sehr deutlich.
1. Schritt: Löse die Gleichung nach x auf.
$f: y = 4x - 3 \quad | +3; :4$
$\frac{x+3}{4} = x$
2. Schritt: Vertausche die Variablen x und y.
$\frac{x+3}{4} = y$
$f^{-1}: y = \frac{x+3}{4} = \frac{x}{4} + \frac{3}{4}$
$f^{-1}: y = \frac{1}{4} \cdot x + \frac{3}{4}$
Das ist die Umkehrfunktion zur Funktion $y = 4x - 3$.

b) Die Funktion $y = x^2$ ist nicht im ganzen Definitionsbereich $\mathbb{D} = \mathbb{R}$ umkehrbar, weil sie nicht eineindeutig ist. Schränken wir jedoch den Definitionsbereich auf $\mathbb{D} = \mathbb{R}_0^+$ ein, so ist sie umkehrbar.
$f: y = x^2;\ \mathbb{D}_f = \mathbb{R}_0^+;$
$\mathbb{W}_{f^{-1}} = \mathbb{D}_f = \mathbb{R}_0^+$

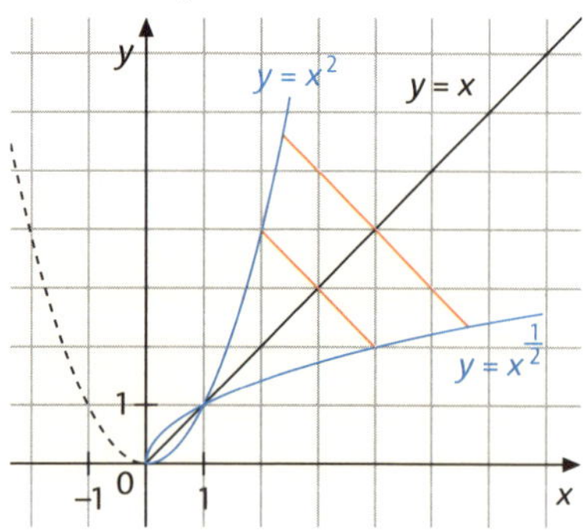

1. Schritt: Löse die Gleichung nach x auf.

$x = \sqrt{y}$ (Wegen $\mathbb{D}_f$ nur $+\sqrt{y}$, nicht $-\sqrt{y}$)

2. Schritt: Vertausche die Variablen x und y.

f^{-1}: $y = \sqrt{x}$ mit $\mathbb{D}_{f^{-1}} = \mathbb{W}_f = \mathbb{R}_0^+$; $\mathbb{W}_{f^{-1}} = \mathbb{D}_f = \mathbb{R}_0^+$

Die Wurzelfunktion $y =$ ist die Umkehrfunktion der quadratischen Funktion $y = x^2$ für $x \geqq 0$.

c) Gegeben ist die Funktion f mit der Funktionsgleichung $y = x^3 - 2$ für den Fall $x \geqq 0$ ($y \geqq -2$). Gesucht ist die Umkehrfunktion f^{-1}.

1. Schritt: Löse die Gleichung nach x auf.

f: $y = x^3 - 2 \quad | +2; \sqrt[3]{}$

$\sqrt[3]{y + 2} = x$

Wegen $y \geqq -2$ ist die Wurzel immer definiert.

2. Schritt: Vertausche die Variablen x und y.

$\sqrt[3]{x + 2} = y$

f^{-1}: $y = \sqrt[3]{x + 2}$ mit $x \geqq -2$ und $y \geqq 0$

d) Gegeben ist die Potenzfunktion f: $y = x^{\frac{m}{n}}$ mit $\mathbb{D}_f = \mathbb{R}_0^+$ und $\mathbb{W}_f = \mathbb{R}^+$. Gesucht ist die Umkehrfunktion f^{-1}.

1. Schritt: Löse die Gleichung nach x auf.

f: $y = x^{\frac{m}{n}} \quad |$ hoch $\frac{n}{m}$

$x = y^{\frac{n}{m}}$

2. Schritt: Vertausche die Variablen x und y.

f^{-1}: $y = x^{\frac{n}{m}}$ mit $\mathbb{D}_{f^{-1}} = \mathbb{W}_f = \mathbb{R}^+$ und $\mathbb{W}_{f^{-1}} = \mathbb{D}_f = \mathbb{R}^+$

Übung

Ermittle die Umkehrfunktion zur Funktion f: $y = \frac{1}{2} \cdot x - 1$ mit $\mathbb{D}_f = \mathbb{R}_0^+$. Zeichne die Graphen von Funktion und Umkehrfunktion.

Test

Ermittle die Umkehrfunktionen zu den gegebenen Funktionen.

a) $y = x^2 + 5$ $(x \geqq 0)$

b) $y = 5 \cdot x^4 - 1$ $(x \geqq 0)$

c) $y = \frac{1}{2} \cdot x^3 + \frac{1}{2}$ $(x \geqq 0)$

d) $y = \frac{-2}{x} + 1$ $(x \neq 0)$

e) $y = \frac{1}{x} - 5$ $(x \neq 0)$

f) $y = \frac{1}{2} \cdot x^5 - \frac{3}{4}$ $(x \geqq 0)$

Exponential- und Logarithmusfunktion

1 Eigenschaften und Graphen der Exponentialfunktion

MERKE Eine Funktion $y = a^x$ mit $a > 0$ heißt Exponentialfunktion.

Nur für $a > 0$ sind Potenzen mit rationalen und irrationalen Exponenten definiert.

Die wesentlichen Eigenschaften dieser Exponentialfunktion sind:

- Eine Exponentialfunktion $y = a^x$, $a > 0$, $x \in \mathbb{R}$, nimmt nur positive Funktionswerte an.
- Alle Graphen haben den gemeinsamen Punkt (0; 1).
- Für $a > 1$ steigt der Graph, für $0 < a < 1$ fällt der Graph.
- Die Graphen von $y = a^x$ und $y = (\frac{1}{a})^x$ liegen symmetrisch zur x-Achse.
- Alle Graphen nähern sich der x-Achse an. Die x-Achse ist Asymptote.
- Der Graph heißt Exponentialkurve.

Beispiele:

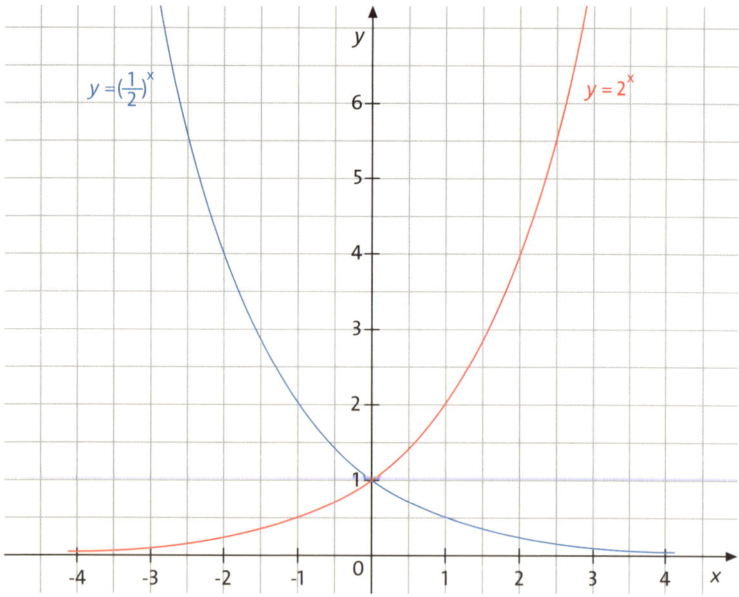

2 Wachstums- und Abklingvorgänge

Wachstums- und Abklingvorgänge, bei denen pro Zeiteinheit eine konstante prozentuale Zunahme oder Abnahme vorliegt, lassen sich durch eine Funktion $y = b \cdot a^x$ beschreiben.

MERKE Auch die Funktion $y = b \cdot a^x$ heißt Exponentialfunktion.
b ist der Bestand bei $x = 0$.
Für $a > 1$ liegt ein Wachstumsvorgang vor.
Für $0 < a < 1$ liegt ein Abklingvorgang oder Zerfallsvorgang vor.

Bei einem Wachstum von 5% beträgt der Wachstumsfaktor $a = 1{,}05$ (von 100% auf 105%).
Die Zeit, in der ein Bestand auf die Hälfte schrumpft, heißt **Halbwertszeit**.
Wenn man statt des Wachstumsfaktor a die Halbwertszeit t_H kennt, kann man einen exponentiellen Zerfall auch durch folgende Exponentialfunktion beschreiben: $y = b \cdot \left(\frac{1}{2}\right)^x$ mit $x = \frac{t}{t_H}$
t_H ist die Halbwertszeit und b ist der Bestand zur Zeit $t = 0$.

Beispiele:

a) Ein Kapital von 100 € soll sich täglich verdoppeln.

Startkapital:	100 €
Nach 1 Tag:	$100 \cdot 2$ € = 200 €
Nach 2 Tagen:	$100 \cdot 2^2$ € = 400 €
Nach 3 Tagen:	$100 \cdot 2^3$ € = 800 €
Nach x Tagen:	$100 \cdot 2^x$ €

Für das Kapital von y € nach x Tagen ergibt sich jetzt die Funktion $y = 100 \cdot 2^x$. Dabei ist 100 der Anfangsbestand (bei $x = 0$) und 2 ist der Wachstumsfaktor.

b) In allen Lebewesen ist ein geringer Anteil an radioaktivem Kohlenstoff C14 vorhanden, der mit einer Halbwertszeit von 5730 a (a ≙ Jahre) zerfällt. Wie viel C14-Atome sind von ursprünglich 10^{20} C14 Atomen nach 1000 Jahren noch vorhanden?

$t_H = 5730$ a; $t = 1000$ a

$$x = \frac{1000a}{5730a} = 0{,}1745$$

Exponentialfunktion: $y = b \cdot \left(\frac{1}{2}\right)^x = 10^{20} \cdot \left(\frac{1}{2}\right)^{0{,}1745} = 9 \cdot 10^{19}$

(Ein möglicher Rechenablaufplan für den Taschenrechner wäre:
1 [EXP] 20 [×] 0,5 [x^y] 0,1745 [=])
Es sind noch $9 \cdot 10^{19}$ C14-Atome vorhanden.

Übung

**Die Einwohnerzahl einer Stadt wächst jährlich um 5%.
Zum Zeitpunkt $x = 0$ betrage sie 10 000.**

a) Bestimme den Wachstumsfaktor.
b) Bestimme die Exponentialfunktion $y = b \cdot a^x$ für die Einwohnerzahl y zum Zeitpunkt x Jahre.
c) Stelle eine Wertetabelle für x-Werte von -3 bis 10 auf und zeichne den Graphen der Funktion. In solchen Fällen ist es üblich, für die x-Achse und die y-Achse verschiedene Maßstäbe anzunehmen.
d) Bestimme graphisch den Zeitpunkt, zu dem die Einwohnerzahl 12000 betragen wird.

3 Der Logarithmus

MERKE Der Logarithmus von b zur Basis a ist die Zahl r, mit der man a potenzieren muss, um b zu erhalten.
$a^r = b \; (a; b \in \mathbb{R}^+; a \neq 1) \Leftrightarrow r = \log_a b$

Den Wert von $\log_a b$ erhält man mit der Frage: a hoch wie viel ergibt b?

Beispiele:

a) $\log_2 8 = ?$ (2 hoch wie viel ergibt 8?) $\Rightarrow$ $\log_2 8 = 3$

b) $\log_3 \frac{1}{3} = ?$ (3 hoch wie viel ergibt $\frac{1}{3}$?) $\Rightarrow$ $\log_3 \frac{1}{3} = -1$

c) $\log_2 \sqrt{2} = ?$ (2 hoch wie viel ergibt $\sqrt{2}$?) $\Rightarrow$ $\log_2 \sqrt{2} = \frac{1}{2}$

Ebenso erhält man: $\log_a a = 1 \; (a \in \mathbb{R}^+ \setminus \{1\})$; denn $a^1 = a$.
$\log_a 1 = 0$; denn $a^0 = 1$.

Ist ein Logarithmus immer eine rationale Zahl?
Für die Gleichung $2^x = 7$ gibt es keine rationale Lösung. $x = \log_2 7$ ist eine irrationale (reelle) Zahl, die man mit beliebiger Genauigkeit näherungsweise bestimmen kann.

Für einige Logarithmen mit bestimmten Basen gibt es besondere Bezeichnungen:

$\log_{10} b = \lg b$	dekadischer Logarithmus
$\log_2 b = \text{lb } b = \text{ld } b$	binärer oder dualer Logarithmus
$\log_e b = \ln b$	natürlicher Logarithmus (e = 2,71…)

Übung

Berechne ohne Taschenrechner, falls möglich.

a) $\log_5 25$ b) $\log_1 3$ c) $\log_2(-3)$ d) $\log_8 1$

e) $\log_7 7$ f) $\log_7 \frac{1}{49}$ g) $\log_a \frac{1}{a^m}$ h) $\lg \sqrt{1000}$

4 Logarithmusfunktionen

MERKE Eine Funktion $y = \log_a x$ mit $a > 0$; $a \neq 1$ und $x \in \mathbb{R}^+$ heißt **Logarithmusfunktion**.
Sie ist die Umkehrfunktion der Exponentialfunktion $y = a^x$.

Beispiel:

Wir betrachten die Funktion f: $y = 2^x$ und ihre Umkehrfunktion f^{-1}.

a) $\mathbb{D}_f = \mathbb{R}$; $\mathbb{W}_f = \mathbb{R}^+$

b) $P(-2; \frac{1}{4})$, $Q(0; 1)$, $R(1; 2)$ und $S(2; 4)$ liegen auf dem Graphen von f. Durch Spiegeln der Punkte P, Q, R, S an der Winkelhalbierenden des I. und III. Quadranten erhält man die Punkte P', Q', R', S' der Umkehrfunktion. Ihre Koordinaten sind: $P'(\frac{1}{4}; -2)$, $Q'(1; 0)$, $R'(2; 1)$, $S'(4; 2)$.

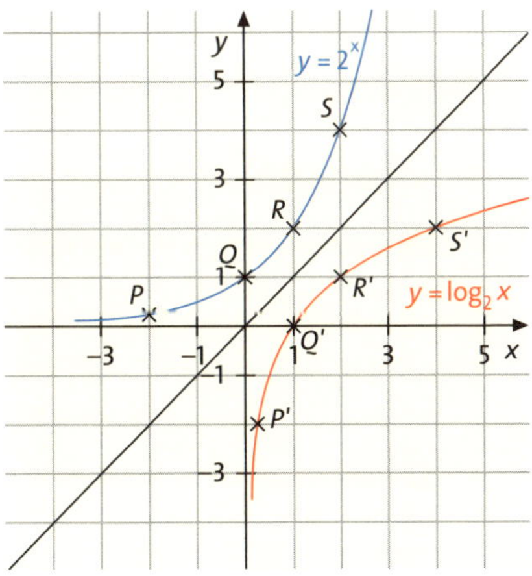

c) Die Funktion f ist umkehrbar, weil sie eineindeutig ist.
d) Die Gleichung der Umkehrfunktion f^{-1} lautet: $y = \log_2 x$.
e) $\mathbb{D}_{f^{-1}} = \mathbb{R}^+$; $\mathbb{W}_{f^{-1}} = \mathbb{R}$
f) Im Koordinatensystem erkennen wir:
Die x-Achse ist Asymptote des Graphen von f.
Die y-Achse ist die Asymptote des Graphen von f^{-1}.

Übung

Bestimme die Umkehrfunktion f^{-1} zur gegebenen Funktion f und zeichne die Graphen von Funktion und Umkehrfunktion in ein Koordinatensystem ($-2 \leq x \leq 10$; $-2 \leq y \leq 10$).

a) $y = 1{,}5^x$ b) $y = 4^x$ c) $y = 10^x$ d) $y = \log_3 x$

5 Rechenregeln für Logarithmen

MERKE $\log_a(u \cdot v) = \log_a u + \log_a v$
$\log_a \frac{u}{v} = \log_a u - \log_a v$
$\log_a(u^r) = r \cdot \log_a u$

Für die Berechnung von beliebigen Logarithmen mit dem Taschenrechner ist folgende Umrechnungsformel nützlich: $\log_a b = \frac{\lg b}{\lg a}$

Beispiel: $\log_2 7 = \frac{\lg 7}{\lg 2} \approx 2{,}807$

Übungen

1 Forme so um, dass im Ergebnis außer $\log_a 2$ und $\log_a 3$ keine anderen Logarithmen vorkommen.

Beispiel: $\log_a 6 = \log_a 2 + \log_a 3$

a) $\log_a \frac{1}{2}$ b) $\log_a \frac{1}{3}$ c) $\log_a \frac{1}{6}$
d) $\log_a 12$ e) $\log_a 18$

2 Berechne mit dem Taschenrechner (3 Dezimalen).

a) $\log_7 20$ b) $\log_3 0{,}04$ c) $\log_2 100$ d) $\log_7 \frac{3{,}7}{2{,}8 \cdot 4{,}11}$

3 **Gib die Lösungsmenge an ($G = \mathbb{R}$).**

a) $\lg x = -2$

b) $\log_3 x = 4$

c) $\lg(x + 2) = 3$

d) $\lg(3x - 2) = -1$

Test

1 **Bestimme *a* so, dass der Graph der Funktion $y = a^x$ durch den gegeben Punkt geht.**

a) $A(1; 4)$

b) $B(2; 3)$

c) $C(2; 8)$

2 **Licht wird bei dem Durchgang durch ein durchsichtiges Medium exponentiell geschwächt. In einem bestimmten Medium beträgt die Schwächung 20 % pro cm. Die ursprüngliche Intensität des Lichts beträgt 100 (rel. Einheiten).**

a) Bestimme den Faktor *a* für eine Schwächung von 100 % auf 80 %.

b) Bestimme die Exponentialfunktion $y = b \cdot a^x$ für die Intensität *y* des Lichts nach dem Durchgang durch *x* cm des Mediums.

c) Stelle eine Wertetabelle für *x*-Werte von 0 bis 10 auf (Runde sinnvoll!) und zeichne den Graphen der Funktion.

d) Bestimme grafisch die „Halbwertsdicke“, d. h. die Strecke, in der die Intensität um 50 % geschwächt wird.

3 **Ein radioaktiver Stoff zerfällt mit einer Halbwertszeit von 100 Jahren. Bestimme den Anteil des Stoffes (in %), der nach 50, 100, 1000 Jahren noch vorhanden ist.**

4 **Berechne ohne Taschenrechner.**

a) $\log_2 \frac{1}{2}$

b) $\mathrm{logo}_3 \frac{1}{9}$

c) $\log_5 \sqrt{5}$

d) $\log_{\sqrt{a}} \sqrt{a}\ (a > 1)$

5 **Berechne mit dem Taschenrechner (3 Dezimalen).**

a) $10 \cdot \log_7 \frac{3}{7}$

b) $\lg\left(3{,}7 + \frac{4{,}8}{11{,}2}\right)$

c) $10^{\frac{3}{2}} \cdot \log_2(1{,}88 \cdot 4{,}5)$

6 **Gegeben sei $f\colon y = 10^{\frac{1}{2}x}$. Bilde die Umkehrfunktion f^{-1} und zeichne die Graphen von Funktion und Umkehrfunktion in ein Koordinatensystem ($-2 \leq x \leq 10; -2 \leq y \leq 10$).**

Zentrische Streckung, Strahlensätze, Ähnlichkeit

1 Zentrische Streckung

Eine zentrische Streckung ist eine Abbildung, bei der Figuren verkleinert oder vergrößert werden können.

MERKE Die Abbildungsvorschrift für eine zentrische Streckung lautet so:

1. Jeder Punkt $P (P \neq Z)$ wird so auf einem Bildpunkt P' der Geraden ZP abgebildet, dass gilt: $\overline{ZP'} = |k| \cdot \overline{ZP}$.
2. Für $k > 0$ liegen P und P', von Z aus betrachtet, in der gleichen Richtung.
   Für $k < 0$ liegen P und P', von Z aus betrachtet, in entgegengesetzter Richtung.
3. Das Streckungszentrum Z wird auf sich abgebildet. Z ist also Fixpunkt.
4. Kurzschreibweise: $P \xrightarrow{Z;k} P'$

Beispiel:

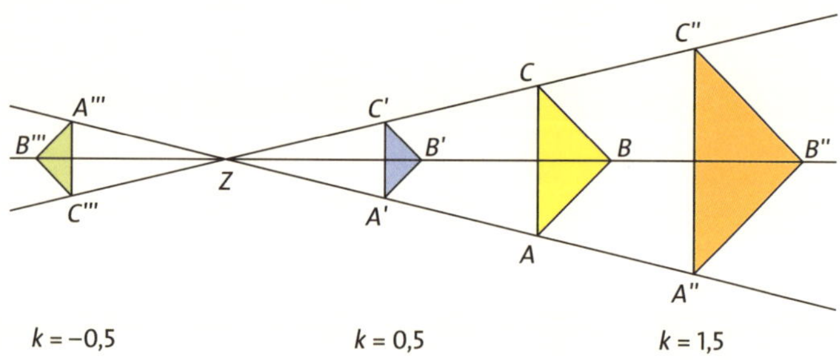

$\triangle ABC$ wird durch zentrische Streckung mit dem Streckungszentrum Z und verschiedenen Streckungsfaktoren auf die Bilddreiecke $A'B'C'$ und $A''B''C''$ und $A'''B'''C'''$ abgebildet.

Eigenschaften der zentrischen Streckung:

1 Die zentrische Streckung ist eine geradentreue Abbildung. Jede Gerade wird auf eine zu ihr parallele Bildgerade abgebildet.

2 Die zentrische Streckung ist eine verhältnistreue Abbildung. Jede Urstrecke wird auf eine parallele Bildstrecke der $|k|$-fachen Länge abgebildet.

3 Die zentrische Streckung ist eine winkeltreue Abbildung. Jeder Winkel wird auf einen gleich großen Winkel abgebildet.

4 Die zentrische Streckung ist eine kreistreue Abbildung. Jeder Kreis wird auf einen Kreis mit $|k|$-fachem Radius abgebildet.

5 Der Flächeninhalt der Bildfigur ist das k^2-fache des Flächeninhaltes der Urfigur.

Übung

■ Trage auf der Geraden die Punkte P_1, P_2, P_3 und P_4 mit folgenden Abbildungen ein.

a) $P \xrightarrow{Z;\,k=2} P_1$

b) $P \xrightarrow{Z;\,k=\frac{1}{2}} P_2$

c) $P \xrightarrow{Z;\,k=-2} P_3$

d) $P \xrightarrow{Z;\,k=3} P_4$

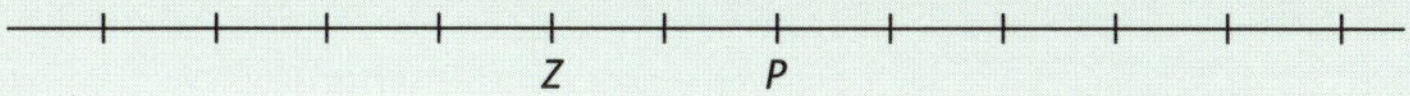

2 Der Strahlensatz (Vierstreckensatz)

Zwei sich kreuzende Geraden werden von zwei parallelen Geraden geschnitten.

a) V-Figur:

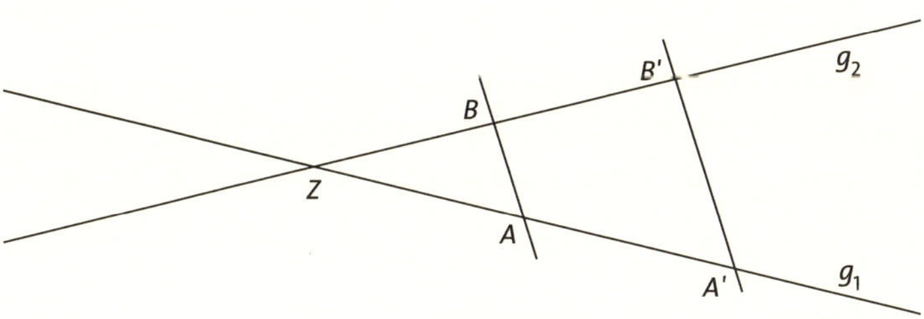

b) X-Figur:

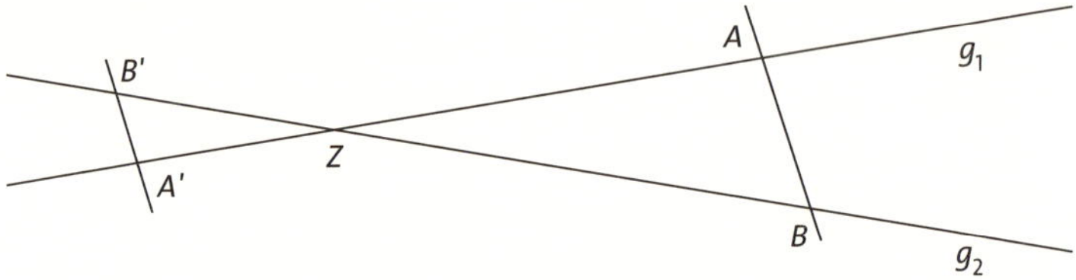

Für beide Figuren gilt der Strahlensatz, auch Vierstreckensatz genannt:

1 Die Längen zweier Strecken auf der einen Geraden verhalten sich wie die Längen der entsprechenden Strecken auf der anderen Geraden:
$\frac{\overline{ZA'}}{\overline{ZA}} = \frac{\overline{ZB'}}{\overline{ZB}}$; $\frac{\overline{ZA}}{\overline{AA'}} = \frac{\overline{ZB}}{\overline{BB'}}$

2 Die Längen der parallelen Strecken verhalten sich wie die Streckenlängen zwischen Z und der Parallelen auf jeder der beiden Geraden.
$\frac{\overline{A'B'}}{\overline{AB}} = \frac{\overline{ZA'}}{\overline{ZA}}$; $\frac{\overline{A'B'}}{\overline{AB}} = \frac{\overline{ZB'}}{\overline{ZB}}$

Beispiel:

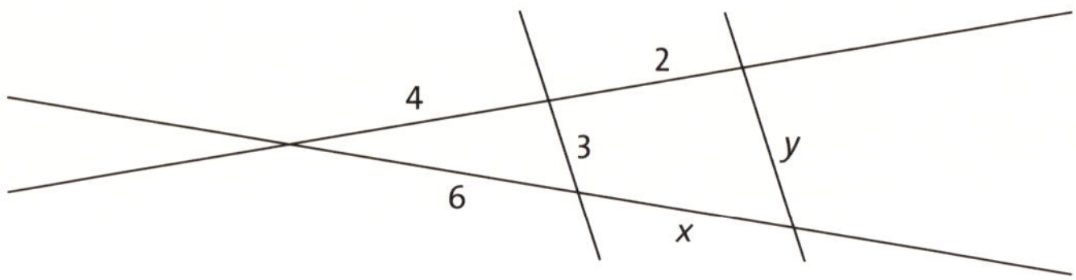

Es gilt: $\frac{4}{2} = \frac{6}{x}$

$4x = 12$

$x = 3$

Außerdem: $\frac{3}{y} = \frac{4}{4+2}$

$18 = 4y$

$y = 4{,}5$

Übung

Berechne x und y.

a)

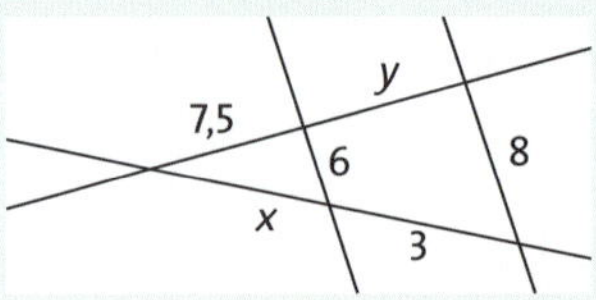

b)

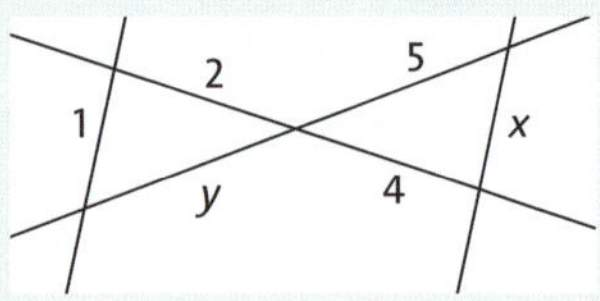

3 Ähnlichkeit

MERKE Zwei Figuren F_1 und F_2 heißen ähnlich ($F_1 \sim F_2$), wenn sie sich durch eine zentrische Streckung oder durch die Verknüpfung einer zentrischen Streckung mit einer Kongruenzabbildung (Verschiebung, Drehung, Spiegelung) aufeinander abbilden lassen.
Folgerung: Bei ähnlichen Figuren stehen entsprechende Seiten im gleichen Verhältnis. Entsprechende Winkel sind gleich groß.

Man kann auch sagen: Ähnliche Figuren haben die gleiche Form.

Beispiel:

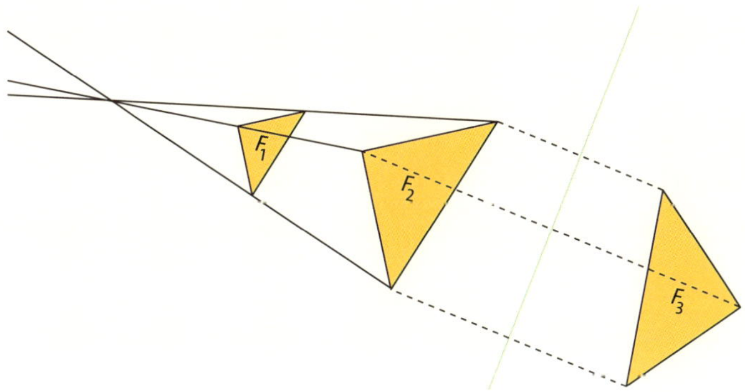

F_1 wurde durch eine zentrische Streckung auf F_2, diese sodann durch eine Achsenspiegelung auf F_3 abgebildet. $F_1 \sim F_2$; $F_1 \sim F_3$.
Die drei Figuren haben gleiche Winkel und gleiche Seitenverhältnisse.
Ob zwei Dreiecke ähnlich sind, kann man mit den Ähnlichkeitssätzen feststellen.

MERKE Zwei Dreiecke ABC und $A'B'C'$ sind ähnlich, wenn sie:
- im Verhältnis der drei Seiten übereinstimmen (z. B.: $a : b : c = a' : b' : c'$).
- in zwei Winkeln übereinstimmen (z. B.: $\alpha = \beta'$; $\gamma = \alpha'$).
- im Verhältnis zweier Seiten und dem eingeschlossenen Winkel übereinstimmen (z. B.: $a : b = a' : b'$; $\gamma = \gamma'$).
- im Verhältnis zweier Seiten und dem Gegenwinkel der größeren Seite übereinstimmen (z. B.: $a : b = b' : c' = 3 : 2$; $\alpha = \beta'$).

Übung

■ Stelle fest, in welchen Fällen die Dreiecke *ABC* und *A'B'C'* ähnlich sind. Begründe deine Entscheidung. In Zweifelsfällen helfen dir zwei Planfiguren, in die du die gegebenen Stücke farbig einträgst.

	ABC	*A'B'C'*
a)	$a = 2; \beta = 40°; c = 3$	$a' = 4; \beta' = 40°; c' = 6$
b)	$\alpha = 30°; \beta = 100°$	$\alpha' = 50°; \gamma' = 100°$
c)	$a = 5; b = 8; c = 10$	$a' = 2{,}5; b' = 4, c' = 5$
d)	$a = 5; c = 8; \gamma = 100°$	$b' = 2{,}5; c' = 4, \gamma' = 100°$
e)	$a = 3; b = 4; c = 5$	$a' = 6; b' = 7; c' = 8$
f)	$b = 4; c = 3; \beta = 80°$	$a' = 6; b' = 4{,}5; \alpha' = 80°$
g)	$\alpha = 60°; \beta = 40°; c = 3$	$\alpha' = 30°; \beta' = 20°, c' = 3$

4 Ähnlichkeitskonstruktionen

Eine Figur soll konstruiert werden, wobei Angaben, die die Form der Figur bestimmen (z. B. Winkel- oder Seitenverhältnisse) und eine Länge gegeben sind. Zeichne zunächst eine Figur mit „richtiger“ Form und in beliebiger Größe. Vergrößere oder verkleinere sie dann mit einer zentrischen Streckung so, dass die Länge stimmt.

▶ **BEACHTE** Die Seiten der ursprünglichen Figur und der zentrisch gestreckten Figur sind parallel.

Beispiel: Konstruiere ein Dreieck *ABC* mit $\alpha = 50°$; $\beta = 60°$; $s = 6$ cm.

Zeichne zunächst ein beliebig großes Dreieck *A'B'C'* mit $\alpha = 50°$; $\beta = 60°$.

Zeichne s_c mit dem Fußpunkt *M'* ein.

Führe nun eine zentrische Streckung mit dem Streckungszentrum $C' = C$ aus, sodass $\overline{CM}$ die Länge 6 cm erhält.

$\overline{AB}$ erhältst du als Parallele zu $\overline{A'B'}$ durch *M*.

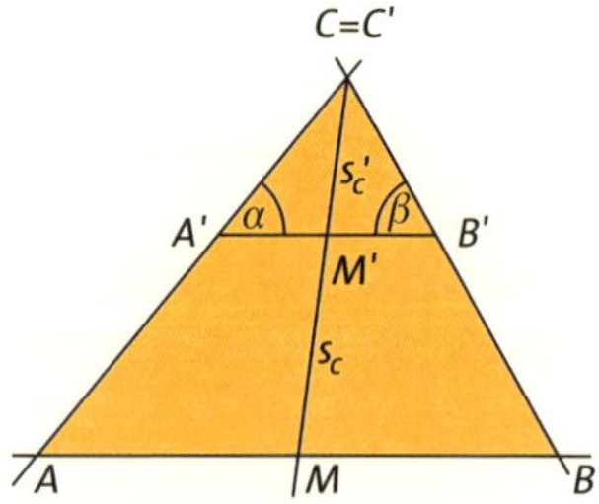

Übung

■ **Konstruiere ein Dreieck *ABC* nach dem Ähnlichkeitsverfahren.**

a) $a : b : c = 3 : 4 : 5$; $h_c = 5$ cm

b) $\alpha = 30°$; $\beta = 40°$; $w_\alpha = 6$ cm

c) $a : b = 3 : 4$; $\gamma = 60°$; $s = 5$ cm

d) $\alpha = 30°$; $\beta = 70°$; $b - a = 2$ cm
(Tipp: Zeichne $b' - a'$ als Strecke in die Hilfsfigur ein.)

Test

1

a) Zeichne das Dreieck *ABC* mit $A(-2; -1)$, $B(-2; 1)$, $\overline{AC} = 3$ LE und $\overline{BC} = 3$ LE (LE = Längeneinheiten).

b) $\triangle ABC \xrightarrow{Z(-1;\,0);\ k = 1{,}5} \triangle A'B'C'$
Zeichne das Bilddreieck $A'B'C'$. Berechne dessen Seitenlängen.

2 Berechne *y* in Abhängigkeit von *x*.

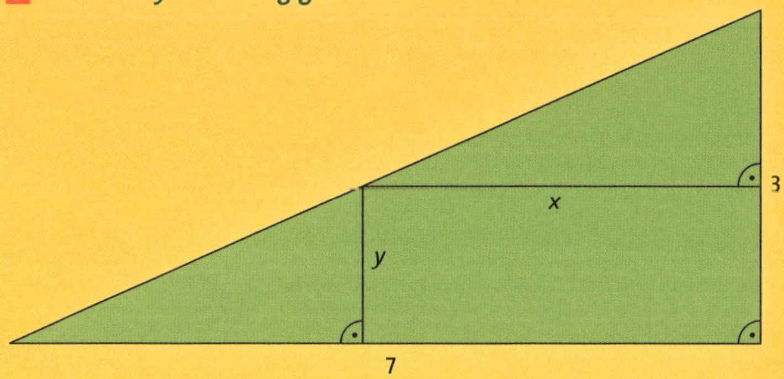

3 Zeichne ein rechtwinkliges Dreieck *ABC* mit dem rechten Winkel bei *C* und in *C* die Höhe h_c. Zeige, dass die Höhe h_c das Dreieck in zwei ähnliche Teildreiecke zerlegt, die auch dem △ *ABC* ähnlich sind.

4 Einem beliebigen Dreieck *ABC* ist ein Quadrat einzubeschreiben, sodass eine Quadratseite auf der Seite *c* des Dreiecks liegt und die beiden anderen Eckpunkte des Quadrates auf den Seiten *a* und *b* des Dreiecks liegen.

Die Satzgruppe des PYTHAGORAS

1 Sätze am rechtwinkligen Dreieck

Für ein rechtwinkliges Dreieck mit den Katheten a und b und der Hypotenuse c (wie im Bild) gilt:

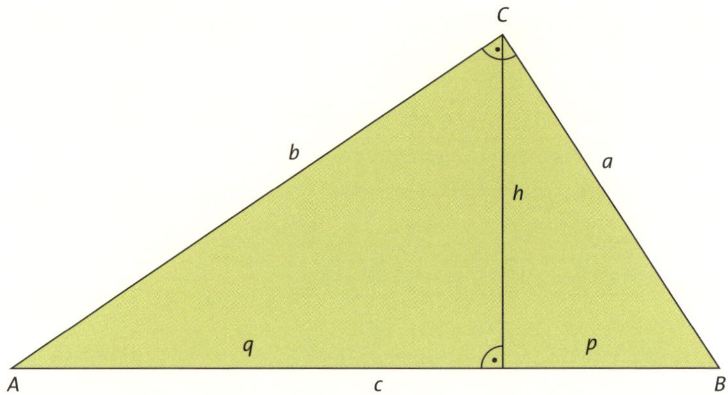

Satz des PYTHAGORAS:	$a^2 + b^2 = c^2$
Kathetensatz:	$a^2 = p \cdot c$ und $b^2 = q \cdot c$
Höhensatz:	$h^2 = p \cdot q$
Flächeninhalt:	$A = \frac{1}{2} c \cdot h = \frac{1}{2} a \cdot b$

Beispiel: Von einem rechtwinkligen Dreieck (s. Abb. oben) sind bekannt: $h = 2{,}4\,\text{cm}$; $p = 1{,}8\,\text{cm}$.
Gesucht sind: a, b, c, q.

Höhensatz: $h^2 = p \cdot q \Rightarrow q = \frac{h^2}{p} = \frac{2{,}4^2\,\text{cm}^2}{1{,}8\,\text{cm}} = 3{,}2\,\text{cm}$

$c = p + q = 1{,}8\text{ cm} + 3{,}2\text{ cm} = 5\,\text{cm}$

Kathetensatz: $a^2 = p \cdot c \Rightarrow a = \sqrt{p \cdot c} = \sqrt{1{,}8\,\text{cm} \cdot 5\,\text{cm}} = 3\,\text{cm}$

Satz des PYTHAGORAS: $a^2 + b^2 = c^2 \Rightarrow b = \sqrt{c^2 - a^2}$
$= \sqrt{5^2\text{cm}^2 - 3^2\text{cm}^2} = 4\,\text{cm}$

Übungen

1 **Gib jeweils den Satz des Pythagoras, den Kathetensatz, den Höhensatz und den Flächeninhalt für die folgenden Dreiecke an.**

a)

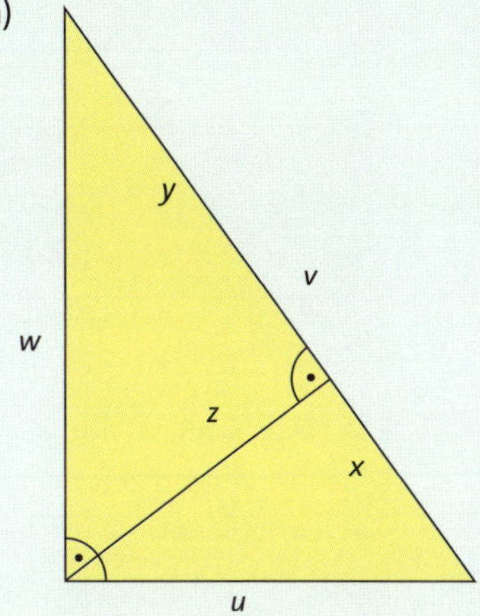

b)

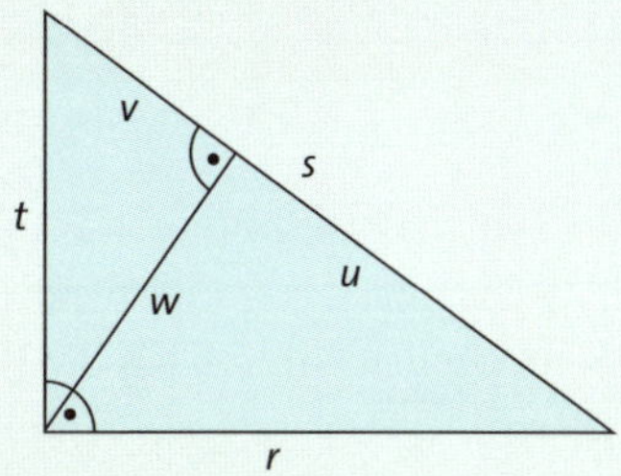

2 **Berechne die fehlenden Stücke eines rechtwinkligen Dreiecks (der rechte Winkel liegt am Punkt *C*). Rechne exakt, ohne Näherungswerte.**

	a	b	c	p	q	h	A
a)		$4\sqrt{5}$	10				
b)				1	9		
c)			13	4			

2 Anwendungen

2.1 Diagonalen

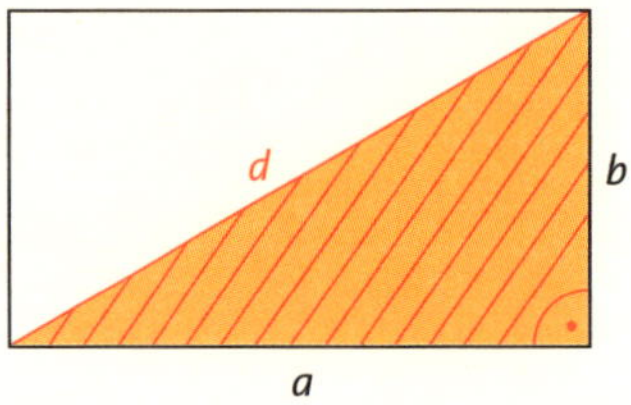

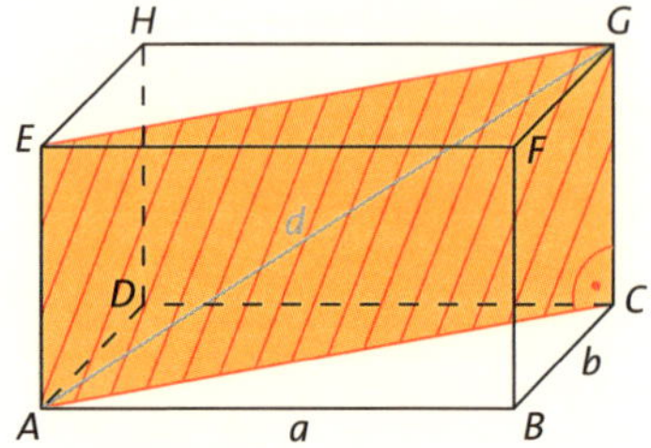

PYTHAGORAS: $d^2 = a^2 + b^2$
Die Diagonale eines Rechtecks der Seitenlängen a und b hat die Länge $d = \sqrt{a^2 + b^2}$.
Ein Quadrat ist ein spezielles Rechteck, es ist $b = a$. Für die Quadratdiagonale gilt: $d^2 = a^2 + a^2 \Rightarrow d = a\sqrt{2}$.

PYTHAGORAS: $\overline{AC}^2 = a^2 + b^2$
Die Raumdiagonalen eines Quaders der Kantenlängen a, b, c hat die Länge $d = \sqrt{a^2 + b^2 + c^2}$.
Ein Würfel ist ein spezieller Quader, es ist $c = b = a$. Für die Würfeldiagonale gilt: $d^2 = a^2 + a^2 + a^2 \Rightarrow d = a\sqrt{3}$.

2.2 Höhe eines gleichschenkligen Dreiecks

PYTHAGORAS: $s^2 = h^2 + \left(\frac{g}{2}\right)^2$

$$h^2 = s^2 - \left(\frac{g}{2}\right)^2$$

$$h = \sqrt{s^2 - \left(\frac{g}{2}\right)^2}$$

Die Höhe halbiert das Dreieck. Diese Hälfte ist ein rechtwinkliges Dreieck.
Für ein gleichseitiges Dreieck, bei dem alle Seiten die Länge a haben, gilt dann:

$$h = \sqrt{a^2 - \left(\frac{a}{2}\right)^2} = \sqrt{a^2 - \frac{a^2}{4}} = \sqrt{\frac{3a^2}{4}}$$

$$h = \frac{a}{2}\sqrt{3}.$$

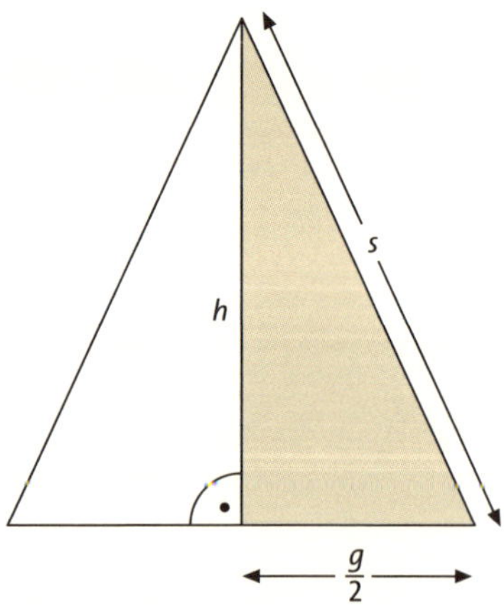

2.3 Höhe einer quadratischen Pyramide

PYTHAGORAS: $s^2 = \left(\frac{1}{2}\overline{AC}\right)^2 + h^2$

Wegen $\overline{AC}^2 = g^2 + g^2 = 2g^2$ folgt:

$s^2 = \frac{1}{2}g^2 + h^2 \Rightarrow h^2 = s^2 - \frac{1}{2}g^2;$

$h = \sqrt{s^2 - \frac{1}{2}g^2}.$

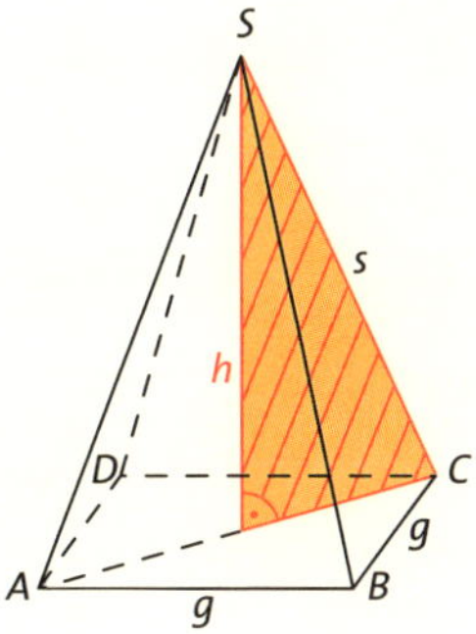

2.4 Abstand zweier Punkte $A(x_1; y_1)$ und $B(x_2; y_2)$

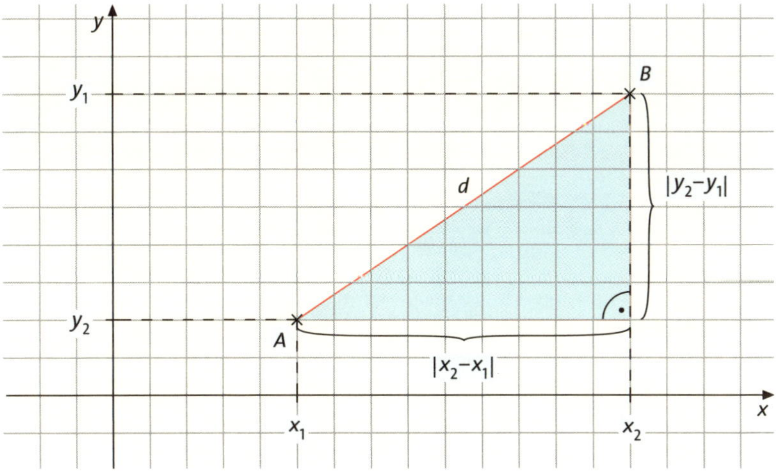

Man erhält: $d = \overline{AB} = \sqrt{(x_2 - x_1)^2 + (y_2 - y_1)^2}$.

Übung

■

a) Wie groß ist der Flächeninhalt eines regelmäßigen Achtecks mit der Seitenlänge $a = 4\,\text{cm}$?

b) Von einem Eckpunkt des Achtecks werden alle Diagonalen eingezeichnet. Wie lang sind die fünf Diagonalen?

Test

1 **Von einem rechtwinkligen Dreieck (rechter Winkel bei C) sind bekannt: $b = 3$; $A = 6$. Berechne a, c, p, q, h.**

2 **Wie groß ist die markierte Fläche, wenn stets $a = 3$ cm gilt?**

a)

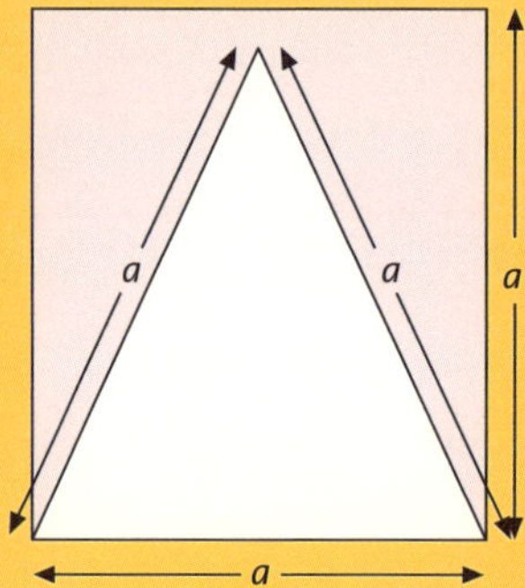

b)

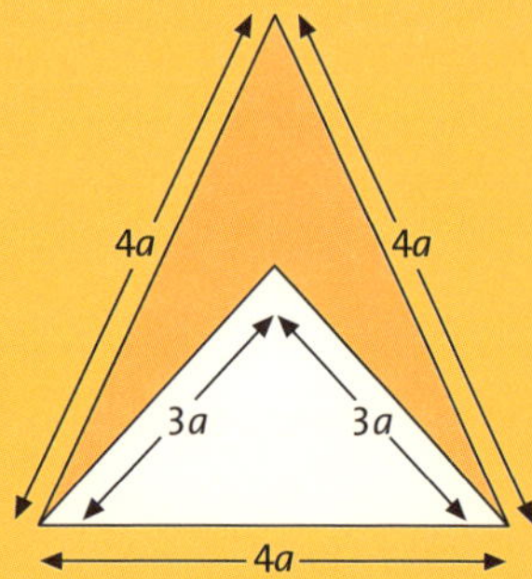

3 **Berechne die Seitenlängen des Dreiecks ABC mit $A(1; 1)$; $B(5; -1)$, $C(3; 4)$**

a) exakt,

b) auf eine Stelle nach dem Komma genau.

c) Überprüfe deine Rechnung durch eine Zeichnung

4 **Genau senkrecht über dir siehst du einen Drachen steigen. Der Besitzer hat 87 m Bindfaden von der Rolle abgewickelt. In welcher Höhe befindet sich der Drachen, wenn du 48 m vom Drachenbesitzer entfernt stehst?**

5 **Berechne p, q, r, s, t, u, v.**
(exakt, keine Näherung)

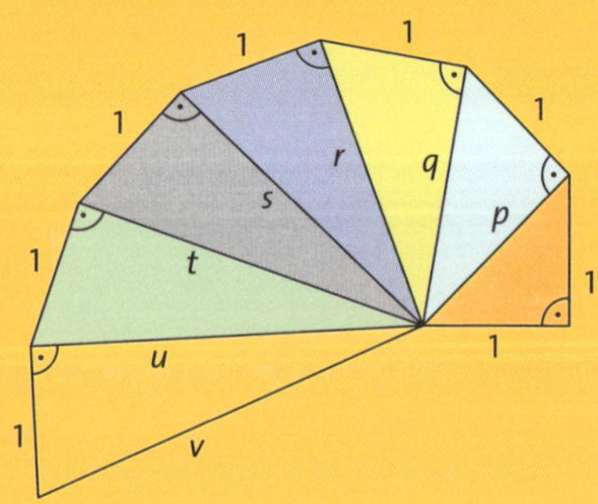

Der Kreis

1 Kreis – Umfang und Flächeninhalt

r = Radius
d = Durchmesser = $2r$
Das Verhältnis von Umfang u und Durchmesser d ist für alle Kreise gleich.
Dieses Verhältnis heißt **Kreiszahl π**.

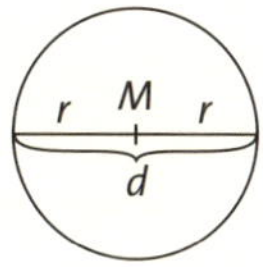

MERKE **Kreisumfang $u = 2\pi r$**

π ist eine irrationale Zahl, die man mit beliebiger Genauigkeit berechnen kann, indem man zum Beispiel einen Kreis durch ein reguläres n-Eck mit großer Eckenzahl annähert. Man erhält: $\pi = 3{,}141\,59\ldots$
Dein Taschenrechner hat eine eigene Taste (oder SHIFT-Funktion) für die Zahl π. Probiere sie aus, du erhältst: $3{,}141\,592\,7\ldots$

Beispiel: Welchen Umfang hat ein Kreis mit dem Radius 50 cm?
$u = 2\pi r = 100\,\pi\,\text{cm}$ (exakte Antwort)
$u = 314\,\text{cm}$ (für praktische Zwecke)

Für den Flächeninhalt eines Kreises mit Radius r gilt:

MERKE **Kreisfläche $A_K = \pi r^2$**

Beispiel: Ein Kreis mit dem Radius 5 (LE) hat die Fläche $A_K = 25\pi$ (FE) oder $A_K \approx 78{,}5$(FE).

Übungen

1 **Welcher der folgenden Näherungswerte weicht am wenigsten vom genauen Wert der Kreiszahl π ab?**
$\sqrt{10}$; $\frac{22}{7}$; 3,14; $3\frac{1}{8}$; $3\frac{1}{5}$

2 **Berechne den Umfang und Flächeninhalt eines Kreises, dessen Radius der Erdradius (6370 km) ist.**

2 Kreissektor

Ein Kreissektor ist ein Bruchteil eines Kreises. Dies gilt sowohl für die Sektorfläche A_S als auch für die Bogenlänge b. Der Anteil des ganzen Kreises ist gegeben durch $\frac{\alpha}{360°}$:

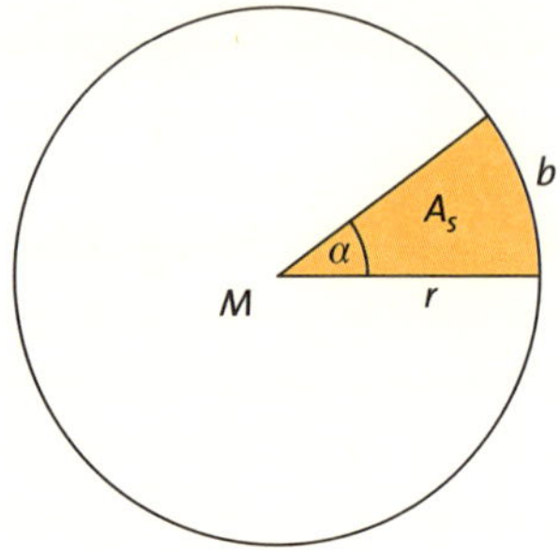

> **MERKE** **Sektorfläche:**
>
> $$A_S = \frac{\alpha}{360°} \cdot A_K = \frac{\alpha}{360°} \cdot \pi r^2$$

Bogenlänge: $b = \frac{\alpha}{360°} \cdot u = \frac{\alpha}{360°} \cdot 2\pi r$

Beispiel: Für einen Kreissektor mit dem Radius 5 (LE) und dem Mittelpunktswinkel 60° gilt:

$$A_S = \frac{60°}{360°} \cdot \pi \cdot 25 = \frac{25}{6}\pi \approx 13{,}1 \text{ (FE)}$$

$$b = \frac{60°}{360°} \cdot 2\pi \cdot 5 = \frac{5}{3}\pi \approx 5{,}2 \text{ (LE)}$$

3 Kreissegment

Ein Kreissektor lässt sich in ein Kreissegment und ein Dreieck zerlegen. Der Flächeninhalt des Segments ist deshalb:

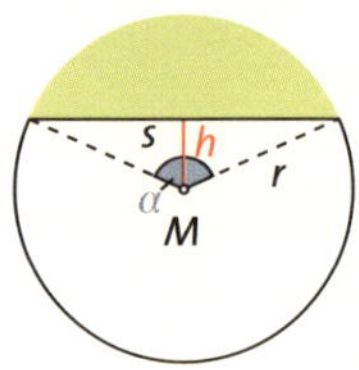

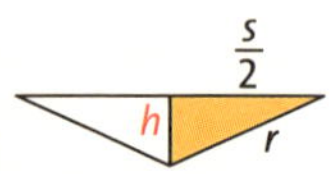

> **MERKE** Kreissegment
>
> $$A_{SG} = A_S - A_\triangle = \frac{\alpha}{360°}\pi r^2 - \frac{1}{2} sh$$

Beispiel: Für ein Kreissegment mit Radius r und $\alpha = 90°$ gilt:

$$A_{SG} = A_S - A_\triangle = \frac{1}{4}\pi r^2 - \frac{1}{2} r^2$$

$$A_{SG} = \frac{1}{4} r^2 (\pi - 2)$$

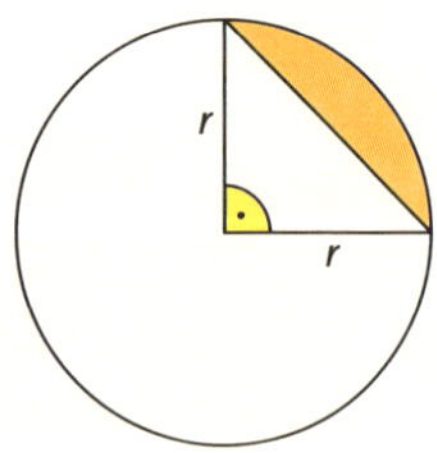

Übungen

1 Berechne die fehlenden Größen eines Kreissektors.

	a)	b)	c)
r	10	10	10
α	30°		
b		5π	
A			20π

2 Berechne die Segmentfläche mit $r = 15{,}0$ m (Näherungswert mit 3 geltenden Ziffern).

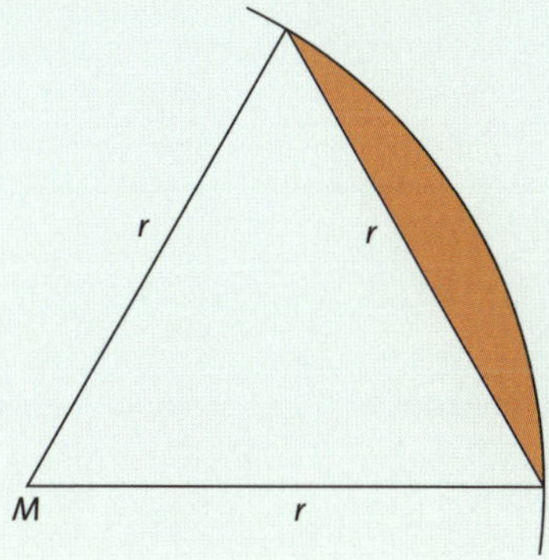

Test

1 Die Erde beschreibt in einem Jahr annähernd eine Kreisbahn um die Sonne mit dem Bahnradius von 150 Millionen km.

a) Berechne die Bahnlänge.

b) Berechne die Bahngeschwindigkeit in $\frac{\text{km}}{\text{s}}$.

2 Berechne den Radius und den Flächeninhalt eines Kreissektors mit Mittelpunktswinkel 45° und Bogenlänge π.

3 Einem Quadrat mit Seitenlänge a ist ein Kreis

a) umbeschrieben,

b) einbeschrieben.

Berechne jeweils die zwischen Kreis und Quadrat liegende Fläche.

Geometrische Körper

1 Die Pyramide

Eine *n*-seitige **Pyramide** entsteht, wenn die Punkte eines ebenen Vielecks (*n*-Ecks) mit einem nicht in seiner Ebene gelegenen Punkt *S* (Spitze) verbunden werden.

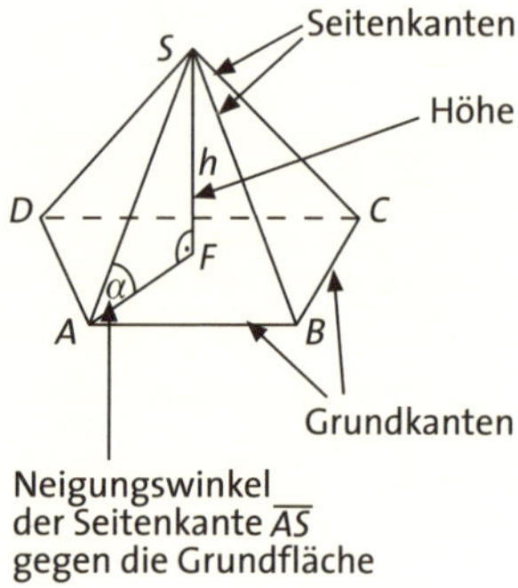

Sonderfälle

a) *Gerade Pyramide:* Pyramide mit lauter gleich langen Seitenkanten

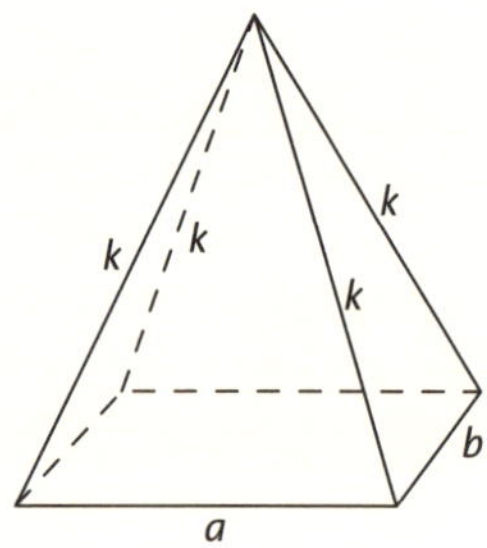

b) *Reguläres Tetraeder:* Dreiseitige Pyramide mit gleich langen Kanten

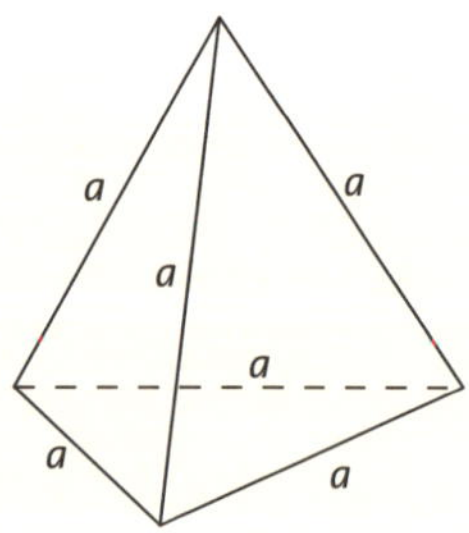

c) *Reguläres Oktaeder:* Vierseitige Doppelpyramide mit gleich langen Kanten

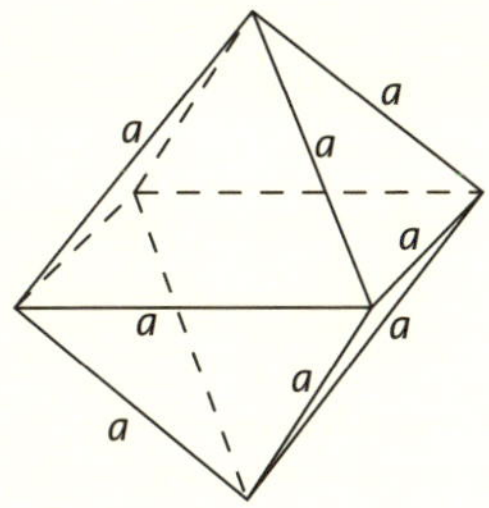

Für das Volumen einer Pyramide mit Höhe h und Grundflächeninhalt G gilt: $V = \frac{1}{3} G \cdot h$.

Die Summe der Flächeninhalte der seitlichen Dreiecke wird Mantelfläche M genannt.
Für die Oberfläche einer Pyramide gilt: $O = G + M$.

Übung

Die Grundfläche der Pyramide ist ein Rechteck, die vier Seitenkanten sind gleich lang.

a) Zeichne einen Senkrechtschnitt zu $\overline{AC}$.
b) Zeichne einen Senkrechtschnitt zu den Seitenmitten von $\overline{BC}$ und $\overline{AD}$.
c) Bestimme durch Zeichnung und Rechnung die Höhe h der Pyramide.
d) Bestimme durch Zeichnung und Rechnung die Höhe h_1 der Seitenfläche ABS.
e) Bestimme durch Zeichnung und Rechnung die Höhe h_2 der Seitenfläche BCS.
f) Bestimme Volumen und Oberfläche der Pyramide.

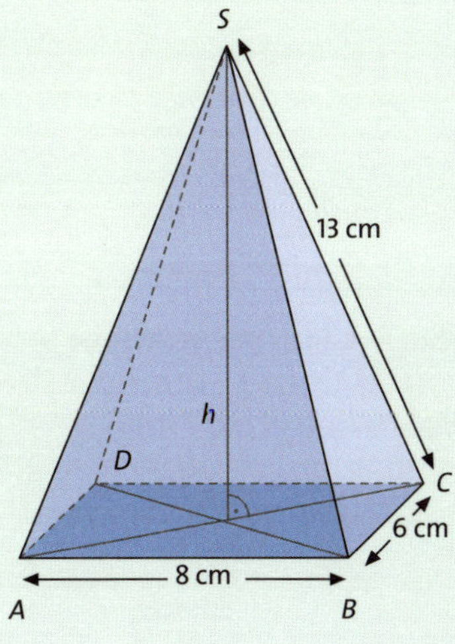

2 Der Zylinder

Ein Zylinder wird begrenzt von drei Flächen:

1 der Grund- und Deckfläche – zwei parallel zueinander liegenden, deckungsgleichen Kreisflächen sowie

2 der Mantelfläche – sie wird aus parallelen Strecken gebildet, die die Grund- und Deckfläche miteinander verbinden. Ein Zylinder heißt **gerade**, wenn Grund- und Mantelfläche senkrecht aufeinander stehen, sonst heißt er **schief**.

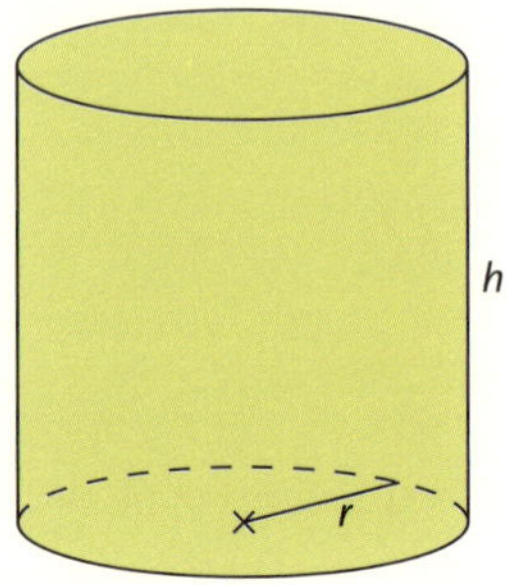

2.1 Oberfläche

Wir behandeln nur gerade Zylinder.

$O = 2 \cdot G + M$

$O = 2\pi r^2 + 2\pi r h$

Netz des Zylinders:

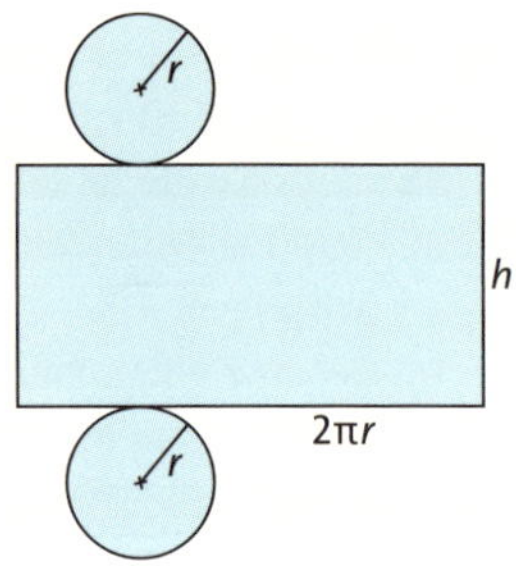

2.2 Volumen

Ein Zylinder hat das gleiche Volumen wie ein Quader mit gleicher Grundfläche G und gleicher Höhe h.

Volumen = Grundfläche · Höhe

$V = G \cdot h$

$V = \pi r^2 h$

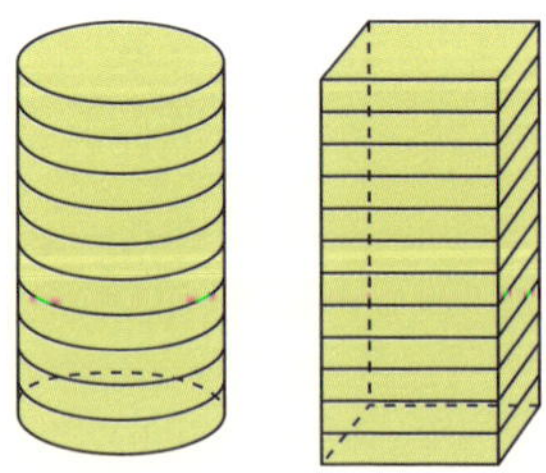

Übung

■ **Die abgebildete Säule ist aus einer quadratischen Säule entstanden. Die Bogen der Deckfläche sind Viertelkreise.**

a) Wie groß ist die Mantelfläche?

b) Wie groß ist die Oberfläche?

c) Wie groß ist das Volumen?

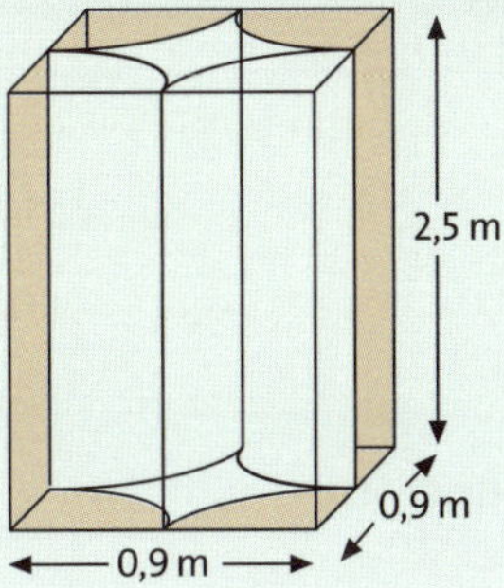

3 Der Kegel

Ein **Kreiskegel** ist bestimmt durch die Kegelspitze *S* und einen Kreis, der *S* nicht enthält. Die Kegelfläche entsteht, wenn eine durch *S* gehende Gerade längs der Kreislinie entlanggleitet.

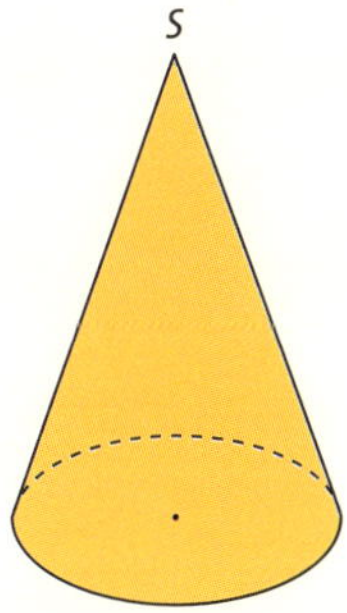

Der Punkt *S* ist die Spitze, der Kreis die **Grundfläche** *G* des Kegels. Die von der Spitze *S* zur Kreislinie verlaufenden Geradenstücke erzeugen den Kegel. Sie heißen **Mantellinien**. Liegen Kegelspitze und Kreismittelpunkt senkrecht übereinander, dann heißt der Kegel **gerade**, sonst **schief**.

3.1 Oberfläche

Die Oberfläche *O* eines Kegels ist aus zwei Teilen zusammengesetzt: der Grundfläche *G* und der Mantelfläche *M*.

Es ist deshalb:

$O = G + M.$

$O = \pi r^2 + \pi r m$

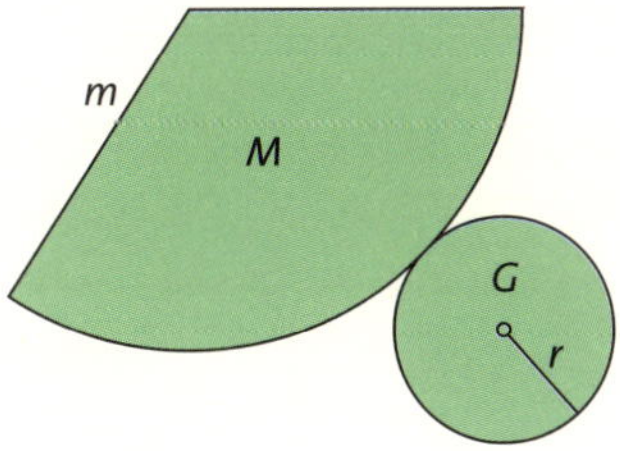

Berechnung der Mantellinie m:

$m^2 = h^2 + r^2$ bzw.

$m = \sqrt{h^2 + r^2}$

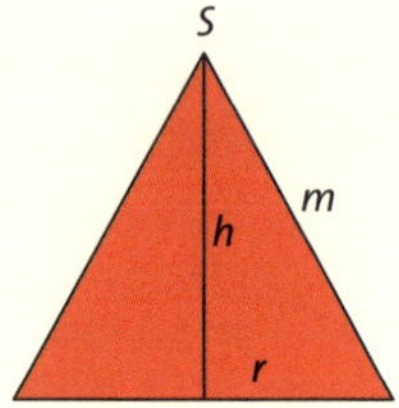

3.2 Volumen

Das Volumen eines Kegels ist genauso groß wie das einer Pyramide, falls Kegel und Pyramide in Höhe und Grundfläche übereinstimmen. Somit gilt:

$V = \frac{1}{3} G \cdot h$ bzw.

$V = \frac{1}{3} \pi r^2 h$

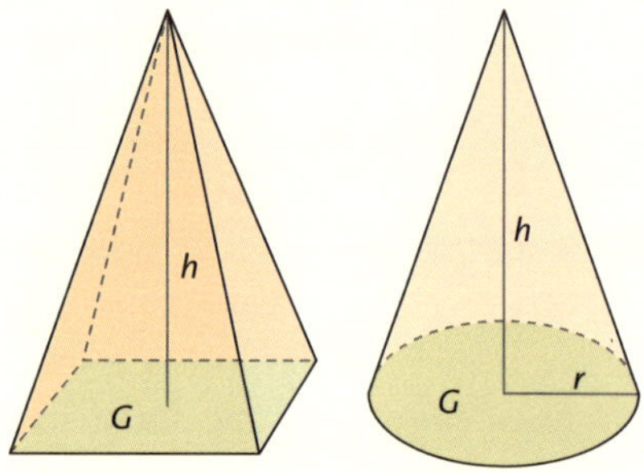

Beispiel: Ein Kegel hat den Radius 3 cm und die Höhe 6 cm.

$$V = \frac{1}{3}(3\,\text{cm})^2 \cdot \pi \cdot 6\,\text{cm} = 18\pi\,\text{cm}^3 \approx 56{,}5\,\text{cm}^3$$

$$m = \sqrt{(3\,\text{cm})^2 + (6\,\text{cm})^2} = \sqrt{45\,\text{cm}^2} = 3\sqrt{5}\,\text{cm}$$

$$O = \pi(3\,\text{cm})^2 + \pi \cdot 3\,\text{cm} \cdot 3\sqrt{5}\,\text{cm} = 9\pi(1 + \sqrt{5})\,\text{cm}^2 \approx 91{,}5\,\text{cm}^2$$

Übung

■

a) Der Halbkreis ($R = 6$ cm) bildet den Kegelmantel.
Wie groß ist der Grundkreisradius?
Wie groß ist die Höhe des Kegels?
Wie groß ist die Kegeloberfläche?
Wie groß ist das Volumen?

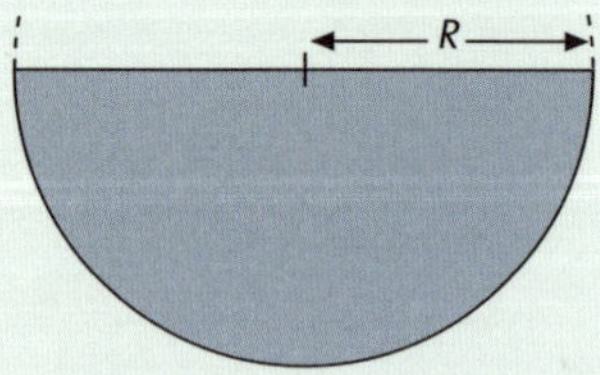

b) Der Kreissektor ($R = 6\,cm$) bildet den Kegelmantel.
Wie groß ist der Grundkreisradius?
Wie groß ist die Höhe des Kegels?
Wie groß ist die Kegeloberfläche?
Wie groß ist das Volumen?

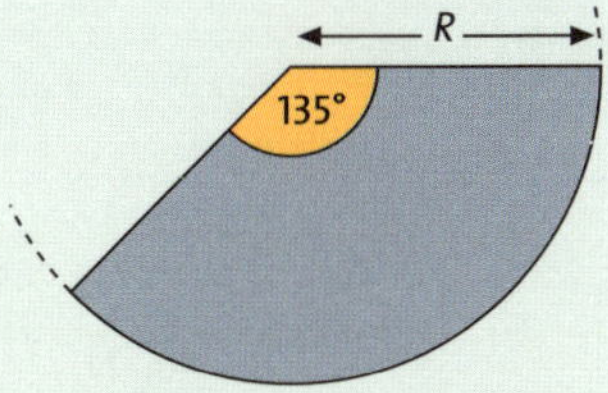

4 Die Kugel

Die **Kugel** ist ein Körper und wird begrenzt durch die Kugelfläche. Alle Punkte der Kugelfläche sind von einem festen Punkt M **gleich weit entfernt.** M ist der **Kugelmittelpunkt.** Die konstante Entfernung ist der **Radius** r der Kugel. Du kannst dir auch eine Kugel durch Rotation eines Kreises um den Durchmesser entstanden denken.

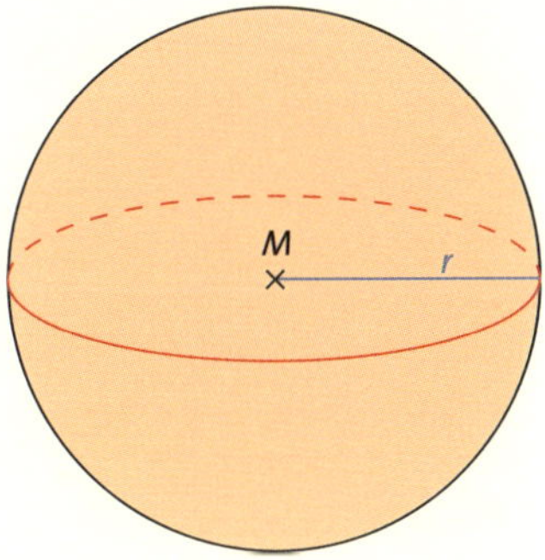

Für eine Kugel mit Radius r gilt:
Oberfläche: $O = 4 \cdot \pi r^2$
Volumen: $V = \frac{4}{3}\pi r^3$

Übung

Berechne die fehlenden Größen einer Kugel.

	Radius r	Oberfläche O	Volumen V
a)	7 cm		
b)	0,3 dm		
c)		2826 m²	
d)			150,46 cm³

Test

1 **Bei einem Kegel ist $r = 6\,\text{cm}$ und $h = 18\,\text{cm}$. Wie verändert sich das Volumen, wenn**

a) bei gleichem Radius r die Höhe h verdoppelt wird,
b) bei gleichem Radius r die Höhe h halbiert wird,
c) bei gleicher Höhe h der Radius r verdoppelt wird,
d) bei gleicher Höhe h der Radius r halbiert wird?

2 **Die Abbildung zeigt einen Schnitt durch die Kegelachse.**

a) Wie groß ist das Volumen dieses Kegels?
b) Wie groß ist die Oberfläche des Kegels?
c) Schneide aus Papier den Mantel dieses Kegels zurecht. Wie groß muss der Radius für diesen Kegelsektor sein? Wie groß muss der Sektorwinkel sein?

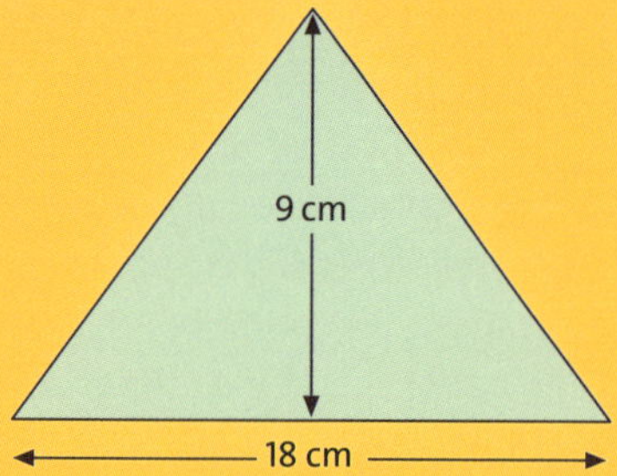

3

a) Ein Tetraeder, ein Würfel und eine Kugel haben das gleiche Volumen $V = 6\,\text{m}^3$.
   a1) Wie groß ist die Kantenlänge von Tetraeder und Würfel, wie groß ist der Radius der Kugel?
   a2) Wie groß sind ihre Oberflächen?
b) Ein Tetraeder, ein Würfel und eine Kugel haben die gleiche Oberfläche $O = 6\,\text{m}^2$.
   b1) Wie groß ist die Kantenlänge von Tetraeder und Würfel, wie groß ist der Radius der Kugel?
   b2) Wie groß sind ihre Volumina?

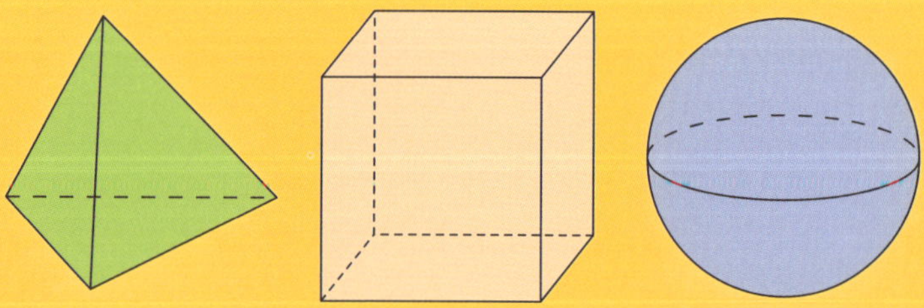

Trigonometrie

1 Winkelfunktionen im rechtwinkligen Dreieck

1.1 Sinus, Kosinus, Tangens

In rechtwinkligen Dreiecken sind die Seitenverhältnisse nur von den Winkeln abhängig. Die Größe eines Winkels im rechtwinkligen Dreieck lässt sich daher durch Angabe eines Seitenverhältnisses **(Winkelfunktion)** festlegen. Von den sechs Seitenverhältnissen ($a : c$; $b : c$; $a : b$; $b : a$; $c : b$; $c : a$) werden nur die ersten 4 Verhältnisse benötigt, weil die anderen drei die Kehrwerte der übrigen sind.

MERKE

$$\sin \alpha = \frac{a}{c} = \frac{\text{Gegenkathete}}{\text{Hypotenuse}}$$

$$\cos \alpha = \frac{b}{c} = \frac{\text{Ankathete}}{\text{Hypotenuse}}$$

$$\tan \alpha = \frac{a}{b} = \frac{\text{Gegenkathete}}{\text{Ankathete}}$$

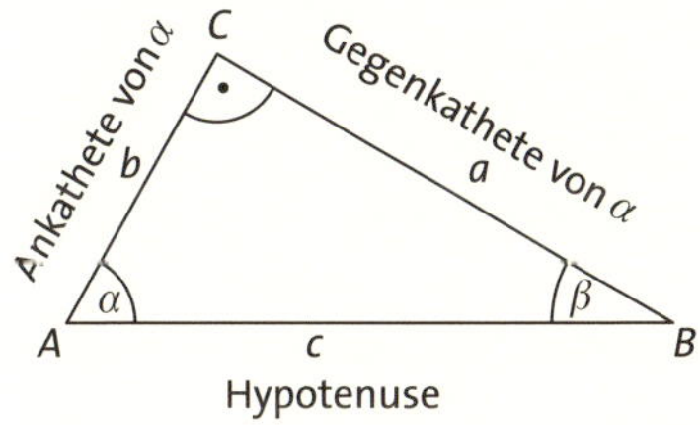

sin = Sinus

cos = Kosinus

tan = Tangens

Beispiele:

a) Berechnung der Zahlenwerte der Winkelfunktionen (Seitenverhältnisse) für die Winkel 30° und 60°:
Wir unterteilen das gleichseitige Dreieck in zwei rechtwinklige Dreiecke.
PYTHAGORAS: $h = \sqrt{a^2 - (\frac{a}{2})^2} = \frac{a}{2}\sqrt{3}$

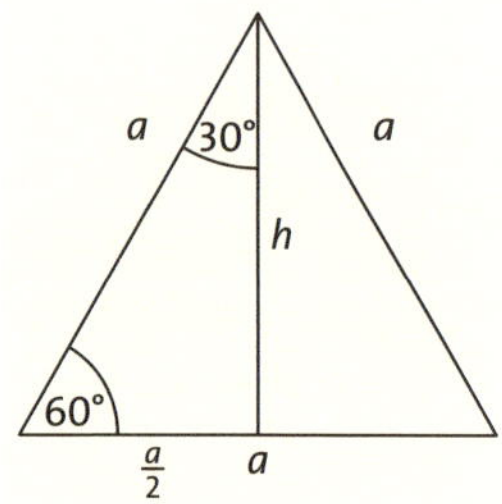

$$\sin 60° = \frac{h}{a} = \frac{\frac{a}{2}\sqrt{3}}{a} = \frac{1}{2}\sqrt{3} = \cos 30°$$

$$\cos 60° = \frac{\frac{a}{2}}{a} = \frac{1}{2} = \sin 30°$$

$$\tan 60° = \frac{\frac{a}{2}\sqrt{3}}{\frac{a}{2}} = \sqrt{3}$$

$$\cot 60° = \frac{\frac{a}{2}}{\frac{a}{2}\sqrt{3}} = \frac{1}{3}\sqrt{3}$$

b) Berechnung der Zahlenwerte der Winkelfunktionen (Seitenverhältnisse) für den Winkel 45°:
PYTHAGORAS: $c = \sqrt{a^2 + a^2} = a\sqrt{2}$

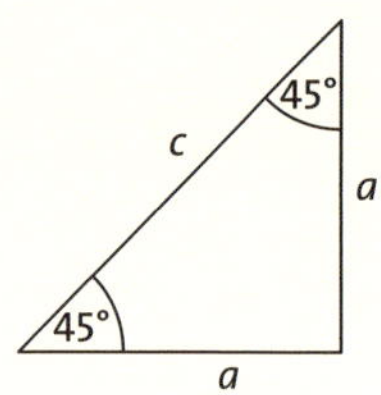

$$\sin 45° = \frac{a}{c} = \frac{a}{a\sqrt{2}} = \frac{1}{2}\sqrt{2} = \cos 45°$$

$$\tan 45° = \frac{a}{a} = 1$$

In der folgenden Tabelle sind diese Werte (zusammen mit nahe liegenden Festlegungen für 0° und 90°) zusammengefasst.

α in °	0°	30°	45°	60°	90°
$\sin\alpha$	0	$\frac{1}{2}$	$\frac{1}{2}\sqrt{2}$	$\frac{1}{2}\sqrt{3}$	1
$\cos\alpha$	1	$\frac{1}{2}\sqrt{3}$	$\frac{1}{2}\sqrt{2}$	$\frac{1}{2}$	0
$\tan\alpha$	0	$\frac{1}{2}\sqrt{3}$	1	$\sqrt{3}$	nicht definiert

Die sin-, cos-, tan-Werte beliebiger Winkel sind im Allgemeinen irrationale Zahlen. Näherungswerte können mit großer Genauigkeit dem Taschenrechner bestimmt werden.

Beispiel: So rufst du cos 30° ab:

1 Taschenrechner auf DEG einstellen
2 Eingabe der Tastenfolge: [cos] 30 [=]
3 Als Ergebnis erscheint: 0,8660254…
Also gilt: cos 30° = 0,8660254…

Um aus einem bekannten Seitenverhältnis (d. h. bekannten sin α, cos α oder tan α) den Winkel α zu bestimmen, benötigt man die Umkehrfunktion $\sin^{-1}$, $\cos^{-1}$, $\tan^{-1}$.

MERKE Für $0 \leqq \alpha \leqq 90°$ gilt:

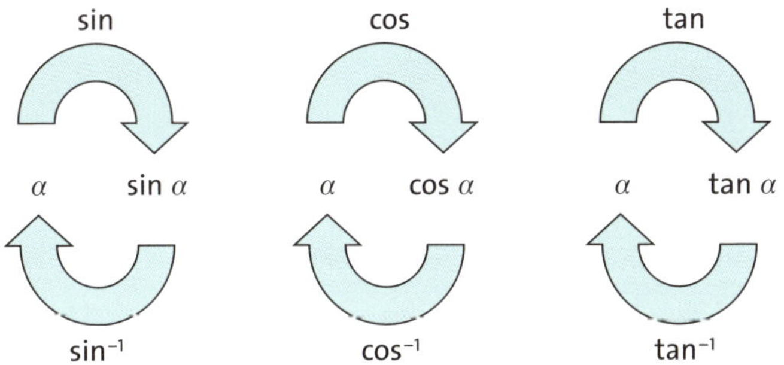

Diese Umkehrfunktionen sind ebenfalls im Taschenrechner programmiert. Man erhält sie meistens durch Drücken von SHIFT und der entsprechenden Winkelfunktionstaste.

Beispiel: So rufst du zu sin α = 0,6 den zugehörigen Winkel α ab:

1 Taschenrechner auf DEG einstellen.
2 Je nach Taschenrechner die Tastenfolge: [SHIFT] [sin] oder [2nd] [sin] oder [inv] [sin]
3 Eingabe: 0,6
4 [=] 36,869897…
also: $\sin^{-1} 0{,}6 \approx 36{,}87°$

1.2 Beispiele für Dreiecksberechnungen

a) Geg.:
$\alpha = 90°; \beta = 27°; c = 4\,cm$
Ges: a
a ist Hypotenuse,
c ist Ankathete von β.
Also verwenden wir die Kosinusfunktion.
$\cos\beta = \frac{c}{a} \Rightarrow a = \frac{c}{\cos\beta} = \frac{4\,cm}{\cos 27°}$
$= 4{,}49\,cm$

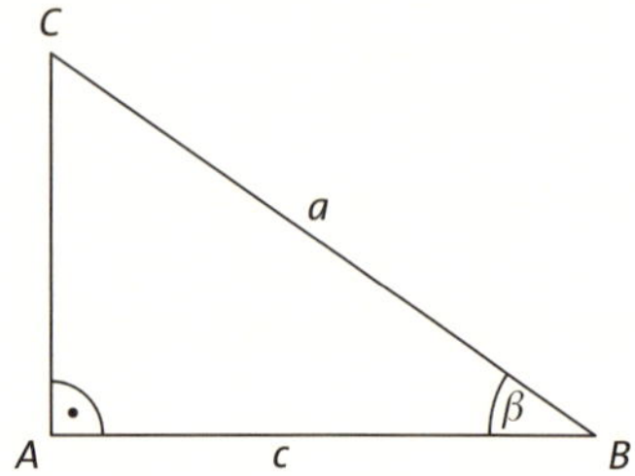

b) Geg:
$\alpha = 90°; b = 2\,cm; c = 3{,}6\,cm$
Ges: γ
b ist Ankathete von γ, c ist die Gegenkathete von γ.
Also verwenden wir die Tangensfunktion.
$\tan\gamma = \frac{c}{b} = \frac{3{,}6\,cm}{2\,cm} = 1{,}8$
$\gamma = \tan^{-1} 1{,}8 \approx 60{,}95°$.

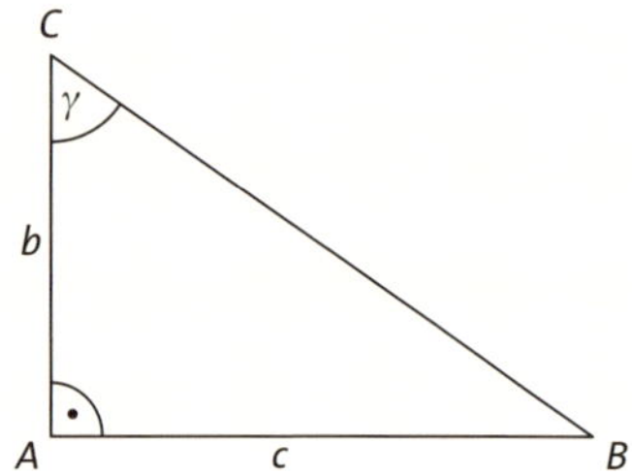

Übungen

1 Ergänze die Tabelle exakt (wo möglich), sonst mit 2 Kommastellen.

α	$\sin\alpha$	$\cos\alpha$	$\tan\alpha$
70°			
	0,50		
		0,15	
			0,75

2 Im Dreieck *ABC* sind gegeben:
a) $\gamma = 90°; \alpha = 63{,}7°; b = 6{,}12\,cm$ b) $\alpha = 90°; a = 4{,}2\,cm; \beta = 37°$
Fertige eine Skizze an und berechne alle fehlenden Größen nur mit Hilfe der gegebenen.

2 Anwendungen

Beispiel: Der Anfang einer mit 9° ansteigenden Rampe ist 6,50 m von einer Lagerhalle entfernt. Wie lang ist der Fahrweg auf der Rampe?

Gegeben: $\alpha = 9°$, $a = 6{,}50$ m

Gesucht: Fahrweglänge f

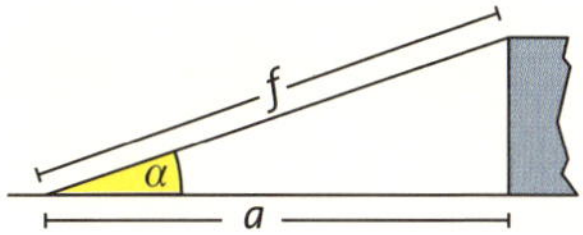

Situation: a ist Ankathete von α.

Berechnung: f ist Hypotenuse.

$$\cos\alpha = \frac{\text{Ankathete von } \alpha}{\text{Hypotenuse}} = \frac{a}{f}$$

Die Gleichung muss nach f aufgelöst werden.

$$f = \frac{a}{\cos\alpha} = \frac{6{,}50}{\cos 9°} = 6{,}58$$

Antwort: Die Fahrweglänge auf der Rampe beträgt 6,58 m.

Übungen

1 Ein Flugzeug hebt von der Landebahn *F* mit einem Steigungswinkel von 4,6° ab. Das letzte Lichtfeuer ist 12 km von *F* entfernt. Welche Flugstrecke hat das Flugzeug zurückgelegt, wenn es sich senkrecht über *L* befindet?

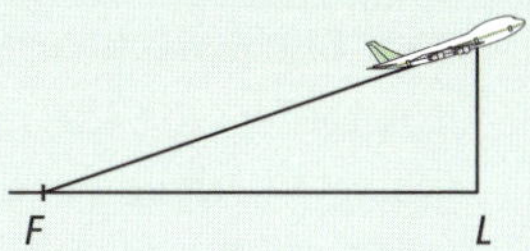

2 Ein Forschungsunterseeboot peilt von der Wasseroberfläche die 45 m über dem Meeresspiegel liegende Spitze eines Leuchtturms unter dem Höhenwinkel $\alpha = 3°$ an. Wie weit ist das Boot vom Fuß des Leuchtturms entfernt?

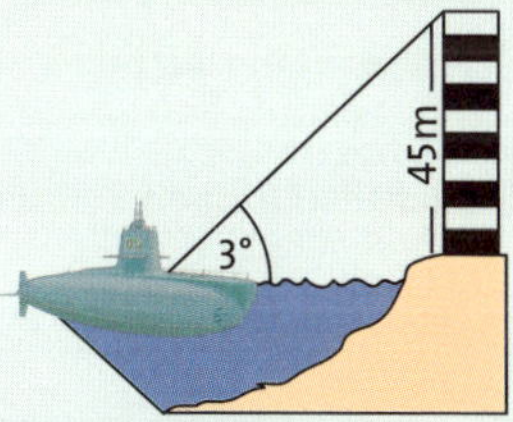

3 Ein Bahndamm hat die Form eines gleichschenkligen Trapezes mit den Größen: $a = 12$ m, $c = 8$ m, $s = 3{,}50$ m. Berechne die Höhe h und den Böschungswinkel α. Hinweis: Berechne zuerst x.

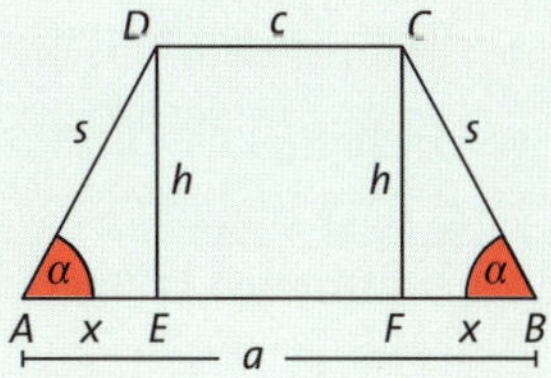

3 Sinus und Kosinus als Funktion beliebiger Winkel

Wir betrachten einen Punkt R mit Winkel α auf dem Einheitskreis. (Radius = 1 cm) im I. Quadranten. Für den Punkt R gilt: Seine x-Koordinate ist $\cos\alpha$, seine y-Koordinate ist $\sin\alpha$. Die Koordinaten des Punktes R lassen sich also auch so notieren: $R(\cos\alpha; \sin\alpha)$.

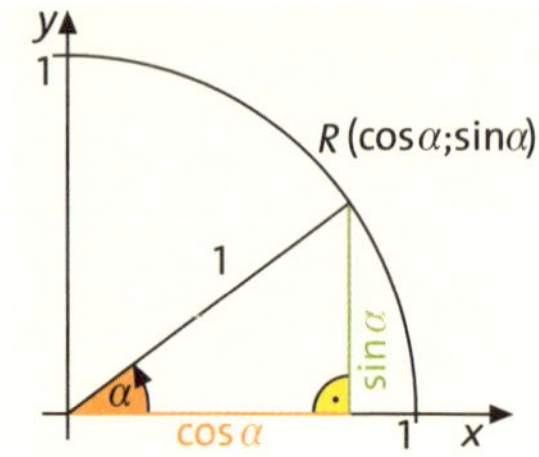

Verallgemeinerung: Für beliebige Winkel α gilt:

$\cos\alpha = x$-Koordinate } des Punktes R mit dem Winkel α
$\sin\alpha = y$-Koordinate } auf dem Einheitskreis

Beispiel: $\alpha = 130°$

R liegt hier links von der y-Achse, seine x-Koordinate ist also negativ, d. h. $\cos 130°$ ist negativ.
Der Taschenrechner liefert:
$\cos 130° = -0{,}6427\ldots$
R liegt oberhalb der x-Achse, seine y-Koordinate ist also positiv, d. h. $\sin 130°$ ist positiv.
Der Taschenrechner liefert:
$\sin 130° = 0{,}7660\ldots$

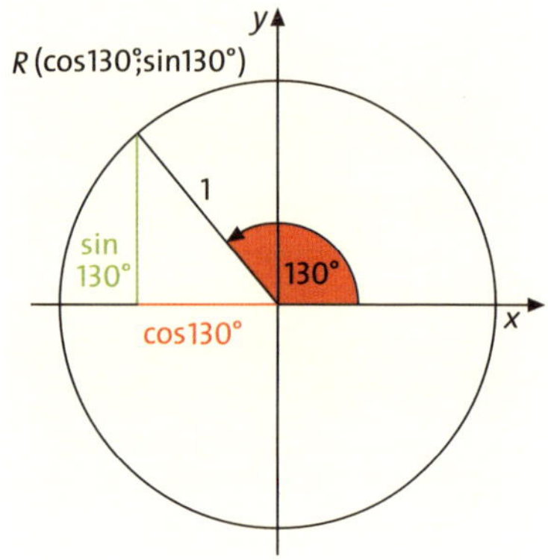

Am vollständigen Einheitskreis kannst du folgende **Sonderfälle** ablesen:

$\alpha = 0°$	ergibt $R(1; 0)$.	Also: $\cos 0° = 1$	und $\sin 0° = 0$.
$\alpha = 90°$	ergibt $R(0; 1)$.	Also: $\cos 90° = 0$	und $\sin 90° = 1$.
$\alpha = 180°$	ergibt $R(-1; 0)$.	Also: $\cos 180° = -1$	und $\sin 180° = 0$.
$\alpha = 270°$	ergibt $R(0; -1)$.	Also: $\cos 270° = 0$	und $\sin 270° = -1$.
$\alpha = 360°$	ergibt $R(1; 0)$.	Also: $\cos 360° = 1$	und $\sin 360° = 0$.

Willst du nun $\alpha = 390°$ antragen, bist du nach 360° wieder an der Ausgangsstelle und brauchst nur noch 30° anzutragen. D. h. der durch $\alpha = 390°$ bestimmte Punkt R ist derselbe wie der durch $\alpha = 30°$ bestimmte.

Also gilt: $\sin 390° = \sin(360° + 30°) = \sin 30°$
$\cos 390° = \cos(360° + 30°) = \cos 30°$

Entsprechend gilt: $\sin 470° = \sin(360° + 110°) = \cos 110°$
$\cos 610° = \cos(360° + 250°) = \cos 250°$

MERKE $\sin(360° + \alpha) = \sin \alpha$
$\cos(360° + \alpha) = \cos \alpha$

Da sich die Sinus- und Kosinuswerte nach 360° jeweils wiederholen, nennt man sie sin und cos **periodisch**. Die Periodenlänge beträgt 360°. Willst du $\alpha = 790°$ antragen, dann bist du nach 360° zum ersten Mal, nach 720° zum zweiten Mal wieder an der Ausgangsstelle und brauchst dann nur noch 70° anzutragen. Mit dieser Überlegung kannst du jeden Winkel auf einen Winkel zwischen 0° und 360° zurückführen.

Positive Winkel werden gegen den Uhrzeigersinn an die *x*-Achse angetragen. *Negative* Winkel werden mit dem Uhrzeigersinn angetragen.

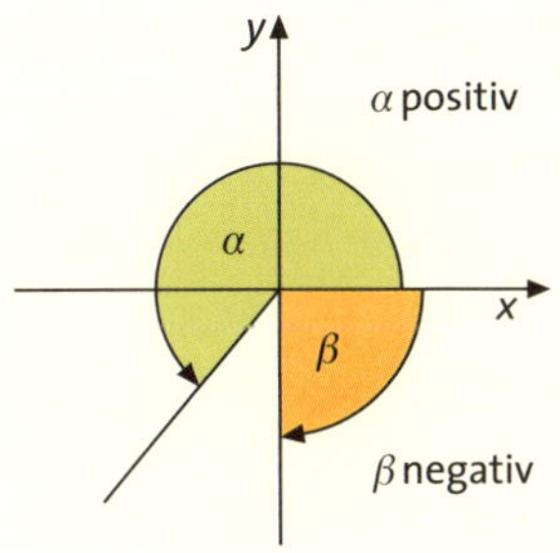

Der Winkel –50° liefert denselben Punkt *R* wie der Winkel 310°.
Also gilt:

$\sin(-50°) = \sin(-50° + 360°)$
$= \sin 310°$
$\cos(-50°) = \cos(-50° + 360°)$
$= \cos 310°$

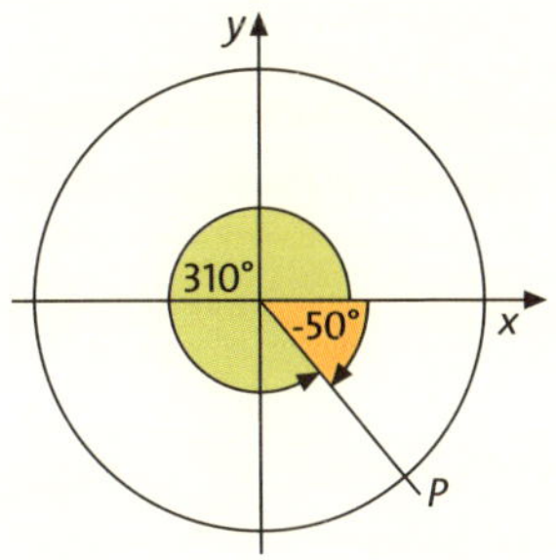

Die Definition $\sin \alpha = \sin(360° + \alpha)$ und $\cos \alpha = \cos(360° + \alpha)$ gilt also auch für negative Winkel. Damit lassen sich auch die Sinus- und Kosinuswerte negativer Winkel auf die Sinus- und Kosinuswerte von Winkeln zwischen 0° und 360° zurückführen.

Beispiel: Zurückgeführte Winkelmaße überprüfen:
$\sin(-112°) = \sin(360° + (-112°)) = \sin 248°$
Taschenrechner: $\sin(-112°) = -0{,}9271\ldots$
$\sin 248° = -0{,}9271\ldots$

Übungen

1 Führe auf Winkel zwischen 0° und 360° zurück und überprüfe mit dem Taschenrechner.

a) $\sin(-231°)$ b) $\sin(-304°)$ c) $\sin 370°$

2 Bestimme mit Taschenrechner und Einheitskreis für $0 \leqq \alpha < 180°$ die Lösungen(en) der Gleichung.

a) $\sin \alpha = 0{,}1$ b) $\sin \alpha = 0{,}5$ c) $\cos \alpha = -0{,}8$

4 Berechnungen an allgemeinen Dreiecken

4.1 Sinussatz

In einem beliebigen Dreieck gilt: Die Längen zweier Seiten verhalten sich zueinander wie die Sinuswerte ihrer Gegenwinkel.

$\frac{a}{b} = \frac{\sin \alpha}{\sin \beta} \quad \frac{a}{c} = \frac{\sin \alpha}{\sin \gamma} \quad \frac{b}{c} = \frac{\sin \beta}{\sin \gamma}$

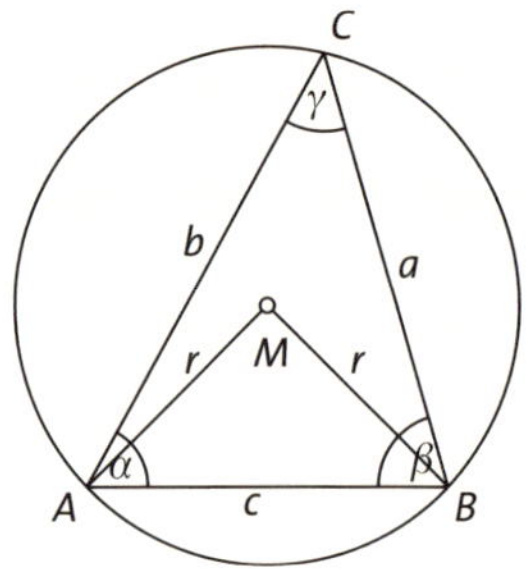

Durch Umstellung findet man u. a. folgende Formeln:

$$a = \frac{b \cdot \sin \alpha}{\sin \beta} = \frac{c \cdot \sin \alpha}{\sin \gamma}$$

Für den Umkreisdurchmesser gilt:

$$\frac{a}{\sin \alpha} = \frac{b}{\sin \beta} = \frac{c}{\sin \gamma} = 2r$$

4.2 Flächeninhalt beliebiger Dreiecke

In jedem Dreieck lässt sich die Fläche wie folgt bestimmen.

$A = \frac{a \cdot b}{2} \cdot \sin \gamma \qquad A = \frac{a \cdot c}{2} \cdot \sin \beta \qquad A = \frac{b \cdot c}{2} \cdot \sin \alpha$

4.3 Höhen

$h_a = b \cdot \sin\gamma = c \cdot \sin\beta$

$h_b = a \cdot \sin\gamma = c \cdot \sin\alpha$

$h_c = b \cdot \sin\alpha = a \cdot \sin\beta$

4.4 Kosinussatz

In einem beliebigen Dreieck gilt: Das Quadrat einer Seite ist gleich der Summe der Quadrate der beiden anderen Seiten, vermindert um das doppelte Produkt aus beiden Seiten und dem Kosinus des eingeschlossenen Winkels.

$a^2 = b^2 + c^2 - 2b \cdot c \cdot \cos\alpha$

$b^2 = a^2 + c^2 - 2a \cdot c \cdot \cos\beta$

$c^2 = a^2 + b^2 - 2a \cdot b \cdot \cos\gamma$

Sonderfall: $\gamma = 90°$

$c^2 = a^2 + b^2$ (Satz des PYTHAGORAS)

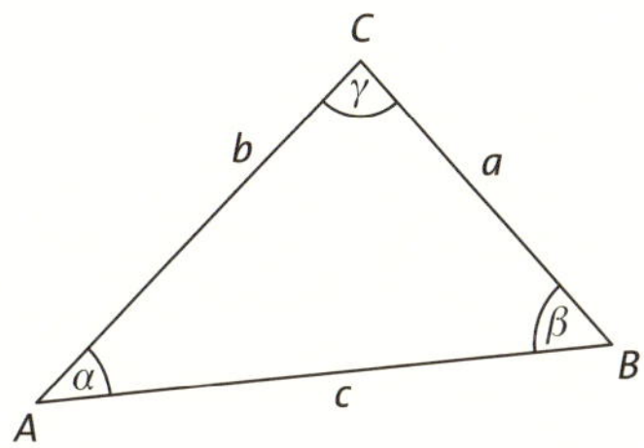

Durch Umstellung ergeben sich u. a. folgende Formeln:

$$a = \sqrt{b^2 + c^2 - 2bc \cdot \cos\alpha}$$

$$\cos\alpha = \frac{b^2 + c^2 - a^2}{2bc}$$

5 Beispiele für die Anwendung von Sinus- und Kosinussatz

5.1 Vier Hauptfälle der Dreiecksberechnung

Wir haben diese schon im Kapitel Kongruenzsätze kennen gelernt. Sie werden nach den gegebenen Größen benannt:

1 3 Seiten sss (Ansatz zur Lösung: Kosinussatz)

2 2 Seiten und der eingeschlossene Winkel sws (Ansatz zur Lösung: Kosinussatz)

3 1 Seite und 2 anliegende Winkel wsw (Ansatz zur Lösung: Sinussatz)

4 2 Seiten und anliegender Winkel ssw (Ansatz zur Lösung: Sinussatz)

Die Fälle 1 bis 3 liefern stets eindeutige Ergebnisse, im Fall 4 muss man eine Fallunterscheidung treffen.

Zu 1. sss

Gegeben: $a = 3\,\text{cm}$; $b = 4\,\text{cm}$; $c = 5\,\text{cm}$
Gesucht: α, β, γ
Ansatz zur Lösung mit Kosinussatz

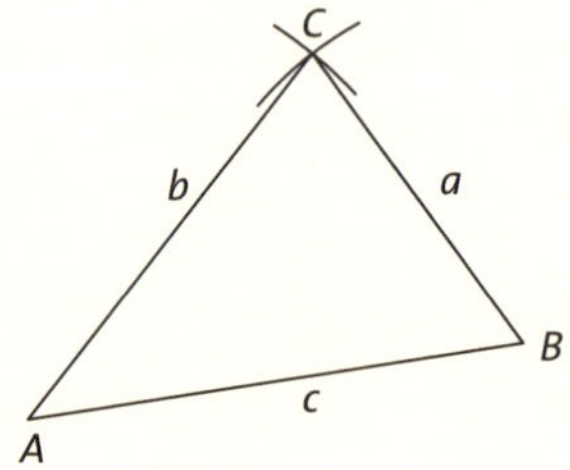

(1) $\cos\alpha = \dfrac{4^2 + 5^2 - 3^2}{2 \cdot 4 \cdot 5} = 0{,}8$

$\alpha \approx 36{,}87°$

Weiter mit Kosinussatz oder auch Sinussatz:

(2) $\sin\beta = \dfrac{4 \cdot \sin 36{,}87°}{3} = 0{,}8$

$\beta \approx 53{,}13°$

(3) $\sin\gamma = \dfrac{5 \cdot \sin 36{,}87°}{3} = 1$

$\gamma = 90°$

Probe: $\alpha + \beta + \gamma = 36{,}87° + 53{,}13° + 90° = 180°$

Es wird einsichtig: Durch Zeichnung gewonnene (konstruierbare) Dreiecke sind auch berechenbar.

Zu 2. sws

Gegeben: $a = 6\,\text{cm}$; $b = 3\,\text{cm}$; $\gamma = 25°$
Gesucht: c, α, β
Ansatz zur Lösung mit Kosinussatz

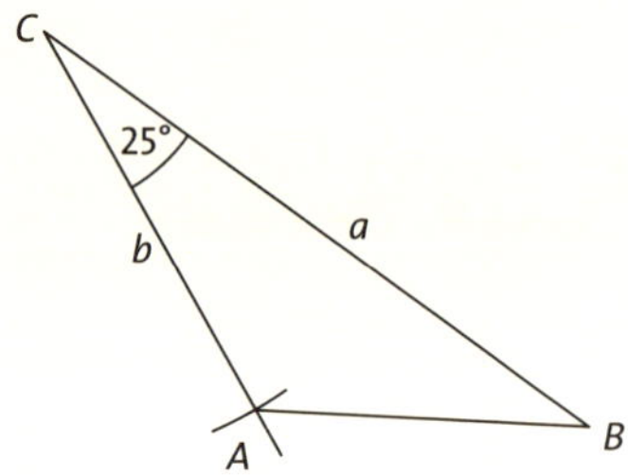

(1) $c = \sqrt{6^2 + 3^2 - 2 \cdot 6 \cdot 3 \cdot \cos 25°}$

$c \approx 3{,}52\,\text{cm}$

Weiter mit Sinussatz:

(2) $\sin(180° - \alpha) = \dfrac{6 \cdot \sin 25°}{3{,}52}$

$\approx 0{,}72$

$180° - \alpha \approx 46{,}1°$

$\alpha \approx 133{,}9°$

(3) $\sin\beta = \dfrac{3 \cdot \sin 25°}{3{,}52} \approx 0{,}36$

$\beta \approx 21{,}1°$

Probe: $\alpha + \beta + \gamma = 133{,}9° + 21{,}1° + 25° = 180°$

Zu 3. wsw

Gegeben: $a = 7\,\text{cm}$; $\beta = 35°$; $\gamma = 62°$

Gesucht: α, b, c

Ansatz zur Lösung mit Sinussatz

(1) $\alpha = 180° - 35° - 62° = 83°$

(2) $b = \dfrac{7 \cdot \sin 35°}{\sin 83°} \approx 4{,}05\,\text{cm}$

(3) $c = \dfrac{7 \cdot \sin 62°}{\sin 83°} \approx 6{,}23\,\text{cm}$

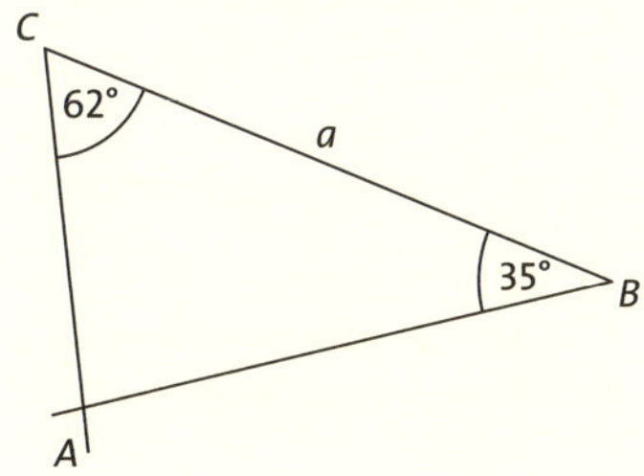

Zu 4. ssw

Gegeben: z. B. b, c, β

Gesucht: a, α, γ

Ansatz zur Lösung mit Sinussatz:

(1) $\sin \gamma = \dfrac{c \cdot \sin \beta}{b}$

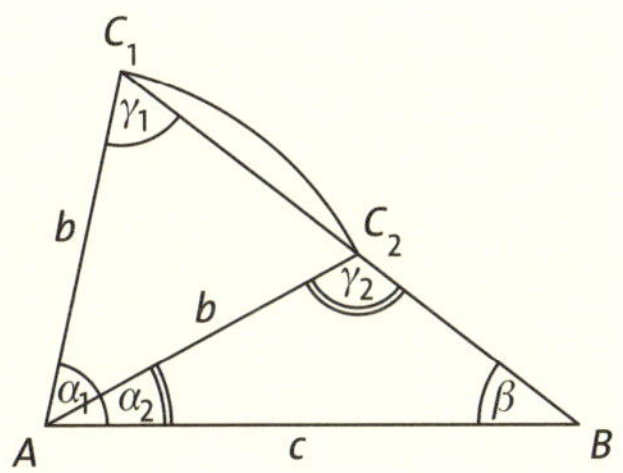

Fallunterscheidung:

1. Fall: $\sin \gamma > 1$: Es existiert kein Dreieck mit den gegebenen Größen.
2. Fall: $\sin \gamma = 1$: Das gesuchte Dreieck ist rechtwinklig.
3. Fall: $\sin \gamma < 1$: Hierbei können zwei verschiedene Fälle auftreten:
   a) Der gegebene Winkel liegt gegenüber der größeren der gegebenen Seiten. Es existiert ein solches Dreieck.
   b) Der gegebene Winkel liegt gegenüber der kleineren der gegebenen Seiten. Es existieren zwei solche Dreiecke.

(2) $\alpha = 180° - (\beta + \gamma)$

(3) $a = \dfrac{b \cdot \sin \alpha}{\sin \beta}$

Übungen

1 Im Dreieck *ABC* sind gegeben:

a) $a = 3\,\text{cm}$; $b = 5\,\text{cm}$; $\beta = 20°$ b) $c = 9\,\text{cm}$; $a = 7\,\text{cm}$; $\alpha = 60°$

Fertige eine Skizze an und berechne alle unbekannten Größen.

2 Formuliere die drei Gleichungen des Kosinussatzes für das nebenstehende Dreieck.

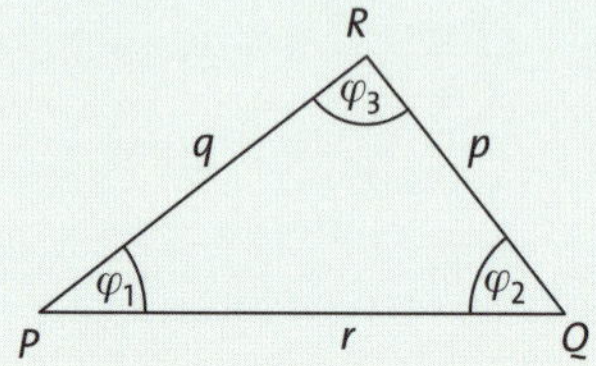

Test

1 Im Parallelogramm *ABCD* sind gegeben:
$\overline{AB} = 7{,}4\,\text{cm}$; $\overline{AD} = 4{,}9\,\text{cm}$; $\alpha = 23°$.

a) Berechne den Flächeninhalt des Parallelogramms.

b) Berechne die Länge der Diagonalen $\overline{BD}$.

2 Die Cheopspyramide in Ägypten hat eine quadratische Grundfläche der Seitenlänge $a = 230\,\text{m}$ und eine Höhe h von 137 m.
Berechne den Winkel α zwischen der Diagonalen $\overline{AC}$ und der Seitenkante $\overline{AS}$.
Hinweis: Rechne im rechtwinkligen Dreieck *AFS*.

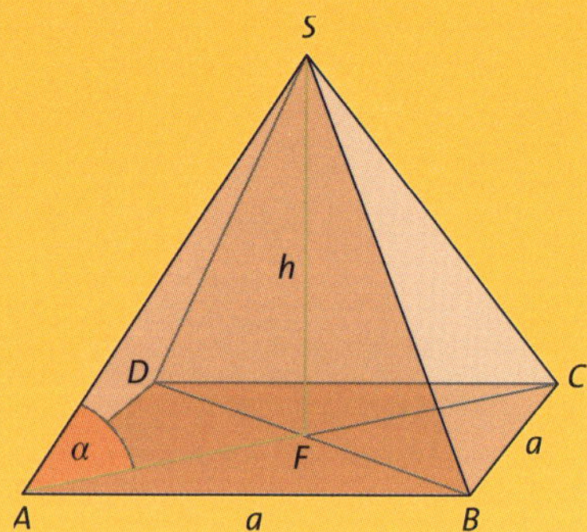

3 Im Dreieck ABC sind gegeben:

a) $a = 5{,}4\,\text{cm}$; $\alpha = 61{,}8°$; $\beta = 47{,}2°$ b) $b = 5\,\text{cm}$; $c = 4\,\text{cm}$; $\gamma = 43°$

c) $a = 5\,\text{cm}$; $b = 4\,\text{cm}$; $c = 6\,\text{cm}$ d) $a = 5{,}2\,\text{cm}$; $b = 4\,\text{cm}$; $\gamma = 100°$

Fertige jeweils eine Skizze an und berechne die fehlenden Seiten und Winkel.

Stochastik

1 BERNOULLI-Experimente

MERKE Ein Zufallsexperiment mit nur zwei möglichen Ergebnissen nennt man ein BERNOULLI-Experiment. Bei einem BERNOULLI-Experiment wird oft das eine (gewünschte) Ergebnis als Treffer, das andere als Nichttreffer oder Niete bezeichnet.

Beispiele:

- Das Werfen einer Münze.
- Das Schießen beim Biathlon (1 Schuss).
- Das Würfeln, wenn man z. B. 6 als Treffer betrachtet und alle anderen Augenzahlen als Niete.
- Das Ziehen aus einer Urne mit zwei verschiedenen Sorten von Kugeln.

2 BERNOULLI-Ketten

Führt man n unabhängige BERNOULLI-Experimente mit gleich bleibender Trefferwahrscheinlichkeit p hintereinander aus, erhält man eine Kette von Ergebnissen.

MERKE Ein Kette von n unabhängigen, gleichen BERNOULLI-Experimenten mit Trefferwahrscheinlichkeit p heißt BERNOULLI-Kette der Länge n mit Parameter p.

Beispiel: Ein BERNOULLI-Experiment mit Trefferwahrscheinlichkeit $p = 0{,}2$ wird dreimal (also $n = 3$) hintereinander ausgeführt.

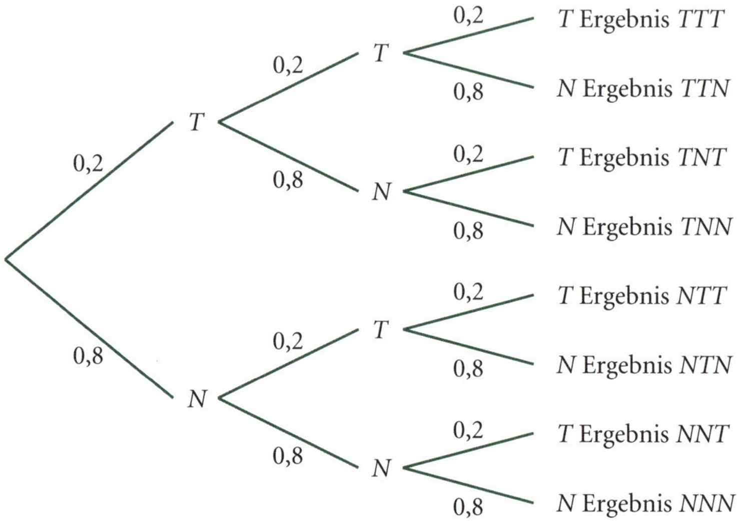

Wie groß ist die Wahrscheinlichkeit für genau zwei Treffer in festgelegter Reihenfolge, z. B. *TNT*?
Nach der 1. Pfadregel erhält man: $P(TNT) = p^2 \cdot (1 - p) = 0{,}2^2 \cdot 0{,}8 = 0{,}032$.
Die Wahrscheinlichkeit für jeden anderen Pfad mit genau zwei Treffern ist ebenso groß.

Wie groß ist die Wahrscheinlichkeit für genau zwei Treffer bei beliebiger Reihenfolge?
Nach der 2. Pfadregel muss man die Wahrscheinlichkeiten für alle Pfade mit zwei Treffern addieren:
$P(\text{genau 2 Treffer}) = P(TTN) + P(TNT) + P(NTT) = 3 \cdot 0{,}032 = 0{,}096$.

Wir betrachten nun den allgemeinen Fall, d. h. eine BERNOULLI-Kette mit Trefferwahrscheinlichkeit p und Kettenlänge n.
Wie groß ist die Wahrscheinlichkeit für genau k Treffer in festgelegter Reihenfolge?

Auf einem Pfad mit k Treffern gibt es $n - k$ Nieten.
Nach der 1. Pfadregel gilt:
P(auf einem Pfad genau k Treffer) = $p^k \cdot (1-p)^{n-k}$.

Wie groß ist die Wahrscheinlichkeit für genau k Treffer in beliebiger Reihenfolge?
Nach der 2. Pfadregel muss man die Wahrscheinlichkeiten für alle Pfade mit k Treffern addieren. Wie viele solche Pfade gibt es?
$\binom{n}{k} = \frac{n!}{k!(n-k)!}$ mit $n! = 1 \cdot 2 \cdot 3 \cdot \ldots \cdot n$; $1! = 1$; $0! = 1$
Ein Term $\binom{n}{k}$ heißt Binomialkoeffizient und wird ausgesprochen als „k aus n“ oder „n über k“. Er lässt sich mit der *nCr*-Funktion des Taschenrechners berechnen.
$n!$ wird ausgesprochen „n Fakultät“. Auch dafür hat der Taschenrechner eine Taste bzw. Funktion.

Multiplizieren wir die Wahrscheinlichkeit auf einem Pfad mit der Anzahl der Pfade, so erhalten wir:

MERKE Wahrscheinlichkeit für genau k Treffer in beliebiger Reihenfolge:
P(genau k Treffer) = $\binom{n}{k} \cdot p^k \cdot (1-p)^{n-k}$ $\quad (0 \leq k \leq n)$

Beispiel: Wir bleiben beim obigen Beispiel mit $p = 0{,}2$; $k = 2$ und $n = 3$.

$$P(\text{genau 2 Treffer}) = \binom{3}{2} \cdot 0{,}2^2\,(1-0{,}2)^{3-2} = \frac{3!}{2!(3-2)!} \cdot 0{,}04 \cdot 0{,}8$$
$$= 3 \cdot 0{,}032 = 0{,}096$$

Übung

■ **Berechne $\binom{6}{4}$,**
a) ohne Taschenrechner,
b) nur mit der Fakultät-Taste des Taschenrechners,
c) mit der *nCr*-Funktion des Taschenrechners (zuerst obere Zahl eingeben, dann [Cr] oder [SHIFT][Cr], dann untere Zahl, dann [=]).

Test

1 **Aus einer Urne mit 3 schwarzen und einer roten Kugel wird 4-mal hintereinander eine Kugel entnommen und wieder zurückgelegt. Wie groß ist die Wahrscheinlichkeit, dass es genau 2-mal die rote Kugel ist?**

2 **Ein Biathlon-Schütze schießt 5-mal hintereinander auf ein Ziel. Seine Trefferwahrscheinlichkeit beträgt 90%.**

a) Wie groß ist die Wahrscheinlichkeit, dass er zuerst 4-mal trifft und dann einmal nicht?

b) Wie groß ist die Wahrscheinlichkeit, dass er genau 4-mal trifft?

3 **Warum bildet das Ziehen von Kugeln aus einer Urne ohne Zurücklegen keine BERNOULLI-Kette?**

Verzeichnis der Zeichen und Abkürzungen

Bedeutung	Bezeichnungen in diesem Buch	abweichende Bezeichnung in anderen Büchern
Menge der natürlichen Zahlen	$\mathbb{N} = \{1; 2; 3; \dots\}$	$\mathbb{N} = \{0; 1; 2; \dots\}$ $\mathbb{N}^* = \{1; 2; 3; \dots\}$
Menge der ganzen Zahlen	$\mathbb{Z} = \{0; \pm 1; \pm 2; \dots\}$	
Mächtigkeit (Zahl der Elemente) von *A*	$\lvert A \rvert$	
Menge der rationalen Zahlen	$\mathbb{Q}$	
Menge der nicht negativen rationalen Zahlen	$\mathbb{Q}^+$	
Menge der postiven rationalen Zahlen	$\mathbb{Q}_0^+$	
Menge der reellen Zahlen	$\mathbb{R}$	
Menge der nicht negativen reellen Zahlen	$\mathbb{R}_0^+$	
Menge der postiven reellen Zahlen	$\mathbb{R}^+$	
Grundmenge	G	$\mathbb{G}$
Lösungsmenge	L	$\mathbb{L}$
Definitionsmenge	$\mathbb{D}$	D
Wertmenge	$\mathbb{W}$	W
… ist Element von …	$\in$	
… ist nicht Element von …	$\notin$	
… ist Teilmenge von …	$\subset$	$\subseteq, \subseteqq$
… ist nicht Teilmenge von …	$\not\subset$	$\nsubseteq, \nsubseteqq$
Leere Menge	$\{\,\}$	$\varnothing$
Parabelscheitelpunkt	$S(-d; e)$	$S(x_S; y_S)$
Zentrische Streckung	$P \xrightarrow{Z;k} P'$	
Punkt mit Koordinaten	$P(2; 3)$	$P(2 \vert 3)$
Strecke von *A* nach *B*	$\overline{AB}$	$[AB]$
Länge der Strecke $\overline{AB}$	$\overline{AB}$	$\lvert AB \rvert$
Gerade *AB*	AB	
F_1 ist ähnlich zu F_2	$F_1 \sim F_2$	
Umfang	u	
Flächeninhalt	A	
Oberfläche	O	A_O
Grundfläche	G	A_G
Mantelfläche	M	A_M
Volumen, Raumihhalt	V	
Umkehrfunktion	f^{-1}	
$1 \cdot 2 \cdot 3 \cdot \ldots \cdot n$	$n!$	

Lösungen

S. 107 Übungen

1. a) 6 b) 9 c) 13 d) 14 e) 30
   f) 5 g) 7 h) 0 i) 1 j) 25
   k) 1,2 l) 0,4 m) 0,1 n) 0,9 o) $\frac{1}{3}$
   p) 3 q) $\frac{1}{2}$ r) $|x|$ s) $|a+b|$ t) $3a$

2. a) nein b) ja c) ja d) nein

S. 109 Übung

a)

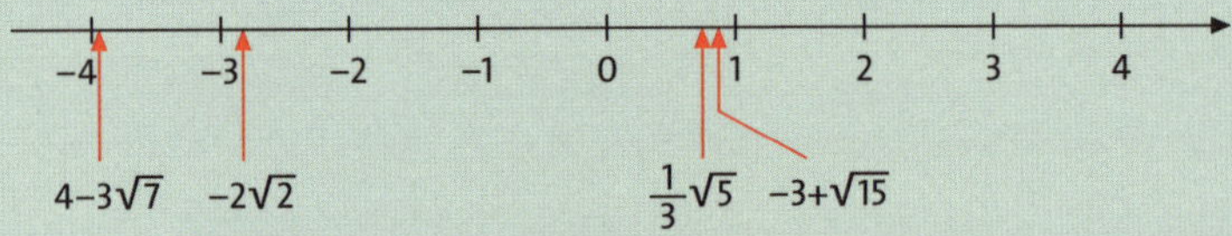

b)

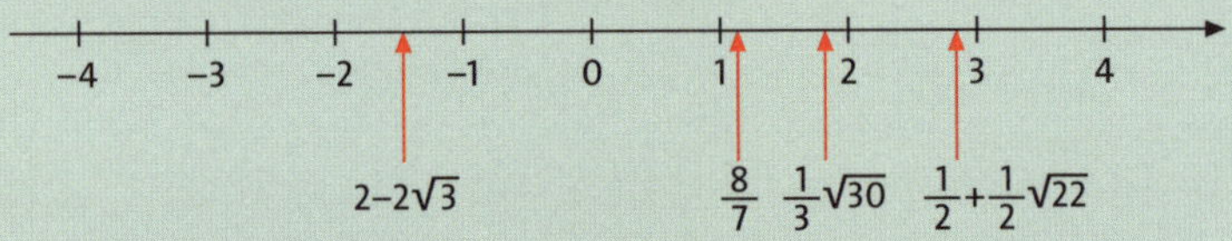

S. 110 Übungen

1. a) $\sqrt{15}$ b) 9 c) $2\sqrt{2}$ d) 2 e) 8
   f) $\sqrt{3}$

2. a) $6\sqrt{2}+3\sqrt{7}$ b) $3\sqrt{3}-\sqrt{5}$

S. 111 Übungen

1. a) $10\sqrt{2}$ b) $5\sqrt{3}$ c) $3\sqrt{2}$ d) $10\sqrt{10}$
   e) $2a\sqrt{2}$ f) $yz\sqrt{xz}$ g) $5x\sqrt{2x}$ h) $2(a+b)\sqrt{5}$

2. a) $\frac{2}{3}\sqrt{3}$

   b) $\frac{5}{7}\sqrt{7}$

   c) $\frac{2(\sqrt{2}+2)}{(\sqrt{2}-2)(\sqrt{2}+2)} = \frac{2(\sqrt{2}+2)}{2-4} = -\sqrt{2}-2$

   d) $\frac{5(\sqrt{3}-\sqrt{5})}{(\sqrt{3}+\sqrt{5})(\sqrt{3}-\sqrt{5})} = \frac{5(\sqrt{3}-\sqrt{5})}{3-5} = -\frac{5}{2}(\sqrt{3}-\sqrt{5}) = \frac{5}{2}(\sqrt{5}-\sqrt{3})$

S. 111 Test

1. a)
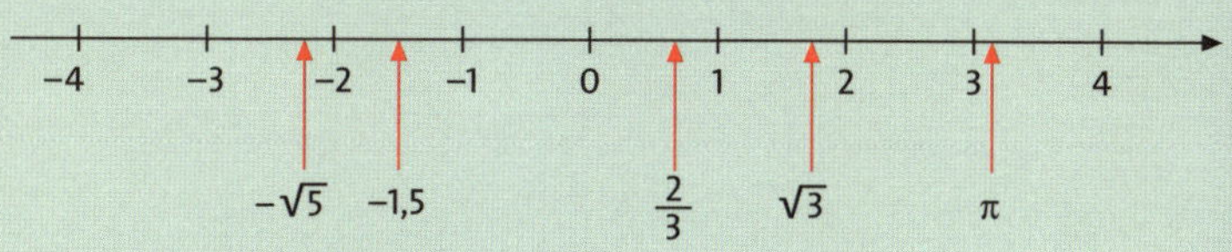

b) $-\sqrt{5} < -1{,}5 < \frac{2}{3} < \sqrt{3} < \pi$

2. a) $L = \{-\sqrt{5}; \sqrt{5}\}$ b) $L = \{-4; 4\}$ c) $L = \{-\sqrt{17}; \sqrt{17}\}$
d) $L = \{\ \}$

3. a) $10\sqrt{5} + 10\sqrt{2}$ b) $-5\sqrt{2}$ c) $2\sqrt{3}$

4. a) $\frac{(\sqrt{7}-\sqrt{5})^2}{(\sqrt{7}+\sqrt{5})(\sqrt{7}-\sqrt{5})} = \frac{7-2\sqrt{35}+5}{7-5} = 6-\sqrt{35}$

b) $\frac{1(2\sqrt{3}-1)}{(2\sqrt{3}+1)(2\sqrt{3}-1)} = \frac{2\sqrt{3}-1}{12-1} = \frac{2\sqrt{3}-1}{11}$

c) $\frac{a(\sqrt{a}+\sqrt{b})}{(\sqrt{a}-\sqrt{b})(\sqrt{a}+\sqrt{b})} = \frac{a(\sqrt{a}+\sqrt{b})}{a-b}$

S. 113 Übungen

1. a) $x_1 = 2; x_2 = -0{,}5$ b) $x_1 = 0{,}75; x_2 = -0{,}8$ c) $x_1 = -2; x_2 = -4$
d) $x_1 = 5; x_2 = 1$ e) $x_1 = x_2 = -4$ f) $x_1 = 30; x_2 = -10$

2. a) $x_1 = 0{,}62; x_2 = -1{,}62$ b) $x_1 = -0{,}13; x_2 = -1{,}87$
c) $x_1 = -0{,}62; x_2 = -1{,}62$

S. 114 Übung

a)
$$\begin{aligned} x^2 - 121 &= 0 && \mid +121 \\ x^2 &= 121 \\ x_{1/2} &= \pm\sqrt{121} && L = \{-11, 11\} \end{aligned}$$

b)
$$\begin{aligned} 10a^2 + 5 &= 815 && \mid -5 \\ 10a^2 &= 810 && \mid : 10 \\ a^2 &= 81 \\ a_{1/2} &= \pm\sqrt{81} && L = \{-9, 9\} \end{aligned}$$

c)
$$\begin{aligned} -2m^2 + 6 &= -66 && \mid -6 \\ -2m^2 &= -72 && \mid : (-2) \\ m^2 &= 36 \\ m_{1/2} &= \pm\sqrt{36} && L = \{-6; 6\} \end{aligned}$$

d) $L = \{0; 2\}$ e) $L = \{0; -\frac{3}{7}\}$ f) $L = \{0; \frac{13}{8}\}$

S. 115 Übungen

1. a) ja b) nein

2. a) $x_1 = 3; x_2 = -5$ b) $x_1 = 7; x_2 = 1$ c) $x_1 = x_2 = -6$

S. 116 Übung

a) $(x-3)(x-2)$ b) $(x-8)(x-1)$ c) $2(x-1)(x+2)$

S. 117 Übung

a) $\{14{,}5\}$ b) $\{0\}$ c) $\{\,\}$

S. 117 Test

1. a) nicht möglich b) $(x-5)^2$ c) $(x+2)(x-4)$

2. a) $\{-5; 2\}$ b) $\{-11; 0\}$ c) $\{0; 1\}$ d) $\{-7; 7\}$

   e) $\{-3; 3\}$ f) $\{-\sqrt{5}; \sqrt{5}\}$ g) $\{-1; 5\}$ h) $\{-9; 10\}$

   i) $\{-23; 7\}$ j) $\{4-\sqrt{6}; 4+\sqrt{6}\}$ k) $\{3-\sqrt{5}; 3+\sqrt{5}\}$

   l) $\{\,\}$ m) $\{5{,}25\}$ n) $\{\,\}$ o) $\{2\}$

3. a) $x_1 = 0{,}74$; $x_2 = -0{,}34$ b) $x_1 = 0{,}97$; $x_2 = -1{,}64$ c) $x_1 = 3{,}41$; $x_2 = 0{,}38$

4. $\frac{a}{x} = \frac{x}{a-x}$ kreuzweise multiplizieren $x^2 + ax - a^2 = 0$

   $x_{1/2} = \frac{-a \pm \sqrt{5a^2}}{2}$; nur positive Lösung sinnvoll: $\longrightarrow x = \frac{a}{2}(\sqrt{5}-1) \approx 0{,}618\,a$

S. 119 Übung

Bild	A	B	C	D
Nullstelle	$x_0 = 2$	$x_0 = -2$ und $x_0 = 1$	keine	$x_0 = 0$
Monotonie	steigend	für $x \leqq -1$ fallend für $x \geqq -1$ steigend	für $x \leqq 0$ fallend, für $x \geqq 0$ steigend	steigend

S. 120 Übung

a)

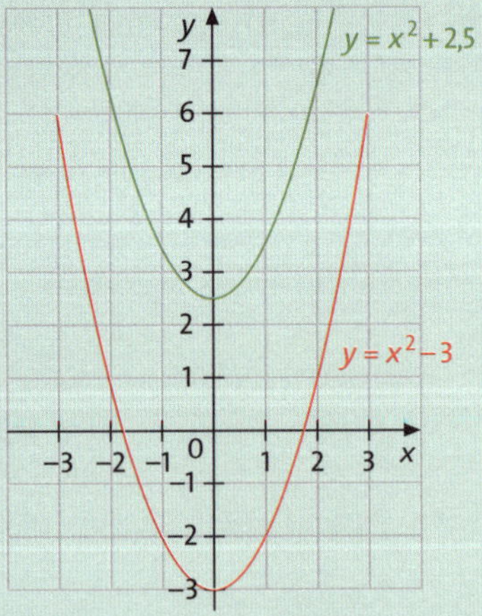

b) Für den Wertebereich gilt: bei der Funktion $y = x^2 - 3 : y \geqq -3$;
bei der Funktion $y = x^2 + 2{,}5 : y \geqq 2{,}5$.

c) Für die Monotonie gilt bei beiden Funktionen:
ist $x \leqq 0$, so fällt die Funktion.
ist $x \geqq 0$, so steigt die Funktion.

d) Die Funktion $y = x^2 - 3$ hat zwei Nullstellen.
Die Funktion $y = x^2 + 2{,}5$ hat keine Nullstellen.

e) $S\,(0; -3)$ ist der Scheitelpunkt der Funktion $y = x^2 - 3$.
$S\,(0; 2{,}5)$ ist der Scheitelpunkt der Funktion $y = x^2 + 2{,}5$.

S. 122 Übungen

1. a) $y = (x - 3)^2 + 1$ $\quad S\,(3; 1)$ $\qquad$ b) $y = (x + 2)^2 - 4$ $\quad S\,(-2; -4)$

c) $y = (x + 4{,}5)^2 - 2{,}25$ $\quad S\,(-4{,}5; -2{,}25)$ $\qquad$ d) $y = (x - 1)^2 - 3$ $\quad S\,(1; -3)$

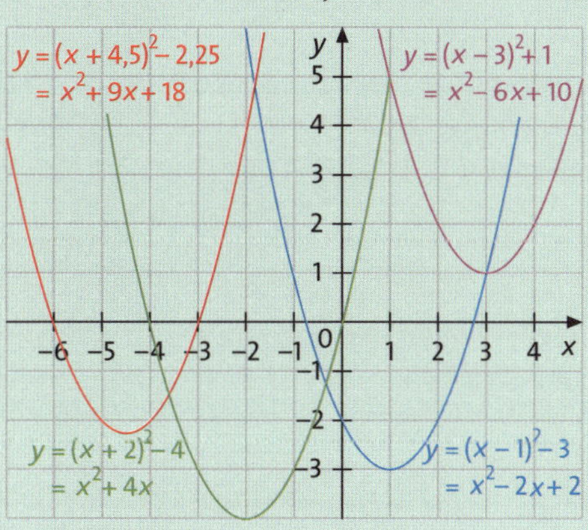

2. a) $S\,(2{,}5; -4{,}5)$

b) $S\,(2; 4)$

c) $S\,(4; 5)$

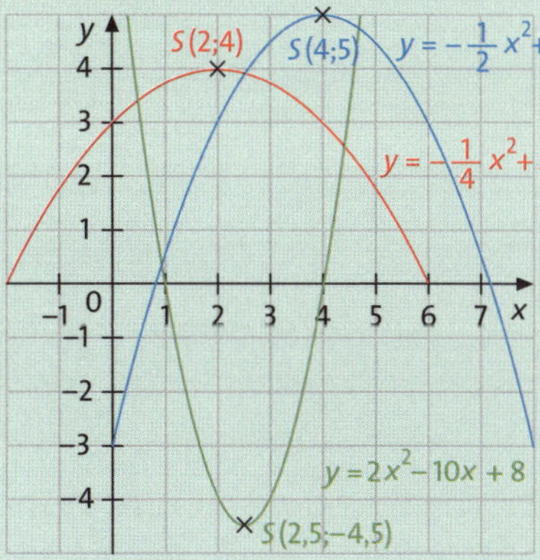

S. 123 Übungen

1. **a)** $x_1 = -2; x_2 = -4$ **b)** $x_1 = 0; x_2 = -4$ **c)** $x_{1/2} = -\frac{1}{2} \pm \frac{1}{2}\sqrt{13}$

2. **a)** $S\,(2;\,3)$

$x_1 = 2 + \sqrt{3} \approx 3{,}7$

$x_2 = 2 - \sqrt{3} \approx 0{,}3$

b) $S\,(-1;\,-1{,}75)$

$x_1 = -1 + \sqrt{7} \approx 1{,}6$

$x_2 = -1 - \sqrt{7} \approx -3{,}6$

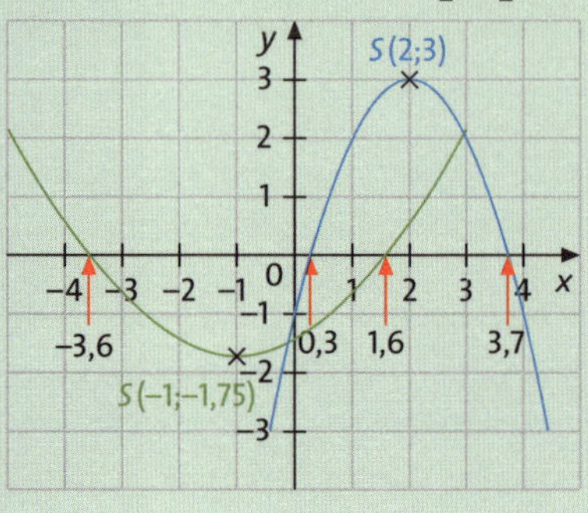

S. 124 Test

1. **a)** $y = x^2 - 10x - 1$

Scheitelpunktform:	$y = (x-5)^2 - 26$
Scheitelpunkt:	$S\,(5;\,26)$
Wertebereich:	$y \geqq -26$
Monotonie:	fallend für $x \leqq 5$
	steigend für $x \geqq 5$

b) $y = x^2 - x - 1$

Scheitelpunktform:	$y = (x-0{,}5)^2 - 1{,}25$
Scheitelpunkt:	$S\,(0{,}5;\,-1{,}25)$
Wertebereich:	$y \geqq -1{,}25$
Monotonie:	fallend für $x \leqq 0{,}5$
	steigend für $x \geqq 0{,}5$

2. **a)** $S\,(0{,}5;\,4{,}75)$ **b)** $S\,(-2;\,-5)$ **c)** $S\,(5;\,-31)$

3. **a)** $S\,(-3;\,4)$ **b)** $S\,(3;\,-2)$ **c)** $S\,(1;\,-1)$

4. **a)** $S\,(1;\,-3)$

b) $S\,(-3;\,-1)$

c) $S\,(0;\,4)$

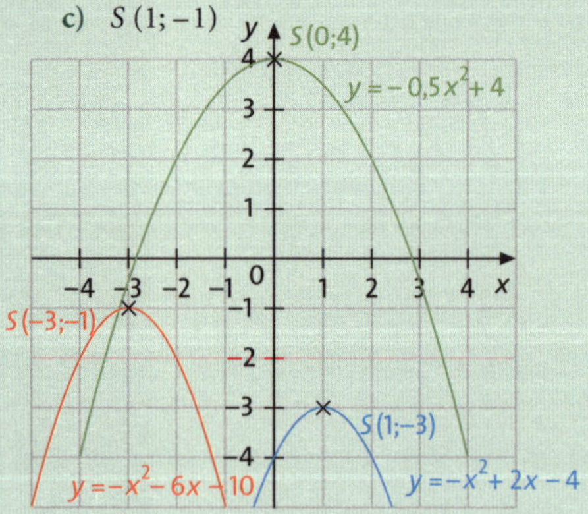

5. a) $y = a(x-1)^2 + 1$ $P\,(0; 5)$ eingesetzt: $5 = a(0-1)^2 + 1$

$5 = a + 1$

$a = 4$

$y = 4(x-1)^2 + 1$

b) $y = \frac{10}{9}(x+2)^2 - 4$

6. a) $x_1 = -2; x_2 = -6$ b) keine Nullstelle c) $x_{1/2} = 1 \pm \sqrt{3}$

7. a)

t	0	1	2	3	4
x	0	10	20	30	40
y	0	−5	−20	−45	−80

b) 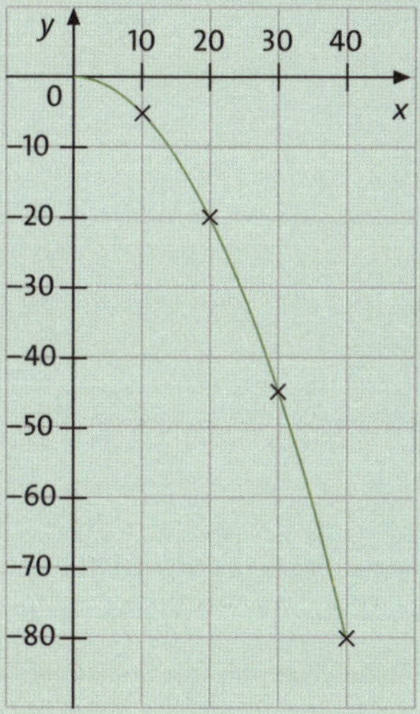

c) Ansatz: $y = ax^2$; z. B. (10; −5) einsetzen → $a = -0{,}05$ → $y = -0{,}05\,x^2$ oder aus $x = 10t$ und $y = -5t^2$ den Parameter t eleminieren:

$t = \frac{x}{10} \rightarrow y = -5\left(\frac{x}{10}\right)^2 \rightarrow y = -0{,}05x^2$

S. 126 Übungen

1. a) 81 b) −8 c) −1 d) $\frac{8}{343}$

2. a) −41,823 b) −0,132 c) 0,012 d) 21,333

S. 128 Übungen

1. a) $\frac{1}{1{,}2^{15}}$ b) $\frac{1}{25{,}6^2}$ c) $\frac{1}{0{,}4}$

d) 5^n e) $4 \cdot 5^3$ f) $2 \cdot (-3)^3$

2. a) -32 b) $6\,250\,000$ c) $390\,625$

3. a) – b) $6{,}54 \cdot 10^8$ c) $-1{,}4102 \cdot 10^4$ d) $3{,}6 \cdot 10$
e) $4{,}03 \cdot 10^{-3}$ f) $1 \cdot 10^{-7}$ g) $1{,}7 \cdot 10^{-1}$ h) $-2{,}47 \cdot 10^{-1}$

S. 129 f. Übungen

1. a) $\sqrt[7]{105{,}6^{-2}} = \sqrt[7]{\frac{1}{105{,}6^2}}$ b) $\sqrt{0{,}04}$ c) $\sqrt[3]{72^{-1}} = \sqrt[3]{\frac{1}{72}}$

2. a) $15^{\frac{8}{4}} = 15^2$ b) $\left(\frac{1}{3}\right)^{\frac{-3}{2}}$ c) $11^{\frac{1}{3}}$

3. a) 9 b) 8 c) 100 d) $\frac{1}{2}$ e) 3
f) 10 g) 11 h) $\frac{1}{4}$

4. a) 4,327 b) 3,293 c) 0,547 d) 4,729
e) 4,535 f) 0,544 g) 6,964 h) 1,307

S. 132 Übungen

1. a) $28\,x^3y$ b) $\frac{4}{5}ab^2c^3$ c) $10\,r^4s^{-3}$ d) $7u^5v^{-2}$ e) $8^{-1} = 8$
f) $4^2 = 16$ g) 9 h) $\frac{5^4 \cdot b^4 \cdot c^4}{2^4 \cdot 5^4} = \frac{b^4 \cdot c^4}{16}$ i) 3

2. a) $\frac{\sqrt{a} \cdot \sqrt{b}}{\sqrt{a^2}} = \frac{\sqrt{b \cdot a}}{a}$ b) $\frac{x \cdot \sqrt[3]{(xy)^2}}{\sqrt[3]{(xy)^3}} = \frac{x \cdot \sqrt[3]{(xy)^2}}{xy} = \frac{\sqrt[3]{x^2y^2}}{y}$

c) $\frac{a \cdot \sqrt{b} \cdot \sqrt[3]{a^2}}{\sqrt[3]{a^3}} = \frac{a \cdot \sqrt{b} \cdot \sqrt[3]{a^2}}{a} = \sqrt{b} \cdot \sqrt[3]{a^2}$

d) $\frac{18b \cdot \sqrt[3]{(9b)^2}}{\sqrt[3]{(9b)^3}} = \frac{18b \cdot \sqrt[3]{(9b)^2}}{9b} = 2 \cdot \sqrt[3]{(9b)^2} = 6 \cdot \sqrt[3]{3b^2}$

S. 132 Test

1. a) $4{,}314 \cdot 10^3$ b) $2{,}38 \cdot 10^{-1}$ c) $4{,}05 \cdot 10^{-3}$ d) $3{,}3705 \cdot 10^2$
e) $5{,}6 \cdot 10^{-5}$ f) $1{,}6003 \cdot 10^6$ g) $6{,}543 \cdot 10^1$ h) $1{,}0203 \cdot 10^{-1}$

2. a) $\left(\frac{b}{2b}\right)^2 : \left(\frac{b^2}{3a}\right)^{-3} = \left(\frac{a}{2b}\right)^2 \cdot \left(\frac{b^2}{3a}\right)^3 = \frac{a^2 \cdot b^6}{4b^2 \cdot 27a^3} = \frac{b^4}{108a}$

3. a) $32^{\frac{1}{5}} = 2$ b) $1^{\frac{1}{8}} = 1$ c) $\left(\frac{1}{81}\right)^{\frac{1}{4}} = \frac{1}{3}$ d) $\left(\frac{27}{125}\right)^{\frac{1}{3}} = \frac{3}{5}$
e) $4^{\frac{2m}{2n}} = 4^{\frac{m}{n}}$ f) $\frac{1}{4^{\frac{1}{3}}} = 4^{-\frac{1}{3}}$ g) $\sqrt[4]{(-2)^4} = \sqrt[4]{2^4} = 2^{\frac{4}{4}} = 2$
h) $c^{\frac{6}{3}} = c^2$

4. a) $\sqrt[5]{6^5 \cdot 6^2} = 6 \cdot \sqrt[5]{36}$ b) $\sqrt[3]{5 \cdot 10^3} = 10 \cdot \sqrt[3]{5}$ c) $\sqrt[n]{5^n \cdot 5^2} = 5 \cdot \sqrt[n]{25}$

5. a) $\sqrt[4]{513 \cdot 718} = 24{,}635447$ b) $\sqrt[6]{121} = 2{,}223980$ c) 2,065132

S. 136 Übung

	$y = x^{20}$	$y = x^{-94}$	$y = x^{-17}$
Wertebereich	$y \in \mathbb{R}_0^+$	$y \in \mathbb{R}^+$	$y \in \mathbb{R}\setminus\{0\}$
Asymptoten	keine	x-Achse y-Achse	x-Achse y-Achse
Nullstellen	$x_0 = 0$	keine	keine
Verlauf: $x > 0$	steigend	fallend	fallend
$x < 0$	fallend	steigend	fallend
Graph liegt in den Quadranten …	I und II	I und II	I und III

S. 138 Übungen

1. a) $y = \sqrt[4]{x}$ b) $y = \frac{1}{\sqrt[4]{x^3}}$ c) $y = \sqrt[5]{x^2}$ d) $y = \frac{1}{\sqrt[10]{x}}$

2.

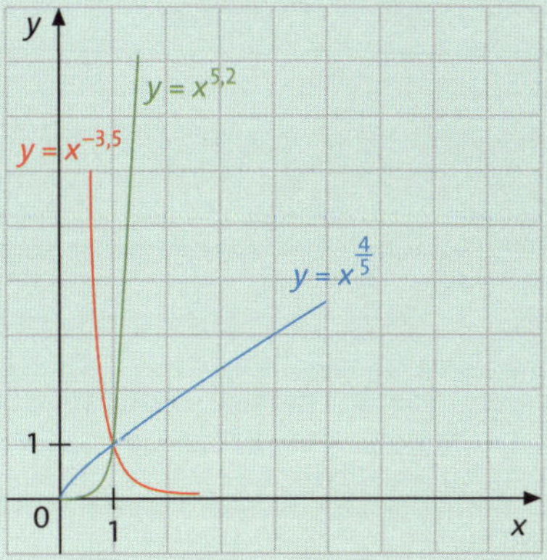

S. 138 Test

a) $\mathbb{D} = \mathbb{R}\setminus\{0\}$; $\mathbb{W} = \mathbb{R}^+$;
Achsensymmetrie zur y-Achse

b) $\mathbb{D} = \mathbb{W} = \mathbb{R}_0^+$;
keine Symmetrie

c) $\mathbb{D} = \mathbb{W} = \mathbb{R}^+$;
keine Symmetrie

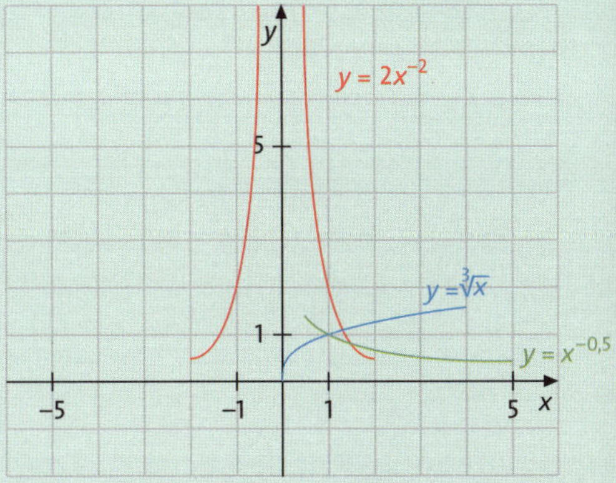

S. 141 Übung

$f^{-1}: y = 2x + 2$; $D_{f^{-1}} = [-1; \infty[$

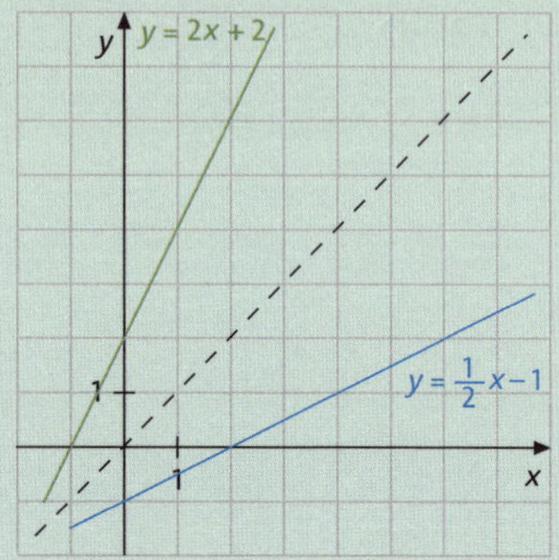

S. 141 Test

a) $y = \sqrt{x-5}, x \geqq 5$

b) $y = \sqrt[4]{\frac{x+1}{5}}, x \geqq -1$

c) $y = \sqrt[3]{2x-1}, x \geqq 0{,}5$

d) $y = \frac{-2}{x-1}, x \neq 1$

e) $y = \frac{1}{x+5}, x \neq -5$

f) $y = \sqrt[5]{2x + \frac{3}{2}}, \ x \geqq -\frac{3}{4}$

S. 144 Übung

a) $a = 1{,}05$

b) $y = 10\,000 \cdot 1{,}05^x$

c)

x	–3	–2	–1	0	1	2	3
y	8638	9070	9524	10 000	10 500	11 025	11 576

x	4	5	6	7	8	9	10
y	12155	12763	13401	14071	14775	15513	16289

d)

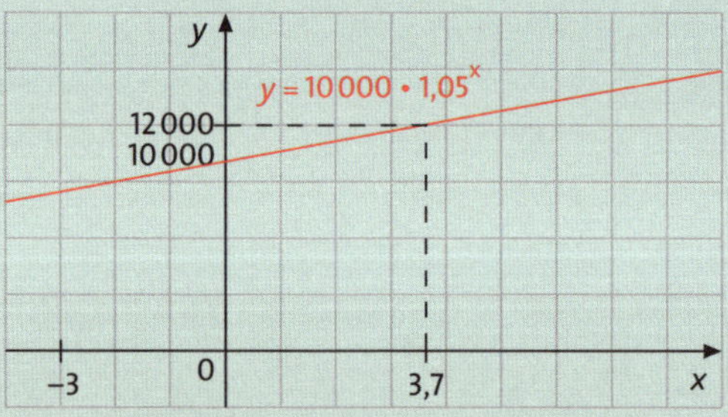

$x = 3{,}7 \rightarrow$ in 3,7 Jahren

S. 145 Übung

a) 2 b) nicht def. c) nicht def. d) 0

e) 1 f) −2 g) −m h) $\frac{3}{2}$

S. 146 Übung

a)

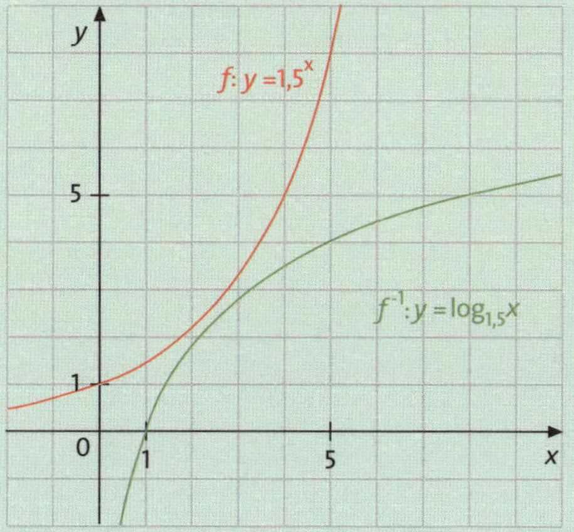

b)

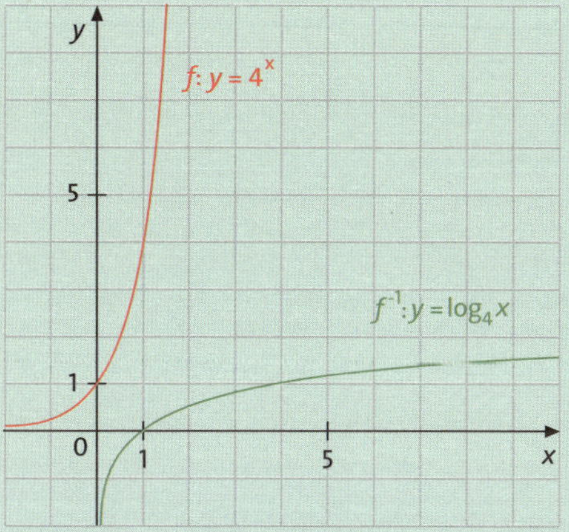

c)

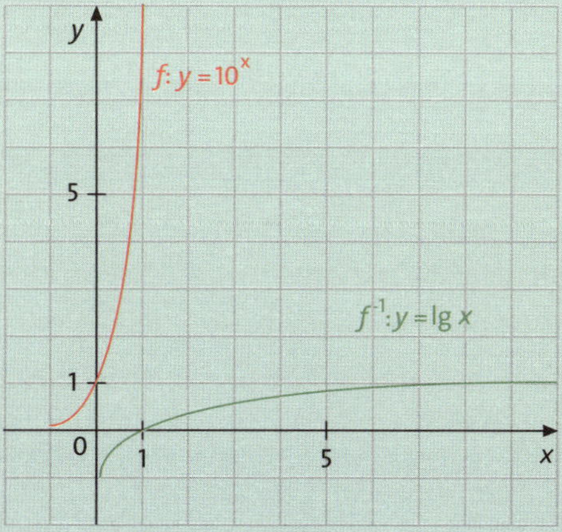

d)

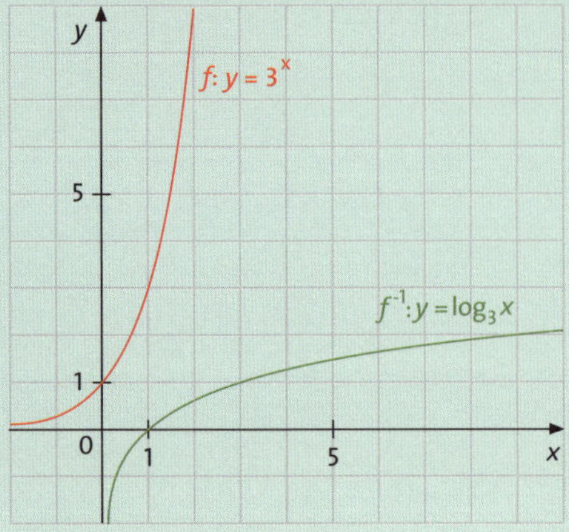

S. 146 f. Übungen

1. a) $-\log_a 2$ b) $-\log_a 3$ c) $-\log_a 2 - \log_a 3$
   d) $2 \log_a 2 + \log_a 3$ e) $\log_a 2 + 2 \log_a 3$

2. a) 1,540 b) −2,930 c) 6,644 d) −0,583

3. a) $\lg x = -2 \rightarrow 10^{-2} = x \rightarrow L = \{0{,}01\}$
   b) $\lg_3 x = 4 \rightarrow 3^4 = x \rightarrow L = \{81\}$
   c) $\lg(x+2) = 3 \rightarrow 10^3 = x + 2 \rightarrow L = \{998\}$
   d) $\lg(3x-2) = -1 \rightarrow 10^{-1} = 3x - 2 \rightarrow L = \{0{,}7\}$

S. 147 Test

1. a) $a^1 = 4 \rightarrow a = 4$ b) $a^2 = 3 \rightarrow a = \sqrt{3}$ c) $a^2 = 8 \rightarrow a = 2\sqrt{2}$

2. a) $a = 0{,}8$ b) $y = 100 \cdot 0{,}8^x$

   c)

x	0	1	2	3	4	5	6	7	8	9	10
y	100	80	64	51	41	33	26	21	17	13	11

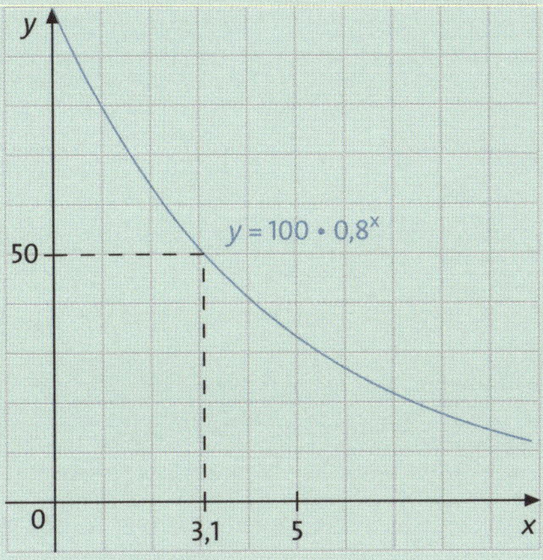

d) $x = 3{,}1 \rightarrow$ Halbwertsdicke 3,1 cm

3. $\frac{y}{b} = \left(\frac{1}{2}\right)^x$ mit $x = \frac{t}{100a}$

$t = 50\,a \rightarrow x = \frac{1}{2} \rightarrow \frac{y}{b} = 0{,}71 = 71\,\%$

$t = 100\,a \rightarrow x = 1 \rightarrow \frac{y}{b} = 0{,}50 = 50\,\%$

$t = 1000\,a \rightarrow x = 10 \rightarrow \frac{y}{b} = 9{,}77 \cdot 10^{-4} = 9{,}77 \cdot 10^{-2}\,\% \approx 0{,}1\,\%$

4. **a)** -1 **b)** -2 **c)** $+\frac{1}{2}$ **d)** 1

5. **a)** $-12{,}224$ **b)** $0{,}616$ **c)** $97{,}419$

6. $f\colon y = 10^{\frac{1}{2}x}$; $\mathbb{W}_f = \mathbb{R}^+$

$\lg y = \frac{1}{2}x$

$x = 2 \lg y$

$f^{-1}\colon y = 2 \lg x$; $\mathbb{D}_{f^{-1}} = \mathbb{R}^+$

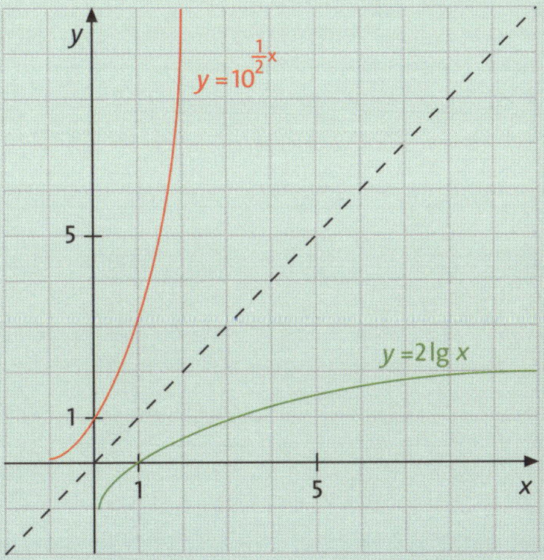

S. 149 Übung

a) – d)

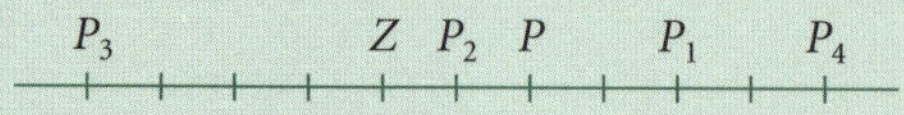

S. 150 Übung

a) $\frac{8}{6} = \frac{x+3}{x} \rightarrow x = 9$; $\frac{9}{3} = \frac{7{,}5}{y} \rightarrow y = 2{,}5$

b) $\frac{2}{4} = \frac{y}{5} \rightarrow y = 2{,}5$; $\frac{x}{1} = \frac{4}{2} \rightarrow x = 2$

S. 152 Übung

Die Dreiecke sind …

a) … ähnlich, weil sie im Verhältnis zweier Seiten und dem Zwischenwinkel übereinstimmen.

b) … ähnlich, weil sie in zwei Winkeln übereinstimmen.

c) … ähnlich, weil sie im Verhältnis der drei Seiten übereinstimmen.

d) … ähnlich, weil sie im Verhältnis zweier Seiten und dem Gegenwinkel der größeren Seite übereinstimmen.

e) … nicht ähnlich, weil sie nicht im Verhältnis der drei Seiten übereinstimmen.

f) … ähnlich, weil sie im Verhältnis zweier Seiten und dem Gegenwinkel der größeren Seite übereinstimmen.

g) … nicht ähnlich, weil ihre Winkel nicht übereinstimmen.

S. 153 Übung

a) Man zeichnet zuerst ein ähnliches Dreieck $A'B'C'$ (z. B. mit a = 3 cm; b = 4 cm und c = 5 cm) und führt dann eine zentrische Streckung aus.

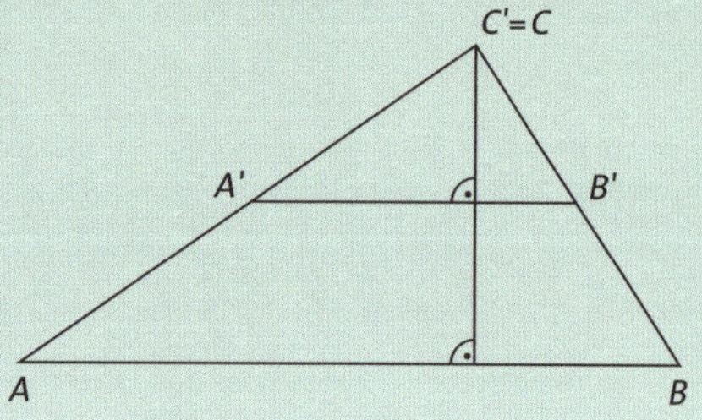

(Abb. im Maßstab 1 : 2)

b) Man zeichnet zuerst ein ähnliches Dreieck $A'B'C'$ mit den richtigen Winkeln und führt dann eine zentrische Streckung aus.

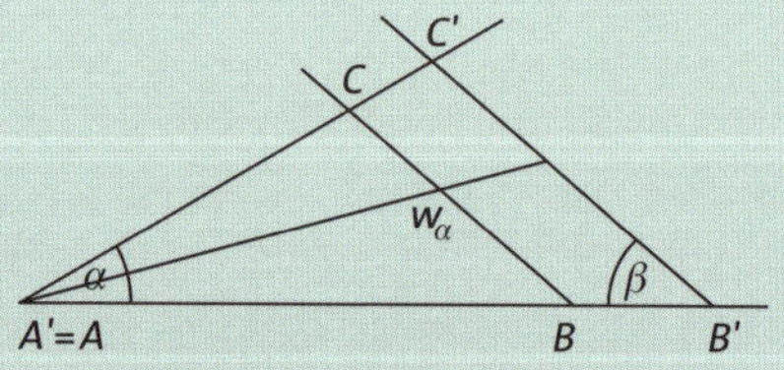

(Abb. im Maßstab 1 : 2)

c) Man zeichnet zuerst ein ähnliches Dreieck $A'B'C'$ (z. B. mit $a = 3$ cm; $b = 4$ cm und $\gamma = 60°$ cm) und führt dann eine zentrische Streckung aus.

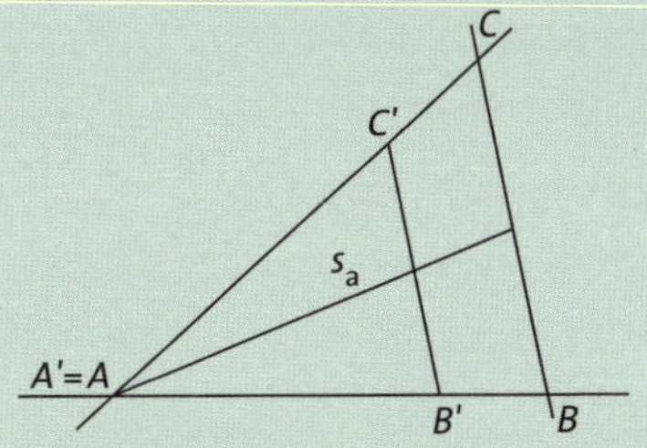

(Abb. im Maßstab 1 : 2)

d) Die Hilfsfigur $AB'D'$ wird zu ABD zentrisch gestreckt. C erhält man durch Parallelverschiebung von $B'C'$ durch B.

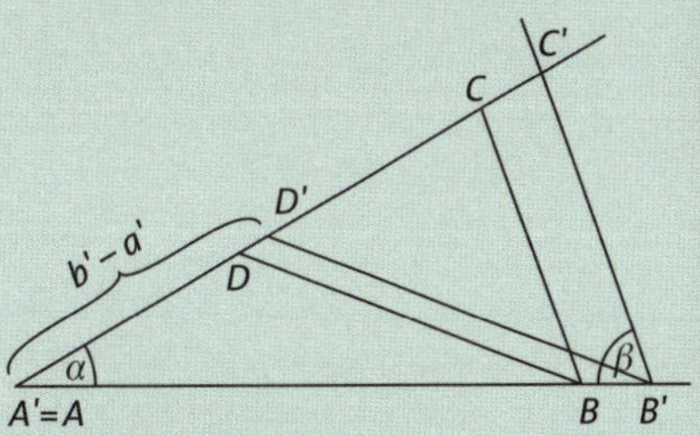

(Abb. im Maßstab 1 : 2)

S. 153 Test

1. a) $\overline{A'B'} = 1{,}5\ \overline{AB} \ = 3\ LE$

$\overline{A'C'} = 1{,}5\ \overline{AC} \ = 4{,}5\ LE$

$\overline{B'C'} = 1{,}5\ \overline{A'C'} = 4{,}5\ LE$

b)

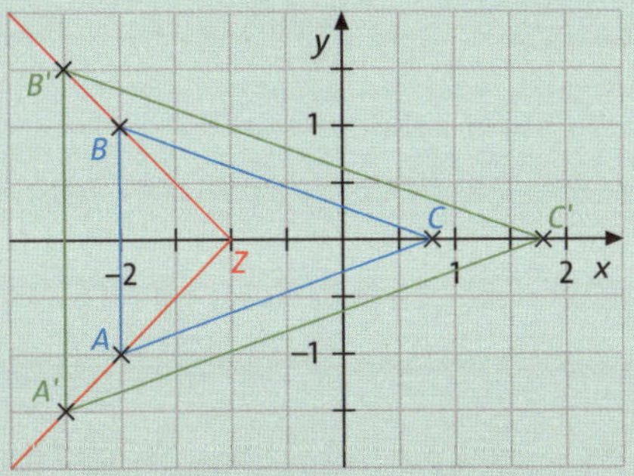

(Abb. im Maßstab 1 : 2)

2. a) $\frac{y}{3} = \frac{7-x}{7} \rightarrow y = 3 - \frac{3}{7}x$

3. Wegen $\alpha + \beta = 90°$ gilt $\sphericalangle ACF = \beta$ und $\sphericalangle FCB = \alpha$. Damit stimmen die Teildreiecke und $\triangle ABC$ in allen Winkeln überein und sind somit ähnlich.

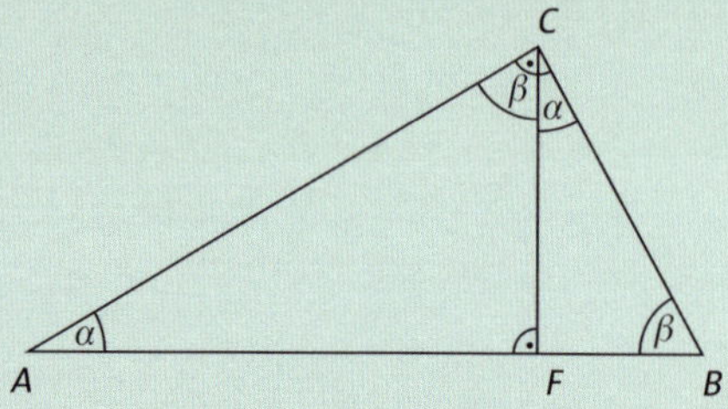

4. Durch zentrische Streckung mit dem Zentrum A wird P' auf P abgebildet. Q, R und S erhält man durch Parallelverschieben.

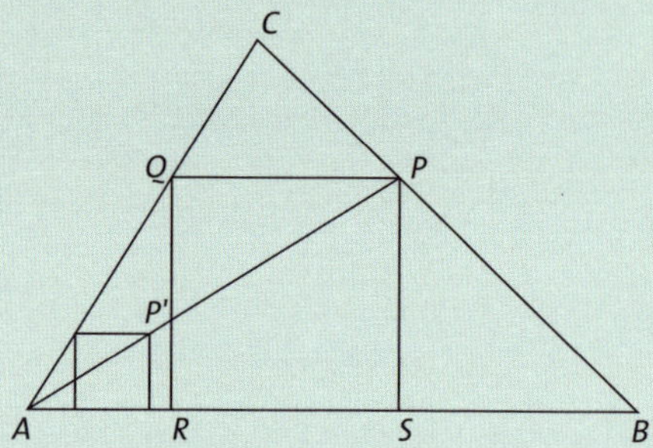

S. 155 Übungen

1.

	a)	b)
Pythagoras	$u^2 + w^2 = v^2$	$r^2 + t^2 = s^2$
Kathetensatz	$w^2 = y \cdot v$ $u^2 = x \cdot v$	$r^2 = u \cdot s$ $t^2 = v \cdot s$
Höhensatz	$z^2 = x \cdot y$	$w^2 = u \cdot v$
Flächeninhalt	$A = \frac{1}{2} v \cdot z$ $A = \frac{1}{2} u \cdot w$	$A = \frac{1}{2} s \cdot w$ $A = \frac{1}{2} r \cdot t$

2.

	a	b	c	p	q	h	A
a)	$2\sqrt{5}$	$4\sqrt{5}$	10	2	8	4	20
b)	$\sqrt{10}$	$3\sqrt{10}$	10	1	9	3	15
c)	$2\sqrt{13}$	$3\sqrt{13}$	13	4	9	6	39

S. 157 Übung

a) Das Achteck ist in vier gleich große Dreiecke, vier gleich große Rechtecke und ein Quadrat aufgeteilt.
Flächeninhalt der Dreiecke: 16 cm²
Flächeninhalt der Rechtecke: 45,25 cm²
Flächeninhalt des Quadrates: 16 cm²
Gesamtflächeninhalt: 77,25 cm²

b) $\overline{FA} = \overline{FC} = 9{,}6$ cm; $\overline{FH} = \overline{FD} = 7{,}4$ cm; $\overline{FB} = 10{,}4$ cm

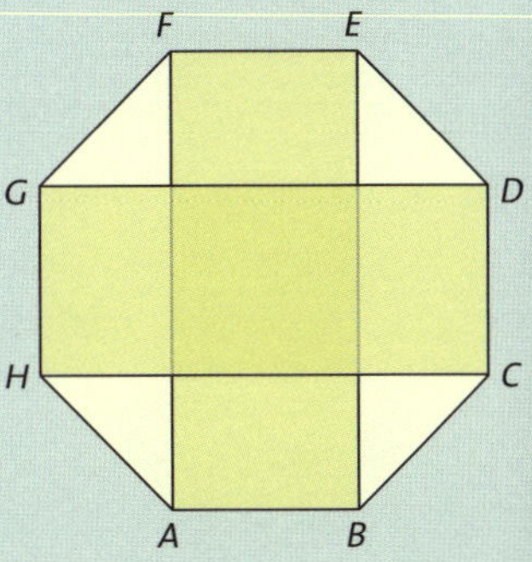

S. 158 Test

1. $a = 4$, $c = 5$; $p = 3{,}2$ $q = 1{,}8$; $h = 2{,}4$

2. a) Fläche Quadrat – Fläche Dreieck = gesuchte Fläche
9 cm² – 3,9 cm² = 5,1 cm²
b) Fläche großes Dreieck – Fläche kleines Dreieck = gesuchte Fläche
62,4 cm² – 40,2 cm² = 22,2 cm²

3. a) b) $\overline{AB} = \sqrt{(5-1)^2 + (-1-1)^2} = \sqrt{20} = 2\sqrt{5} \approx 4{,}5$

$\overline{AC} = \sqrt{(3-1)^2 + (4-1)^2} = \sqrt{13} \approx 3{,}6$

$\overline{BC} = \sqrt{(3-5)^2 + (4+1)^2} = \sqrt{29} \approx 5{,}4$

c)

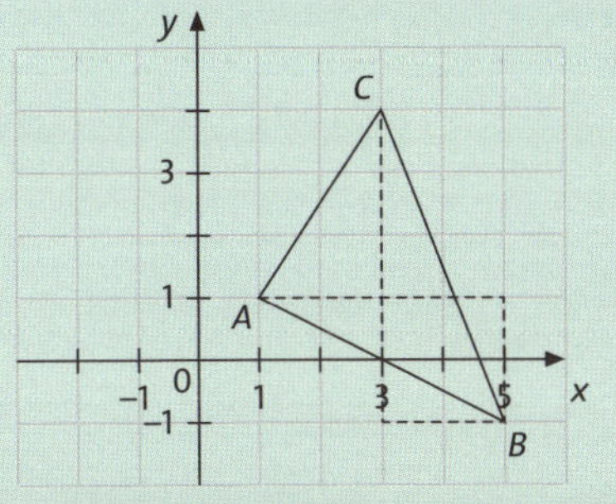

(Abb. im Maßstab 1 : 2)

4. $h^2 = (87\text{ m})^2 - (48\text{ m})^2$
$h = 72{,}6$ m

5. $p = \sqrt{2}$; $q = \sqrt{3}$; $r = \sqrt{4} = 2$; $s = \sqrt{5}$;
$t = \sqrt{6}$; $u = \sqrt{7}$; $v = \sqrt{8} = 2\sqrt{2}$

S. 159 Übungen

1. $|\sqrt{10} - \pi| \approx 0{,}0207$; $|\frac{22}{7} - \pi| \approx 0{,}0013$; $|3{,}14 - \pi| \approx 0{,}0016$;

$|3\frac{1}{8} - \pi| \approx 0{,}0166$; $|3\frac{1}{5} - \pi| \approx 0{,}0584$

$\rightarrow \frac{22}{7}$ weicht am wenigsten von π ab.

2. $u = 4{,}00 \cdot 10^4$ km; $A = 1{,}27 \cdot 10^8$ km²

S. 161 Übungen

1.

	a)	b)	c)
r	10	10	10
α	30°	90°	72°
b	$1\frac{2}{3}\pi$	5π	4π
A	$8\frac{1}{3}\pi$	25π	20π

2. $A_{SG} = A_S - A_\triangle = \frac{60°}{360°}\pi r^2 - \frac{r^2}{4}\sqrt{3} \approx 20{,}4\ \text{m}^2$

S. 161 Test

1. **a)** $u = 2 \cdot \pi \cdot 150 \cdot 10^6\,\text{km} = 9{,}42 \cdot 10^8\,\text{km}$

b) 1 Jahr $\approx 31{,}5 \cdot 10^6$ s

$$v = \frac{9{,}42 \cdot 10^8\,\text{km}}{31{,}5 \cdot 10^6\,\text{s}} = 29{,}9\,\frac{\text{km}}{\text{s}}$$

2. $r = 4$; $A = 2\pi$

3. **a)** $R = \frac{a\sqrt{2}}{2}$

$A = R^2\pi - a^2 = \frac{a^2}{2}\pi - a^2 = a^2\left(\frac{\pi}{2} - 1\right)$

b) $r = \frac{a}{2}$; $A = a^2 - r^2\pi = a^2 - \frac{a^2}{4}\pi = a^2\left(1 - \frac{\pi}{4}\right)$

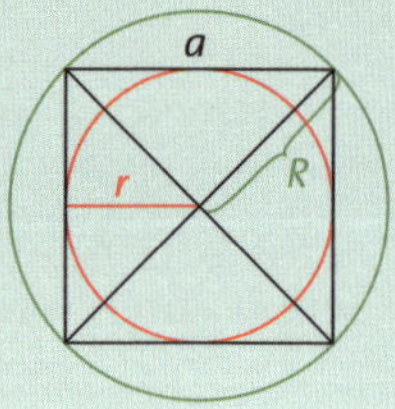

S. 163 Übungen

Der Grundriss liefert die wahre Länge der Strecke von A nach C: $\overline{AC} = 10$ cm.

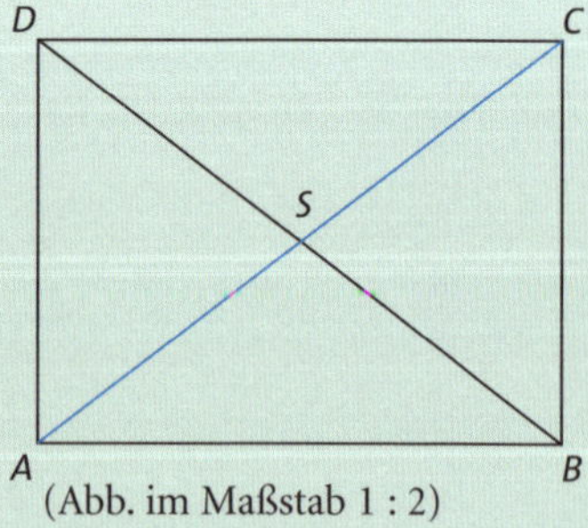

(Abb. im Maßstab 1 : 2)

a)

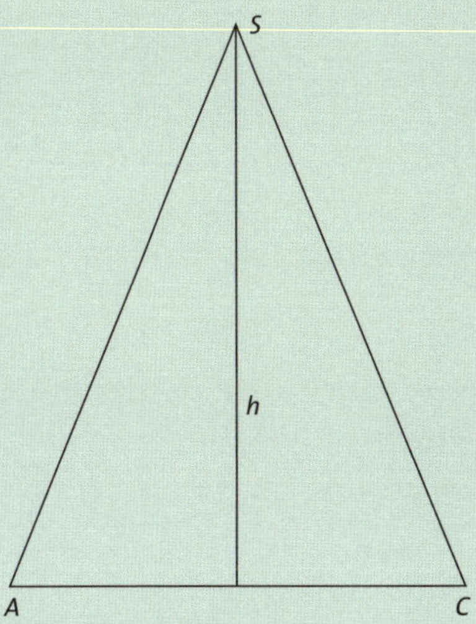

(Abb. im Maßstab 1 : 2)

b)

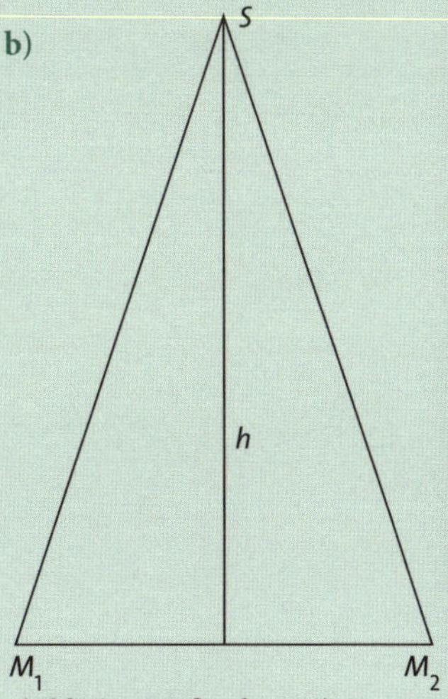

(Abb. im Maßstab 1 : 2)

c) durch Zeichnung: siehe a) und b)
durch Rechnung:
$\overline{AC}^2 = (8\text{ cm})^2 + (6\text{ cm})^2$
$\overline{AC} = 10\text{ cm}$
$h^2 = \overline{AS}^2 - \left(\frac{\overline{AC}}{2}\right)^2$
$h^2 = 169\text{ cm}^2 - 25\text{ cm}^2$
$h = 12\text{ cm}$

d) $h_1^2 = \overline{AS}^2 - \frac{1}{4}\overline{AB}^2$
$h_1^2 = 169\text{ cm}^2 - 16\text{ cm}^2$
$h_1^2 = 153\text{ cm}^2$
$h_1 = 12{,}4\text{ cm}$

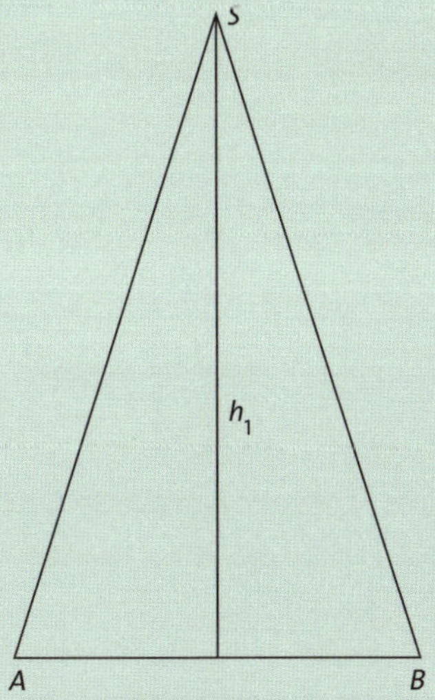

(Abb. im Maßstab 1 : 2)

e) $h_2^2 = \overline{BS}^2 - \frac{1}{4}\,\overline{BC}^2$

$h_2^2 = 169\ \text{cm}^2 - 9\ \text{cm}^2$

$h_2^2 = 160\ \text{cm}^2$

$h_2\ = 12{,}6\ \text{cm}$

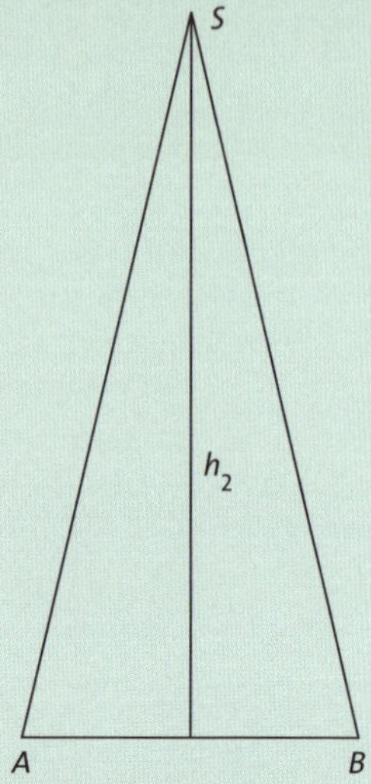

(Abb. im Maßstab 1 : 2)

f) $V = \frac{1}{3}\,G \cdot h$

$= \frac{1}{3} \cdot 48\ \text{cm}^2 \cdot 12\ \text{cm}$

$= 192\ \text{cm}^3$

$O = G + 2 \cdot A_{\triangle ABS} + 2 \cdot A_{\triangle BCS}$

$= 48\ \text{cm}^2 + 8\ \text{cm} \cdot 12{,}4\ \text{cm}$

$+ 6\ \text{cm} \cdot 12{,}6\ \text{cm} \approx 223\ \text{cm}^2$

S. 165 Übung

a) $M = 7{,}07\ \text{m}^2$ b) $O = 7{,}42\ \text{m}^2$ c) $V = 0{,}435\ \text{m}^3$

S. 166 f. Übung

a)	b)
$r\ = 3\ \text{cm}$	$r\ = 2{,}25\ \text{cm}$
$h\ = 5{,}2\ \text{cm}$	$h\ = 5{,}6\ \text{cm}$
$O = 84{,}8\ \text{cm}^2$	$O = 58{,}3\ \text{cm}^2$
$V = 49\ \text{cm}^3$	$V = 29{,}7\ \text{cm}^3$

S. 167 Übung

	Radius r	Oberfläche O	Volumen V
a)	7 cm	616 cm²	1437 cm³
b)	0,3 dm	1,13 dm²	0,113 dm³
c)	15 m	2827 m²	14137 m³
d)	3,3 cm	136,85 cm²	150,53 cm³

S. 168 Test

1. a) Das Volumen wächst auf das Doppelte.
b) Das Volumen sinkt auf die Hälfte.
c) Das Volumen wächst auf das Vierfache.
d) Das Volumen sinkt auf ein Viertel.

2. **a)** $V = 763\ cm^3$ **b)** $O = 614\ cm^2$ **c)** $m = 12{,}7\ cm$; $\alpha = 255°$

3. **a)** *a* 1) $a_r = 3{,}7\ m$ $a_w = 1{,}8\ m$ $r_k = 1{,}1\ m$

a 2) $O_r = 23{,}7\ m^2$ $O_w = 19{,}44\ m^2$ $O_k = 15{,}2\ m^2$

b) *b* 1) $a_r = 1{,}86\ m$ $a_w = 1\ m$ $r_k = 0{,}69\ m$

b 2) $V_r = 0{,}76\ m^3$ $V_w = 1\ m^3$ $V_k = 1{,}38\ m^3$

S. 172 Übungen

1.

α	$\sin\alpha$	$\cos\alpha$	$\tan\alpha$
70°	0,94	0,34	2,75
30°	0,50	$\frac{1}{2}\sqrt{3}$	$\frac{1}{3}\sqrt{3}$
81,37°	0,99	0,15	6,59
36,87°	0,60	0,80	0,75

2. **a)** Gesucht: β, c und a.
Situation: γ ist rechter Winkel, c ist Hypotenuse; b ist Ankathete zu α

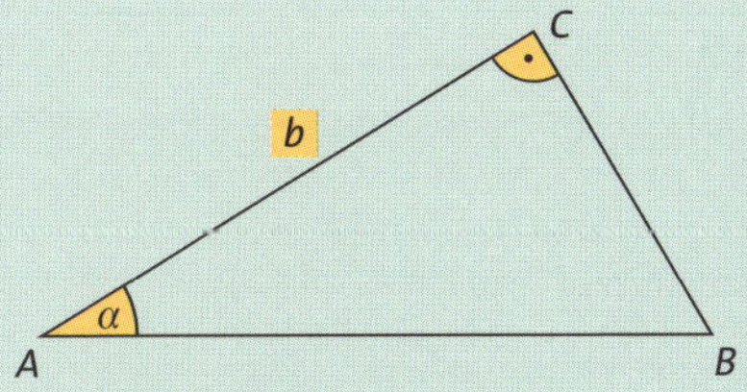

▶ Berechnung des Winkels β:

$$\alpha + \beta + \gamma = 180°$$
$$63{,}7° + \beta + 90° = 180°$$
$$\beta = 26{,}3°$$

▶ Berechnung der Hypotenuse c:

$$\cos\alpha = \frac{AK\,\alpha}{Hyp} = \frac{b}{c}$$
$$\cos 63{,}7° = \frac{6{,}12}{c} \quad |\cdot c\,;\,:\cos 63{,}7°$$
$$c = \frac{6{,}12}{\cos 63{,}7°} \approx 13{,}81$$

Die Seite c ist 13,81 cm lang.

▶ Berechnung der Kathete a (Gk α) mit Hilfe von $\tan\alpha$:

$$\tan\alpha = \frac{GK\,\alpha}{AK\,\alpha} = \frac{a}{b}$$
$$\tan 63{,}7° = \frac{a}{6{,}12} \quad |\cdot 6{,}12$$
$$a = 6{,}12 \cdot \tan 63{,}7° \approx 12{,}38$$

Die Seite a ist 12,38 cm lang.

b) Gesucht: γ, c und b.
Situation: α ist rechter Winkel, a ist Hyp.

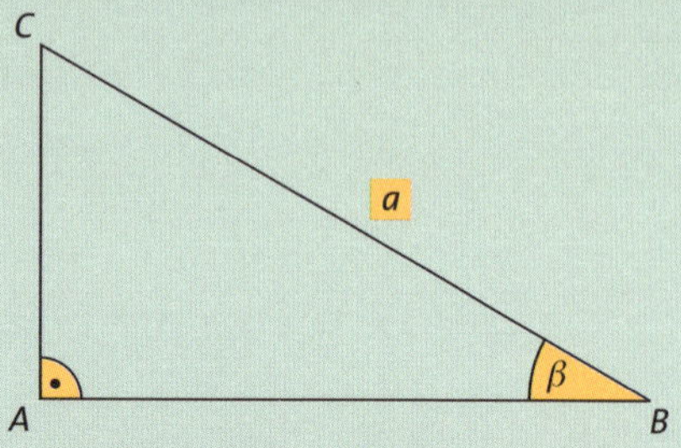

▸ Berechnung des Winkels γ:

$\alpha + \beta + \gamma = 180°$

$90° + 37° + \gamma = 180°$

$\gamma = 53°$

▸ Berechnung der Kathete c (Ak β):

$\cos\beta = \frac{\text{AK}\beta}{\text{Hyp}} = \frac{c}{a}$

$\cos 37° = \frac{c}{4{,}2} \qquad | \cdot 4{,}2$

$c = 4{,}2 \cdot \cos 37° \approx 3{,}35$

Die Seite c ist 3,35 cm lang.

▸ Berechnung der Kathete b (Gk β):

$\sin\beta = \frac{\text{GK}\beta}{\text{Hyp}} = \frac{b}{a}$

$\sin 37° = \frac{b}{4{,}2} \qquad | \cdot 4{,}2$

$b = 4{,}2 \cdot \sin 37° \approx 2{,}53$

Die Seite b ist 2,53 cm lang.

S. 173 Übungen

1. Gegeben: rechter Winkel, $\alpha = 4{,}6°$, $f = 12$ km.
Gesucht: Flugstrecke l.
Situation: l ist Hyp, f ist Ak α.

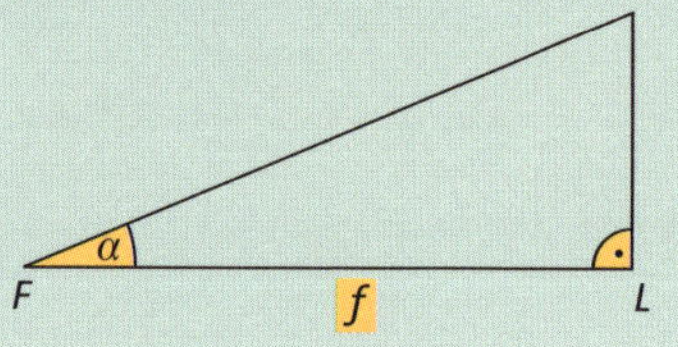

$\cos\alpha = \frac{\text{AK}\,\alpha}{\text{Hyp}} = \frac{f}{l}$

$\cos 4{,}6° = \frac{12}{l} \qquad | \cdot l\,; : \cos 4{,}6°$

$l = \frac{12}{\cos 4{,}6°} \approx 12{,}039$

Antwort: Wenn das Flugzeug sich senkrecht über L befindet, hat es 12,039 km zurückgelegt.

2. Gegeben: $\beta = 90°$, $\alpha = 3°$, $a = 45$ m.
Gesucht: Entfernung c.
Situation: a ist Gk α, c ist Ak α.

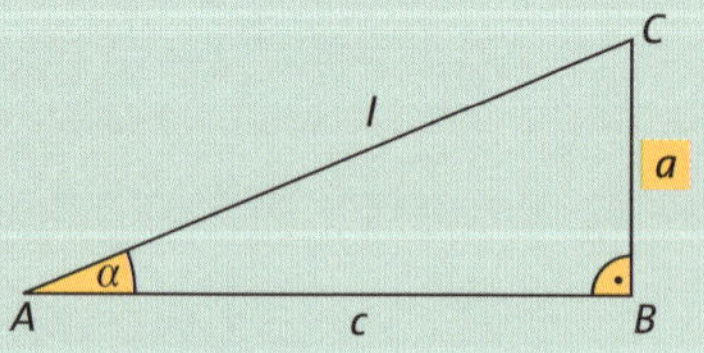

$\tan\alpha = \frac{GK\alpha}{AK\alpha} = \frac{a}{c}$

$\tan 3° = \frac{45}{c}$ $\quad | \cdot c, : \tan 3°$

$c = \frac{45}{\tan 3°} \approx 858{,}65$

Antwort: Das Boot ist 858,65 m vom Leuchtturm entfernt.

3. $2x + c = a$

$2x = a - c = 12 - 8 = 4$

$x = 2$

Die Strecke x ist 2 m lang.
Situation: Im rechtwinkligen Dreieck AED ist $\sphericalangle AED$ der rechte Winkel, s ist Hyp, x ist Ak α, h ist Gk α.

▶ Berechnung von α mit Hilfe von $\cos^{-1}$: $\cos\alpha = \frac{AK\alpha}{Hyp} = \frac{x}{s} = \frac{2}{3{,}5} = 0{,}5714286$

$\alpha = 55{,}15°$

Der Böschungswinkel α ist 55,15° groß.

▶ Berechnung von h (Gk α) mit Hilfe von $\sin\alpha$:

$\sin\alpha = \frac{GK\alpha}{Hyp} = \frac{h}{s}$

$\sin 55{,}15° = \frac{h}{3{,}5}$ $\quad | \cdot 3{,}5$

$h = 3{,}5 \cdot \sin 55{,}15° \approx 2{,}87$

Der Bahndamm ist 2,87 m hoch.

S. 176 Übungen

1. **a)** $\sin(-231°) = \sin(360° + (-231°)) = \sin 129°$

$\sin(-231°) = 0{,}777146$

$\sin 129° = 0{,}777146$

b) $\sin(-304°) = \sin(360° + (-304°)) = \sin 56°$

$\sin(-304°) = 0{,}8290376$

$\sin 56° = 0{,}8290376$

c) $\sin(370°) = \sin(360° + 10°) = \sin 10°$

$\sin 370° = 0{,}1736482$

$\sin 10° = 0{,}1736482$

2. **a) und b)**

Die Lösungen sind jeweils ein spitzer Winkel x_1, den der Taschenrechner liefert, und ein stumpfer Winkel $x_2 = 180° - x_1$.

a) 5,74°, 174,26°

b) 30°, 150°

c) Es gibt nur eine Lösung, die der Taschenrechner liefert: 143,13°

S. 180 Übungen

1. a) Gesucht: α, γ und c.
Situation: ssw; das Paar (b, β) und a sind bekannt.

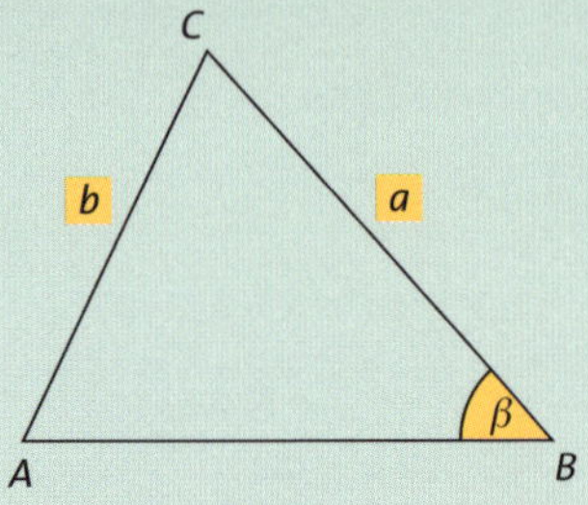

▸ Berechnung von α mit dem Sinussatz:

$$\frac{\sin\alpha}{a} = \frac{\sin\beta}{b}$$

$$\frac{\sin\alpha}{3} = \frac{\sin 20^\circ}{5} \qquad |\cdot 3$$

$$\sin\alpha = \frac{3\cdot\sin 20^\circ}{5} = 0{,}2052121$$

Der Taschenrechner liefert:
$\alpha_1 = 11{,}84^\circ$.
$\alpha_1 + \beta < 180^\circ$; α_1 ist eine Lösung.
$\alpha_2 = 180^\circ - \alpha_1 = 168{,}16^\circ$
$\alpha_2 + \beta > 180^\circ$; α_2 entfällt als Lösung.
Der Winkel α ist $11{,}84^\circ$ groß.

▸ Berechnung von γ mit dem Innenwinkelsatz:

$$\alpha + \beta + \gamma = 180^\circ$$
$$11{,}84^\circ + 20^\circ + \gamma = 180^\circ$$
$$\gamma = 148{,}16^\circ$$

▸ Berechnung von c mit dem Sinussatz:

Das Paar (b, β) und γ sind bekannt.

$$\frac{c}{\sin\gamma} = \frac{b}{\sin\beta}$$

$$\frac{c}{\sin 148{,}16^\circ} = \frac{5}{\sin 20^\circ} \qquad |\cdot \sin 148{,}16^\circ$$

$$c = \frac{5\cdot\sin 148{,}16^\circ}{\sin 20^\circ} \approx 7{,}71$$

Die Seite c ist 7,71 cm lang.

b) Gesucht: γ, β und b.
Situation: ssw; das Paar (a, α) und c sind bekannt.

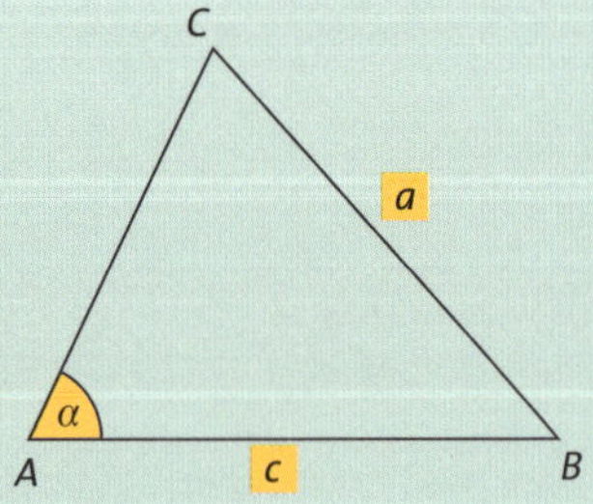

▶ Berechnung von γ mit dem Sinussatz:

$$\frac{\sin \gamma}{c} = \frac{\sin \alpha}{a}$$

$$\frac{\sin \gamma}{9} = \frac{\sin 60°}{7} \qquad | \cdot 9$$

$$\sin \gamma = \frac{9 \cdot \sin 60°}{7} = 1{,}1134612$$

Es gibt keine Lösung für γ, da $\sin \gamma$ immer $\leqq 1$ sein muss.

Da der gegebene Winkel der kleineren der beiden gegebenen Seiten gegenüberliegt, ist das Dreieck nicht eindeutig bestimmt. In diesem Fall gibt es keine Lösung.

2. Der Kosinussatz lautet:

$p^2 = q^2 + r^2 - 2q \cdot r \cdot \cos \varphi_1$
$q^2 = p^2 + r^2 - 2p \cdot r \cdot \cos \varphi_2$
$r^2 = p^2 + q^2 - 2p \cdot q \cdot \cos \varphi_3$

S. 180 Test

1. a) Situation im rechtwinkligen Dreieck AED: rechter Winkel bei E, $\overline{AD}$ ist Hyp; h ist Gk α.

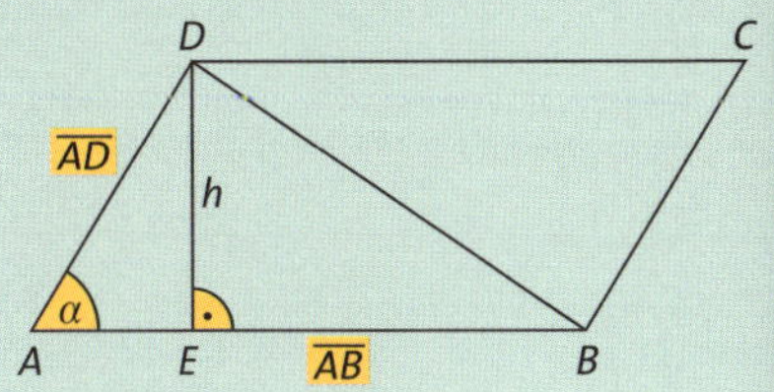

▶ Berechnung von h (Gk α) mit Hilfe von $\sin \alpha$:

$$\sin \alpha = \frac{\text{GK}\,\alpha}{\text{Hyp}} = \frac{h}{\overline{AD}}$$

$$\sin 23° = \frac{h}{4{,}9} \qquad | \cdot 4{,}9$$

$$h = 4{,}9 \cdot \sin 23° \approx 1{,}91$$

Die Höhe h ist 1,91 cm lang.

▶ Berechnung des Flächeninhalts:

$A_{\text{Parallelogramm}} = g \cdot h = \overline{AB} \cdot h$
$A_{\text{Parallelogramm}} = 7{,}4 \cdot 1{,}91 = 14{,}134$

Der Flächeninhalt des Parallelogramms beträgt 14,134 cm².

b) Um $\overline{BD}$ im rechtwinkligen Dreieck EBD berechnen zu können, benötigt man außer h und dem rechten Winkel noch eine weitere Größe: $\overline{EB} = \overline{AB} - \overline{AE}$.

▶ Berechnung von $\overline{AE}$ (Ak α) im rechtwinkligen Dreieck AED:

$$\cos\alpha = \frac{\text{AK}\,\alpha}{\text{Hyp}} = \frac{\overline{AE}}{\overline{AD}}$$

$$\cos 23° = \frac{\overline{AE}}{4{,}9} \qquad | \cdot 4{,}9$$

$$\overline{AE} = 4{,}9 \cdot \cos 23° \approx 4{,}51$$

Die Strecke $\overline{AE}$ ist 4,51 cm lang.

▶ $\overline{EB} = \overline{AB} - \overline{AE}$

$$= 7{,}4 - 4{,}51 = 2{,}89$$

Die Strecke $\overline{EB}$ ist 2,89 cm lang.

▶ Berechnung der Hypotenuse $\overline{BD}$ im rechtwinkligen Dreieck EBD:

$$\overline{DE}^2 + \overline{EB}^2 = \overline{BD}^2$$

$$\overline{BD}^2 = 1{,}91^2 + 2{,}89^2 = 12{,}0$$

$$\overline{BD} \approx 3{,}46$$

Die Diagonale $\overline{BD}$ ist 3,46 cm lang.

2. Um α im rechtwinkligen Dreieck AFS berechnen zu können, benötigt man außer h und dem rechten Winkel noch eine weitere Größe.

$$\overline{AF} = \frac{1}{2} \cdot \overline{AC} = \frac{1}{2} \cdot \text{d}$$

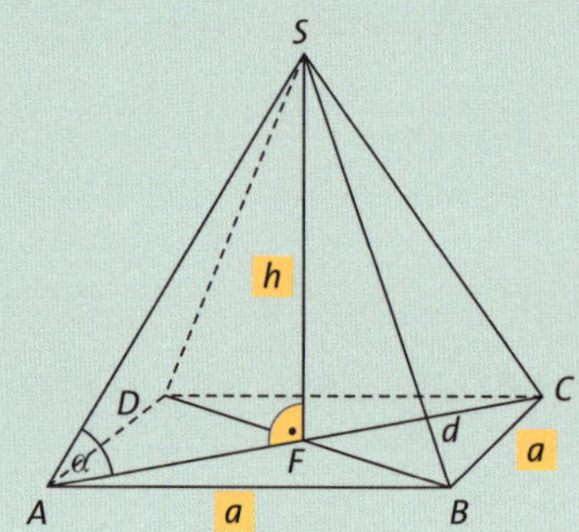

▶ Berechnung der Diagonalen d im Grundquadrat $ABCD$:

Pythagoras: $a^2 + a^2 = d^2$

$d^2 = 2a^2 = 2 \cdot 230^2 = 105800$

$d = 325{,}27$

Die Diagonale d ist 325,27 m lang.

Situation im Teildreieck AFS:
rechter Winkel bei F; h ist Gk α, $\overline{AF}$ ist Ak α.

▶ Berechnung von α mit Hilfe von $\tan^{-1}$:

$$\tan\alpha = \frac{\text{GK}\,\alpha}{\text{AK}\,\alpha} = \frac{h}{\overline{AF}} = \frac{h}{\frac{d}{2}}$$

$$\tan\alpha = \frac{137}{162{,}635} = 0{,}8423771$$

$$\alpha = 40{,}11°$$

Die Seitenkante $\overline{AS}$ schließt mit der Grundfläche den Winkel $\alpha = 40{,}11°$ ein.

3. a) Gesucht: γ, b und c.
Situation: wsw; das Paar (a, α) ist gegeben.

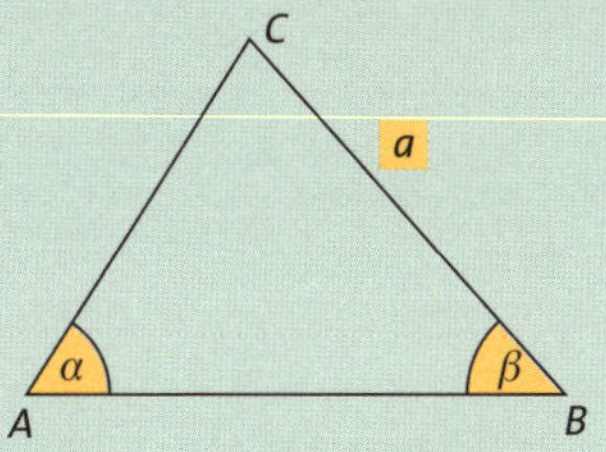

▶ Berechnung von γ mit dem Innenwinkelsatz:

$$\alpha + \beta + \gamma = 180°$$
$$61{,}8° + 47{,}2° + \gamma = 180°$$
$$\gamma = 71°$$

▶ Berechnung von b mit dem Sinussatz:

Das Paar (a, α) und β sind bekannt.

$$\frac{b}{\sin\beta} = \frac{a}{\sin\alpha}$$
$$\frac{b}{\sin 47{,}2°} = \frac{5{,}4}{\sin 61{,}8°} \quad | \cdot \sin 47{,}2°$$
$$b = \frac{5{,}4 \cdot \sin 47{,}2°}{\sin 61{,}8°}$$
$$b = 4{,}50$$

Die Seite b ist 4,5 cm lang.

▶ Berechnung von c mit dem Sinussatz:

Das Paar (a, α) und γ sind bekannt.

$$\frac{c}{\sin\gamma} = \frac{a}{\sin\alpha}$$
$$\frac{c}{\sin 71°} = \frac{5{,}4}{\sin 61{,}8°} \quad | \cdot \sin 71°$$
$$c = \frac{5{,}4 \cdot \sin 71°}{\sin 61{,}8°}$$
$$c = 5{,}79$$

Die Seite c ist 5,79 cm lang.

b) Gesucht: β, α und a.
Situation: ssw; das Paar (c, γ) ist gegeben.

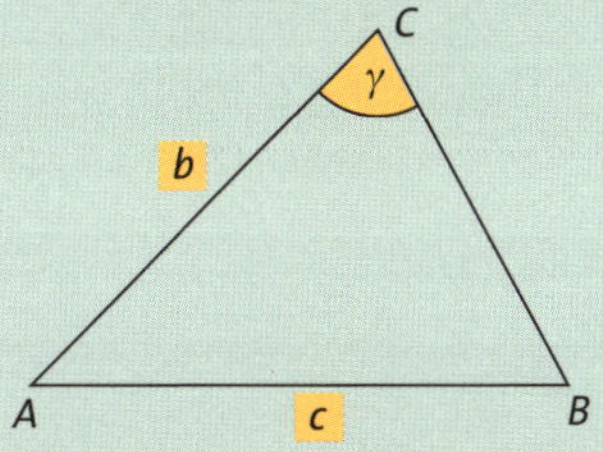

▶ Berechnung von β mit dem Sinussatz:

Das Paar (c, γ) und b sind gegeben.

$$\frac{\sin\beta}{b} = \frac{\sin\gamma}{c}$$
$$\frac{\sin\beta}{5} = \frac{\sin 43°}{4} \quad | \cdot 5$$
$$\sin\beta = \frac{5 \cdot \sin 43°}{4} = 0{,}852498$$

Der Taschenrechner liefert: $\beta_1 = 58{,}48°$

$\beta_1 + \gamma < 180°$; β_1 ist eine Lösung.
$\beta_2 = 180° - \beta_1 = 121{,}52°$
$\beta_2 + \gamma < 180°$; β_2 ist eine Lösung.

Da der gegebene Winkel der kleineren der beiden gegebenen Seiten gegenüberliegt, kommen beide Lösungen in Frage.

▸ Berechnung von α mit dem Innenwinkelsatz:

$\alpha_1 + \beta_1 + \gamma = 180°$ | $\alpha_2 + \beta_2 + \gamma = 180°$
$\alpha_1 + 58{,}48° + 43° = 180°$ | $\alpha_2 + 121{,}52° + 43° = 180°$
$\alpha_1 = 78{,}52°$ | $\alpha_2 = 15{,}48°$

▸ Berechnung von a mit dem Sinussatz:

Das Paar (c, γ) und α sind gegeben.

$$\frac{a_1}{\sin \alpha_1} = \frac{c}{\sin \gamma} \qquad \frac{a_2}{\sin \alpha_2} = \frac{c}{\sin \gamma}$$

$$\frac{a_1}{\sin 78{,}52°} = \frac{4}{\sin 43°} \qquad \frac{a_2}{\sin 15{,}48°} = \frac{4}{\sin 43°}$$

$$a_1 = \frac{4 \cdot \sin 78{,}52°}{\sin 43°} \qquad a_2 = \frac{4 \cdot \sin 15{,}48°}{\sin 43°}$$

$$a_1 = 5{,}75 \qquad a_2 = 1{,}57$$

Die Seite a_1 ist 5,75 cm lang.
Die Seite a_2 ist 1,57 cm lang.

c) Gesucht: α, β und γ.
Situation: sss; kein Paar gegenüberliegender Größen ist gegeben.

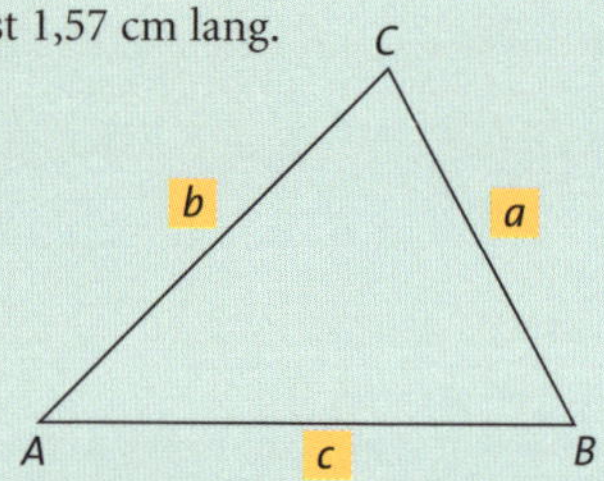

▸ Berechnung von α mit dem Kosinussatz:

$$a^2 = b^2 + c^2 - 2bc \cdot \cos \alpha$$

$$\cos \alpha = \frac{b^2 + c^2 - a^2}{2bc} = \frac{4^2 + 6^2 - 5^2}{2 \cdot 4 \cdot 6} = 0{,}5625$$

$$\alpha = 55{,}77°$$

▸ Berechnung von β mit dem Kosinussatz:

$$b^2 = a^2 + c^2 - 2ac \cdot \cos \beta$$

$$\cos \beta = \frac{a^2 + c^2 - b^2}{2ac} = \frac{5^2 + 6^2 - 4^2}{2 \cdot 5 \cdot 6} = 0{,}75$$

$$\beta = 41{,}41°$$

▸ Berechnung von γ mit dem Innenwinkelsatz:

$$\alpha + \beta + \gamma = 180°$$
$$55{,}77° + 41{,}41° + \gamma = 180°$$
$$\gamma = 82{,}82°$$

d) Gesucht: c, α und β.
Situation: sws; kein Paar gegenüberliegender Größen ist gegeben.

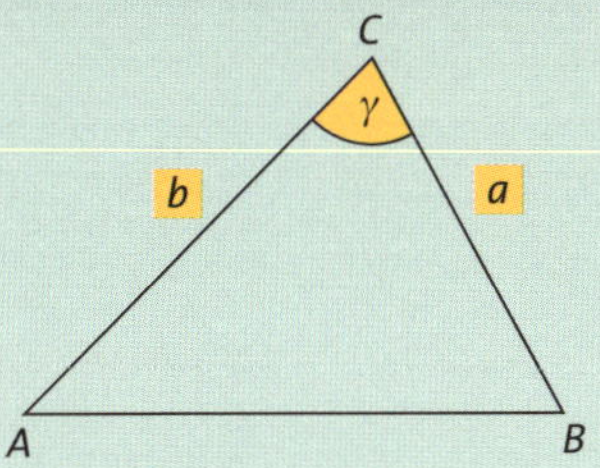

▶ Berechnung von c mit dem Kosinussatz:

$$c^2 = a^2 + b^2 - 2ab \cdot \cos\gamma$$
$$= 5{,}2^2 + 4^2 - 2 \cdot 5{,}2 \cdot 4 \cdot \cos 100°$$
$$= 50{,}263764$$
$$c = 7{,}09$$

Die Seite c ist 7,09 cm lang.

▶ Berechnung von α mit dem Sinussatz:

Das Paar (c, γ) und a sind bekannt.

$$\frac{\sin\alpha}{a} = \frac{\sin\gamma}{c}$$
$$\frac{\sin\alpha}{5{,}2} = \frac{\sin 100°}{7{,}09} \qquad |\cdot 5{,}2$$
$$\sin\alpha = \frac{5{,}2 \cdot \sin 100°}{7{,}09} = 0{,}722285$$

Der Taschenrechner liefert: $\alpha_1 = 46{,}24°$.
$\alpha_1 + \gamma < 180°$; α_1 ist eine Lösung.
$\alpha_2 = 180° - \alpha_1 = 133{,}76°$
$\alpha_2 + \gamma > 180°$; α_2 kommt als Lösung nicht in Frage. Der Winkel α ist 46,24° groß.

▶ Berechnung von β mit dem Innenwinkelsatz:

$$\alpha + \beta + \gamma = 180°$$
$$46{,}24° + \beta + 100° = 180° \qquad \beta = 33{,}76°$$

S. 183 Übung

a) $\binom{6}{4} = \frac{6!}{4!\,(6-4)!} = \frac{1 \cdot 2 \cdot 3 \cdot 4 \cdot 5 \cdot 6}{1 \cdot 2 \cdot 3 \cdot 4 \cdot 1 \cdot 2} = \frac{30}{2} = 15$

b), c) gleiches Resultat

S. 184 Test

1. $n = 4$; $p = \frac{1}{4}$; $k = 2$; $(1-p) = \frac{3}{4}$

P (genau 2 Treffer) $= \binom{4}{2} \cdot \left(\frac{1}{4}\right)^2 \cdot \left(\frac{3}{4}\right)^2 \approx 0{,}211 = 21{,}1\ \%$

2. $n = 5$; $p = 0{,}9$; $(1-p) = 0{,}1$; $k = 4$

a) P (TTTTN) $= 0{,}9^4 \cdot 0{,}1 \approx 0{,}066 = 6{,}6\ \%$

b) P (genau 4 Treffer) $= \binom{5}{4} \cdot 0{,}9^4 \cdot 0{,}1 \approx 0{,}328 = 32{,}8\ \%$

3. Weil die Trefferwahrscheinlichkeit p nicht gleich bleibt.

Englisch

9./10. Klasse

Inhaltsverzeichnis

Wiederholung der Grundgrammatik

Weiterführende Grammatik

Fertigkeitstraining

Wortschatz

Übersichten

Wiederholung der Grundgrammatik *(Revision of grammar basics)*

1 Die modalen Hilfsverben *(The modal auxiliaries)*

1.1 *must/have to/need to; must not, need not/do not have to/ do not need to*

Beispiel:

1 Hank **has to play** basketball on Saturdays.
Samstags muss Hank Basketball spielen.

2 You **must work** harder.
Du musst härter arbeiten.

3 I **had to go** to the dentist's **yesterday.**
Gestern musste ich zum Zahnarzt.

4 We **needn't/don't have to/don't need to do** our homework now.
Wir müssen/brauchen unsere Hausaufgaben jetzt nicht machen.

5 You **mustn't** eat these mushrooms. They're poisonous!
Du darfst diese Pilze nicht essen. Sie sind giftig!

■ Im Allgemeinen benutzen wir *have to* [1]. Wollen wir eine Notwendigkeit bzw. Verpflichtung besonders betonen, benutzen wir *must* [2].
▶ BEACHTE In der **Vergangenheit** wird ***must*** zu ***had to*** [3].

■ Wollen wir ausdrücken, dass keine Verpflichtung besteht, dann benutzen wir *need not/do not have to/do not need to* [4].

■ Für Verbote bzw. Anweisungen benutzen wir *must not* [5].

1.2 *can/be able to*

Beispiel:

1 Janna **can/is able to play** the guitar very well.
Janna kann sehr gut Gitarre spielen.

2 Luckily I **could/was able to see** without my glasses.
Zum Glück konnte ich ohne meine Brille sehen.

3 Hank **can't/won't be able to play** in the match.
He has broken his foot.
Hank kann nicht in dem Match spielen.
Er hat seinen Fuß gebrochen.

■ Wie im Deutschen, drückt *can* eine Fähigkeit aus. Als Alternative kann man auch *be able to* verwenden [1].

■ Drückt *can* eine Fähigkeit aus, ist die Vergangenheit *could* oder *was/were able to* [2].

■ Das Futur wird mit *can* (mit zukünftiger Bedeutung) oder *will be able to* gebildet [3].

1.3 *can/be allowed to*

Beispiel:

1 **Can/Are we allowed to use** a dictionary?
Können/Dürfen wir ein Wörterbuch benutzen?

2 We **couldn't/weren't allowed to leave** the room during the exam.
Wir konnten/durften während der Prüfung das Zimmer nicht verlassen.

3 I hope we **can/will be allowed to see** the inside of the Kremlin.
Ich hoffe, dass wir den Kreml von innen sehen können/dürfen.

■ Wie im Deutschen können wir *can* auch benutzen, um eine Erlaubnis auszudrücken. Als Alternative kann man auch *be allowed to* verwenden [1].

■ In dieser Bedeutung wird die Vergangenheit von *can* mit *could* oder *was/were allowed to* gebildet [2].

■ Das Futur wird mit *can* (mit zukünftiger Bedeutung) oder *will be allowed to* gebildet [3].

Übung

■ Setze die modalen Verben in die Zeit in den Klammern am Ende des Satzes. Achte auch auf die angegebenen Funktionen. Schreibe auf einen Zettel.

1 I ____ (must/buy) a new printer last week. (past)
2 The doctor's out. You ____ (must/come) back tomorrow, I'm afraid. (will-future)
3 ____ (you + can/drive) a car at the age of 15 in Arizona? (present, Erlaubnis)
4 Pupils ____ (cannot + use) pocket calculators until Year 9. (present, Erlaubnis)
5 ____ (the tourists + can/see) the colosseum when they're in Rome? (will-future, Fähigkeit)
6 My dad ____ (can/speak) French well when he was younger. (past, Fähigkeit)
7 Luckily I ____ (can/find) a taxi almost at once yesterday. (past, Fähigkeit)
8 Janna ____ (cannot/practise) her guitar today. She's ill. (will-future, Fähigkeit)

2 Verb + Infinitiv oder Gerundium (*-ing*-Form) *(Verb + infinitive or gerund [-ing-form])*

2.1 Verb + Infinitiv oder Gerundium ohne Bedeutungsunterschied *(Verb + infinitive or gerund without change of meaning)*

Beispiel:

1 I **prefer to see/seeing** films at the cinema.
Ich ziehe es vor, Filme im Kino zu sehen.

2 I **would prefer** to visit you on Saturday.
Ich würde dich lieber am Samstag besuchen.

3 Coffee prices **started falling/to fall** dramatically three years ago.
Vor drei Jahren fingen die Kaffeepreise an, dramatisch zu fallen.

4 Ella **was intending to go** on holiday but unfortunately she became ill.
Ella beabsichtigte in Urlaub zu fahren, aber leider wurde sie krank.

■ Auf *like, love, hate* and *prefer* [1] können beide Formen – also ein Infinitiv oder ein Gerundium – ohne Bedeutungsunterschied folgen.

▶ **BEACHTE** Auf ***would like, would love, would hate*** und ***would prefer*** [2] folgt immer der **Infinitiv**.

■ Auf *begin, continue, intend* (‚beabsichtigen') und *start* [3] können ebenfalls beide Formen folgen.

▶ **BEACHTE** Stehen diese Verben aber in einer Verlaufsform, kann auf sie nur ein Infinitiv folgen [4].

2.2 Verb + Infinitiv oder Gerundium je nach Bedeutung *(Verb + infinitive or gerund according to meaning)*

forget, remember

Beispiel:

1 **Don't forget to pick up** the children.
Vergiss nicht, die Kinder abzuholen.

2 Please **remember to go** to the bank.
Bitte denk daran, zur Bank zu gehen.

3 We **can forget going** on holiday. We don't have any money.
In Urlaub fahren können wir vergessen. Wir haben kein Geld.
4 **Do you remember visiting** St Malo for the first time?
Erinnerst du dich, als du St Malo zum ersten Mal besuchtest?

■ Das Muster *forget/remember* + Infinitiv bezieht sich auf die Zukunft. Es bedeutet ‚unbedingt daran denken, etwas zu tun' [1] [2].

■ Das Muster *forget/remember* + *-ing*-Form bezieht sich auf die Vergangenheit. Es bedeutet also ‚etwas Geplantes vergessen können' [3] und ‚sich an etwas erinnern'[4].

stop

Beispiel:
1 We must **stop to buy** some bread.
Wir müssen anhalten, um Brot zu kaufen.
2 I can't **stop smoking** because I don't smoke.
Ich kann nicht aufhören zu rauchen, weil ich nicht rauche.

■ Wenn *stop* ‚kurz anhalten, um etwas anderes zu tun' bedeutet, benutzen wir den *to*-Infinitiv [1].

■ Bedeutet *stop* ‚aufhören etwas zu tun', verwenden wir die *-ing*-Form (Gerundium) [2].

try

Beispiel:
1 I **tried to phone** Janna but she was out.
Ich versuchte Janna anzurufen, aber sie war nicht zu Hause.
2 Why **don't you try asking** for help?
Warum versuchst du nicht, um Hilfe zu bitten?

■ Bedeutet *try* ‚ein vergeblicher Versuch, etwas zu tun', benutzen wir den *to*-Infinitiv [1].

■ Bedeutet *try* ‚ein Versuch, etwas Neues zu tun', verwenden wir die *-ing*-Form (Gerundium) [2].

mean

Beispiel:

1 I **meant to call** you but my mobile was empty.
Ich wollte bei dir anrufen, aber mein Handy war leer.

2 If the bus doesn't come, it will **mean calling** a taxi.
Wenn der Bus nicht kommt, werden wir ein Taxi holen müssen.

■ Bedeutet *mean* ‚zu beabsichtigen, etwas zu tun', benutzen wir den *to*-Infinitiv [1].

■ Bedeutet *mean* ‚etwas muss anders getan werden', verwenden wir die *-ing*-Form (Gerundium) [2].

Übung

■ **Setze ein Gerundium oder einen Infinitiv in die Sätze ein. Achte auf die Bedeutung. Schreibe auf einen Zettel.**

1 Are you sure Jim was at the meeting? I don't remember ____ (see) him.
2 Dan means ____ (speak) to the referee. The player fouled.
3 Did you remember ____ (phone) Sally about the party?
4 Don't tell me you forgot ____ (switch) off the cooker!
5 I can forget ____ (go) away at Christmas. I have too much work.
6 If we get the order, it'll mean ____ (take) on more staff.
7 I stopped ____ (buy) some coke on my way to school.
8 Stop ____ (shout)! I'm not deaf, you know.
9 We tried ____ (get) some rolls but they were sold out.
10 Why doesn't Jack try ____ (be) more polite? He would find life much easier.

3 Das Futur *(The future)*

3.1 Das *will-* und *going to*-Futur *(The will- and going to-future)*

Beispiel:

1 The weather forecast says it **will snow** tomorrow.
Die Wettervorhersage sagt, dass es morgen schneien wird.

2 I **hope** we'**ll** see you at Janna's party.
Ich hoffe, dass wir dich bei Jannas Fete sehen werden.

3 Jill Oh dear! We've missed the last bus.
Oh jeh! Wir haben den letzten Bus verpasst.
Joe It doesn't matter. **I'll call** a taxi.
Macht nichts! Ich werde ein Taxi rufen.

4 **Perhaps** Hank **will lend** you his bike.
Vielleicht wird Hank dir sein Rad ausleihen.

5 The **Greens are going to emigrate** to Australia.
Die Greens haben vor, nach Australien auszuwandern.

6 Look at the sky. It'**s going to rain** any minute.
Schau dir den Himmel an! Es wird gleich regnen.

■ Wir benutzen das *will*-Futur für Aussagen über zukünftige Ereignisse [1] und für Hoffnungen/Vermutungen über zukünftige Geschehen [2], wenn wir über Dinge sprechen, auf die wir keinen direkten Einfluss haben.

TIPP Reden wir über zukünftige Dinge, die in aller Wahrscheinlichkeit **sowieso passieren werden,** dann verwenden wir das *will*-Futur.

■ Wir gebrauchen das *will*-Futur auch, wenn wir uns im Augenblick des Sprechens zu irgendetwas entschließen [3].

■ Oft verwenden wir das *will*-Futur mit Adverbien wie *maybe*, *perhaps*, *probably* und *possibly*, und Verben wie *believe, forecast* (voraussagen), *hope* [2], *imagine* (sich vorstellen), *suppose* und *think*, die Vermutungen über die Zukunft ausdrücken [4].

■ In erste Linie verwenden wir das *going to*-Futur, um Pläne und Absichten auszudrücken [5].

TIPP Wenn du im Deutschen die Verben ‚planen' bzw. ‚vorhaben' benutzt, kannst du das ***going to*-Futur** verwenden.

■ Das *going to*-Futur wird auch verwendet, um zu verdeutlichen, dass irgendetwas offensichtlich gleich passiert [6].

3.2 Das *going to*-Futur und das *present progressive* mit zukünftiger Bedeutung *(The going to-future and the present progressive with future meaning)*

Beispiel:

1 We'**re going to spend** our holiday in Poland.
Wir haben vor, unseren Urlaub in Polen zu verbringen.

2 Janna **isn't going to do** a holiday job. She's going to swot for her exam.
Janna macht keinen Ferienjob. Sie will für ihre Prüfung büffeln.

3 Hank **is flying** to Florida **next summer.**
Hank fliegt nächsten Sommer nach Florida.

4 The Greens **are visiting** their family in London **at the weekend.**
Am Wochenende besuchen die Greens ihre Familie in London.

■ Sprechen wir über zukünftige Pläne oder Absichten ohne Zeitangabe, benutzen wir das *going to*-Futur [1] [2].

■ Sprechen wir über zukünftige Pläne, Verabredungen und Vorkehrungen mit Zeitangabe, benutzen wir im modernen Englisch lieber das *present progressive* [3] [4].

3.3 Das *will*-Futur und das *present progressive* mit zukünftiger Bedeutung
(The will-future and the simple present with future meaning)

Beispiel:

1 We'**ll meet** at the airport at 3 o'clock.
Wir treffen uns am Flughafen um 3 Uhr.

2 Our train **arrives** in Paris at 4.30.
Unser Zug kommt in Paris um 4 Uhr 30 an.

3 Don't forget that the film **starts** an hour earlier on Monday.
Vergiss nicht, dass am Montag der Film eine Stunde früher beginnt.

■ Handelt es sich um ein nicht fest terminiertes zukünftiges Geschehen, benutzen wir das *will-Futur* [1].

■ Genau wie im Deutschen verwenden wir auch im Englischen das *simple present* mit einer geeigneten Zeitangabe, um fest terminierte Vorgänge – Fahrpläne [2], Stundenpläne, Kinoprogramme [3] usw. – anzugeben.

Übung

■ **Wähle die richtige Futurform, a) oder b). Schreibe auf einen Zettel.**

1 Ann and Bob **a)** are going to get – **b)** will get married next year.
2 Conny **a)** isn't going to go – **b)** won't go to college. She wants to start work.
3 I hope the boss **a)** is giving – **b)** will give us a bonus at Christmas.
4 Look at that red van. It **a)** is going to hit – **b)** will hit the wall.
5 Maybe we **a)** are not being – **b)** won't be late for the lesson after all.
6 Bill Oh, dear! I've forgotten my dictionary.
Bob Don't worry. I **a)** am going to lend – **b)** will lend you mine.
7 Roger **a)** will leave – **b)** leaves school next July.
8 Sally **a)** is waiting – **b)** will wait for you under the station clock.
9 The plane to Boston **a)** is taking off – **b)** takes off an hour earlier on Fridays.
10 We **a)** are going to buy – **b)** will buy the house in Carter Street.

Test

1 Vervollständige die Sätze mit den englischen Übersetzungen der deutschen Verben. Schreibe auf einen Zettel.

1 We ____ the computer room today so we ____ do something else. *(nicht benutzen können; werden machen müssen)*
2 My swimming trainer says that I ____ at least five kilos. *(verlieren müssen)*
3 Shops ____ beer to children, but what about alcopops? *(nicht verkaufen dürfen)*
4 A ban on smoking ____ smokers to give up smoking. *(helfen könnten)*
5 We ____ 30 minutes for our biology teacher yesterday. *(warten müssen)*
6 Do you think we ____ the new fitness machines later? *(benutzen können)*
7 I'm sorry. I ____ swimming next Friday after all. *(kommen können)*
8 It's a pity but I ____ my appointment tomorrow. *(ändern müssen)*

2 Vervollständige die Sätze mit einem Infinitiv oder einem Gerundium je nach Bedeutung. Schreibe auf einen Zettel.

1 Do you remember ____ (watch) the sunset in Spain?
2 I mean ____ (complain) about this awful food.
3 Please don't forget ____ (water) the plants, okay?
4 You can forget ____ (have) a day off, Sally. Several people are ill.
5 A lot of people stop ____ (have) a beer on their way home from work.
6 Tina should stop ____ (complain). She doesn't know how lucky she is.
7 I tried ____ (repair) my scooter but you need special tools.
8 If you tried ____ (learn) your vocab, you'd get a better grades.

3 Übersetze die Sätze ins Englische. Verwende *will, going to* oder eine Zeitform des Präsens mit zukünftiger Bedeutung. Schreibe auf einen Zettel.

1 Wird Julie dicker oder bekommt sie ein Baby?
2 Ich glaube nicht, dass die Firma nach Polen umziehen wird.
3 Pass auf! Der Bus hält gleich an.
4 Nächsten Freitag fährt Tom in Urlaub.
5 Samstags schließen die meisten Supermärkte um 6 Uhr.
6 Wir haben vor, einen Hund anzuschaffen.

4 Einige Probleme mit dem Passiv *(Some problems with the passive)*

4.1 Die Verlaufsform des Passivs *(The passive progressive)*

Beispiel:

1 Your room **is being cleaned** at the moment.
Ihr Zimmer wird momentan gereinigt.

2 This bridge **has been being repaired** for over a year now.
Diese Brücke wird seit über einem Jahr repariert.

3 Our hotel **was still being built** when we arrived.
Unser Hotel war noch im Bau als wir ankamen.

■ Wir bilden die Verlaufsform des Passivs mit der entsprechenden *simple*-Form von *be* + *being* + Partizip Perfekt (3. Form) des Vollverbs [1]–[3]:

A petrol-pump attendant ***is filling up*** *our car.* Ein Tankwart tankt gerade unser Auto auf.	Aktiv
Our car ***is being filled up.*** Unser Auto wird gerade aufgetankt.	Passiv

■ Die Verlaufsform des Passivs wird genauso verwendet, wie die des Aktivs.

4.2 Das Passiv von Verben mit zwei Objekten *(The passive of verbs with two objects)*

Beispiel:

1 **Somebody** gave me **an umbrella.**
Jemand gab mir einen Regenschirm.

2 **I** was given **an umbrella.**
Man gab mir einen Regenschirm.

■ In Satz 1 hat das Verb *gave* zwei Objekte, ein direktes Objekt – *an umbrella* (‚wen oder was?') – und ein indirektes Objekt – *me* (‚wem oder was?').

■ Ist der Verursacher eines Vorganges unbekannt oder nicht so wichtig, benutzen wir im Englischen oft einen Passivsatz.
Dies erfolgt, indem das indirekte Objekt des Aktivsatzes *(me)* zum Subjekt des Passivsatzes *(I)* wird. Das direkte Objekt *(an umbrella)* bleibt dabei als einziges Objekt des Passivsatzes erhalten [2].

▶ **BEACHTE** Weitere Verben, die oft zwei Objekte haben, sind:

*The examiner **asked** the candidate some difficult questions.*
Der Prüfer stellte dem Prüfling einige schwierige Fragen.

*Can you **lend** me a dictionary, please?*
Kannst du mir bitte ein Wörterbuch leihen?

*The firm **offered** its customers a bigger discount.*
Die Firma bot ihren Kunden einen größeren Rabatt an.

*My boss **promised** me more money.*
Mein Chef versprach mir mehr Geld.

*Somebody **sent** my girlfriend a bunch of flowers.*
Jemand schickte meiner Freundin einen Blumenstrauß.

*The teacher **showed** her class a DVD about India.*
Die Lehrerin zeigte ihrer Klasse eine DVD über Indien.

*He **told** us an exciting story.*
Er erzählte uns eine spannende Geschichte.

Übung

■ **Setze die Aktivsätze in die Passivform um. Verwende dabei keinen *by-agent*. Schreibe auf einen Zettel.**

1 Somebody sent Janna a big box of chocolates.
2 The firm promised the workers two days off.
3 The hosts showed their guests their holiday photos.
4 The hotel leant the guests bikes during their stay.
5 The teacher told the children an adventure story.
6 The travel agency offered us a quieter room.

5 *If*-Sätze *(If-sentences)*

5.1 Allgemeine Merkmale *(General features)*

Beispiel:

1 If the economy **recovers,** we **will hire** more staff.
Wenn sich die Wirtschaft erholt, werden wir mehr Mitarbeiter einstellen.

2 We **will hire** more staff if the economy **recovers.**
Wir werden mehr Mitarbeiter einstellen, wenn sich die Wirtschaft erholt.

3 We **won't hire** more staff if the economy **doesn't recover.**
Wir werden keine Mitarbeiter einstellen, wenn sich die Wirtschaft nicht erholt.

4 **Will you hire** more staff if the economy recovers?
Werden Sie mehr Mitarbeiter einstellen, wenn die Wirtschaft sich erholt?

5 If we get the order, we **can take** on more staff.
Wenn wir den Auftrag erhalten, können wir mehr Mitarbeiter einstellen.

6 You **should answer** the ad immediately if you want the job.
Du solltest dich auf die Anzeige sofort melden, wenn du die Stelle haben willst.

■ Ein *if*-Satz besteht aus zwei Teilen, einem *if*-Teil *(if-clause)* und einem Hauptteil *(main clause)*. Der *if*-Teil drückt eine Bedingung aus, der Hauptteil eine Folge [1].

▶ **BEACHTE** Der ***if*-Teil** kann vor oder nach dem **Hauptteil** stehen. Steht er aber an erster Stelle, trennen wir ihn von dem Hauptteil durch ein **Komma** [1] [2].

■ Bei Fragen können wir nur den Hauptteil als Frage bilden. Dann steht der Hauptteil vor dem *if*-Teil an erster Stelle [4].

■ Je nach Sinn können wir andere Hilfverben im Hauptteil benutzen [5] [6].

5.2 Die Zeitenfolge in *if*-Sätzen *(Tense patterns in if-sentences)*

Beispiel:

1 If Hank **applies** for the job, he **will get** it.
Wenn Hank sich um die Stelle bewirbt, wird er sie bekommen.

2 If Hank **applied** for the job, he **would get** it.
Wenn Hank sich um die Stelle bewerben würde, würde er sie bekommen.

3 If Hank **had applied** for the job, he **would have got** it.
Wenn Hank sich um Stelle beworben hätte, hätte er sie bekommen.

■ Es gibt drei Typen von *if*-Sätzen mit unterschiedlichen Zeitenfolgen:

	if-Teil	Hauptteil
Typ 1	*if* + simple present	*will*-Futur [1] *can* *may* *should*
Typ 2	*if* + simple past	*would* + Infinitiv [2] *could* *might* *should*
Typ 3	*if* + past perfect	*would have* + Partizip Perfekt [3] *could have* *might have* *should have*

TIPP Die meisten Fehler bei ***if*-Sätzen** werden dadurch verursacht, dass die **korrekte Zeitenfolge** nicht eingehalten wird.
Denke daran: ***will/would*** stehen **nie** im ***if*-Teil!**

5.3 Gebrauch *(Use)*

■ Wir setzen *if*-Sätze gemäß der Wahrscheinlichkeit der zu erwartenden Folge ein:

▸ **Typ 1** Folge (fast) sicher:

If we manufacture in China, our prices will fall.
Wenn wir in China herstellen, werden unsere Preise fallen.

Die Preise werden (vermutlich) fallen, da wir (sicherlich bzw. sehr wahrscheinlich) in China herstellen werden.

▸ **Typ 2** Folge theoretisch möglich, aber kaum wahrscheinlich:

If we moved to Asia, a lot of workers would become unemployed.
Wenn wir nach Asien umziehen würden, würden viele Arbeiter arbeitslos werden.

Es ist kaum zu erwarten, dass viele Arbeiter arbeitslos werden, da wir (wahrscheinlich) **nicht** nach Asien umziehen werden.

▸ **Typ 3** Folge unmöglich, da Ergebnis schon bekannt:

If the firm had reacted more quickly, it would have survived.
Wenn die Firma schneller reagiert hätte, hätte sie überlebt.

Der Sprecher weiß schon, dass die Firma nicht überlebt hat, da sie zu langsam reagiert hat.

Übung

■ **Setze die richtige Form der Verben in die Sätze ein. Verwende den angegebenen Typ, I, II oder III. Schreibe auf einen Zettel.**

1 Jim ____ to the meeting if he ____ time. *(Typ I, go, have)*
2 If politicians ____ so much money, people ____ willing to pay higher taxes. *(Typ II: not waste, be)*
3 If we ____ the order, we ____ more staff. *(Typ III, win, hire)*
4 Peace talks ____ at once if both countries ____ more reasonable. *(Typ II, start, be)*
5 Many Britons ____ the EU if they ____ what it really meant. *(Typ III, not want to join, understand)*

Test

1 Vervollständige die Sätze mit der richtigen Passivform der Verben in den Klammern. Verwende immer eine Zeit im *progressive*. Schreibe auf einen Zettel.

1 Can you give me a lift? My car ____ (repair) today.
2 How long ____ (this software/develop)? It has been four years now, hasn't it?
3 The Forth Bridge in Scotland ____ (paint) ever since it opened in 1892.
4 As my own office ____ (still + decorate), I shared an office for a week.
5 ____ (the new kitchen/deliver) today or tomorrow?
6 Surely your hotel ____ (still + not build) during your holiday!

2 Setze die Aktivsätze in die Passivform um. Verwende einen *by-agent* nur, wenn nötig. Schreibe auf einen Zettel.

1 They sent us an invitation to a fashion show.
2 The store promised customers a 20% discount.
3 They always show visitors around their lovely house.
4 The police gave me enough petrol to get home.
5 Many patients don't tell doctors the full truth.
6 They'll offer you a free meal if you complain.

3 Setze die richtige Form des fehlenden Verbs in die Sätze ein. Schreibe auf einen Zettel.

1 I'll collect you from the airport if you ____ (tell) me your flight number.
2 If politicians took more interest in ordinary people, they ____ (vote).
3 If they ____ (call) an ambulance at once, the victim wouldn't have died.
4 Of course I ____ (answer) the phone if I had heard it.
5 If I went to America, I ____ (definitely + visit) the Grand Canyon.
6 If Alan ____ (took) his dog for a walk, old Mr Smith would pay him for his trouble.
7 We certainly won't put the price up unless it ____ (be) unavoidable.
8 ____ (you/really + use) the bus if you had a car?
9 We ____ (not be able to go) on holiday if we don't save more money.
10 If the railroad workers hadn't killed so many buffalo, the Apache ____ (not attack) them.

6 Die indirekte Rede *(Reported speech)*

6.1 Entscheidungsfragen *(Yes/No-questions)*

Beispiel:

1 **Janna** "Is Hank playing basketball next week?"
„Spielt Hank nächste Woche Basketball?"

Indirekt:

Janna **wanted to know if** Hank **was playing** basketball **the following week.**
Janna wollte wissen, ob Hank nächste Woche Basketball spielen würde.

2 **Hank** "Have you seen Brad Pitt's new movie, Paul?"
„Hast du Brad Pitts neuen Film gesehen, Paul?"

Indirekt:

Hank **asked Paul whether he had seen** Brad Pitt's new movie.
Hank fragte Paul, ob er Brad Pitts neuen Film gesehen habe.

3 **Paul** "Did you win the match, Hank?"
„Hast du das Match gewonnen, Hank?"

Indirekt:

Paul **asked Hank whether he had won** the match.
Paul fragte Hank, ob er das Match gewonnen habe.

4 **Sue** "Would you have got the job if you had applied, Hank?"
„Hättest du den Job bekommen, wenn du dich beworben hättest, Hank?"

Indirekt:

Sue **wanted to know if Hank would have got** the job if he **had applied.**
Sue wollte wissen, ob Hank den Job bekommen hätte, wenn er sich beworben hätte.

■ Bei Entscheidungsfragen – also Fragen ohne einleitendes Fragewort – benutzen wir ***if*** [1] [4] bzw. ***whether*** [2] [3], um zu verdeutlichen, dass es sich um eine Frage handelt.

Von der Bedeutung her sind *if* und *whether* austauschbar, obwohl im modernen Gebrauch *if* viel häufiger vorkommt, vielleicht weil es einfach kürzer ist.

■ Wie bei Aussagen müssen oft die Zeitform des Verbs, Zeit- und Ortsangaben und die Personen geändert werden, um den Sinn der direkten Äußerung genau wiederzugeben.

6.2 Aufforderungen und Bitten *(Instructions and requests)*

Beispiel:

1 **Tom** "Go down Station Road and turn left at the first traffic-lights."
„Fahren Sie die Bahnhofstraße hinunter und biegen Sie an der ersten Ampel links ab."

Indirekte Aufforderung:

Tom **told the driver to go** down Station Road and **(to) turn** left at the first traffic lights.
Tom sagte dem Fahrer, dass er die Bahnhofstraße hinunterfahren und an der ersten Ampel links abbiegen solle.

2 **Janna** "Please turn down the volume, Hank."
„Stelle bitte das Radio leiser, Hank."

Indirekte Bitte:

Janna **asked Hank to turn down** the volume.
Janna bat Hank, das Radio leiser zu stellen.

3 **Ms Fox** "Don't forget to count your words."
„Vergiss nicht deine Wörter zu zählen."

Indirekte Aufforderung:

Ms Fox **told the class not to forget** to count their words.
Ms Fox sagte der Klasse, dass sie nicht vergessen solle, ihre Wörter zu zählen.

4 **Hank** "Please don't make so much noise."
„Mache bitte nicht so viel Lärm."

Indirekte Bitte:

Hank **asked his friends not to make** so much noise.
Hank bat seine Freunde, nicht so viel Lärm zu machen.

■ Indirekte Bitten und Aufforderungen werden durch *ask* (hier: bitten) [2] [4] bzw. *tell* (hier: sagen) [1] [3] eingeleitet.

▶ **BEACHTE** Da die Verben *ask* und *tell* **immer ein Objekt** haben, müssen wir die angesprochene **Person** in der indirekten Rede angeben.

■ Das Verb der direkten Äußerung erscheint als *to*-Infinitiv [1] [2]. Bei verneinten Äußerungen setzen wir *not* unmittelbar vor *to* [3] [4].

Übung

■ **Setze die Sätze in die indirekte Rede. Benutze die Verben in der Klammer. Schreibe auf einen Zettel.**

Beispiel:

▶ Ben: Will high oil prices make further price cuts impossible? (want to know)

▷ Ben wanted to know **if/whether** high oil prices **would make** further price cuts impossible.

1 Sally: Minister, is it true that you're going to give more help to farmers? (ask)
Sally **a)** ____ **b)** ____ going to give more help to farmers?

2 Sue: Ms Fox, did your company invest even more in advertising last year? (ask)
Sue **a)** ____ company **b)** ____ even more in advertising **c)** ____

3 Liz: Is it right to build swimming pools when people don't have enough water? (want to know)
Liz **a)** ____ right to build swimming pools when people **b)** ____ enough water.

4 Please read the instructions before using the new machine. (tell/me)
The boss ____ the instructions before using the new machine.

7 Notwendige und nicht notwendige Relativsätze *(Defining and non-defining relative clauses)*

7.1 Notwendige Relativsätze *(Defining relative clauses)*

Beispiel:

1 The first Europeans **who reached Australia** were the Dutch.
Die ersten Europäer, die Australien erreichten, waren die Holländer.

2 Many Aborigines died from diseases **which were unknown** in Australia.
Viele Aborigines starben an Krankheiten, die in Australien unbekannt waren.

3 Jack Jackamarra is the Aborigine artist **whose paintings** are selling well.
Jack Jackamarra ist der Aborigine-Künstler, dessen Bilder sich gut verkaufen.

4 The TV report (that/which) **I saw** was about the suffering of the Aborigines.
Der Fernsehbericht, den ich sah, handelte von dem Leid der Aborigines.

■ In den Beispielsätzen oben benötigen wir die Relativsätze, um die Sätze als Ganzes richtig zu verstehen. Die Relativsätze machen notwendige Angaben über die Personen [1] [3] oder Sachen [2] [4], um die es im Hauptsatz geht. Daher nennen wir solche unentbehrlichen Relativsätze ‚notwendige Relativsätze' *(defining relative clauses).*

▶ BEACHTE Notwendige Relativsätze werden immer **ohne trennende Kommas** benutzt.

7.2 Nicht notwendige Relativsätze *(Non-defining relative clauses)*

Beispiel:

1 The first European settlers in Australia, who were mainly British convicts, landed at Botany Bay.
Die ersten europäischen Siedler in Australien, die hauptsächlich britische Strafgefangene waren, landeten in der Botany Bay.

2 Sydney, which is the biggest city, is not Australia's capital.
Sydney, das die größte Stadt ist, ist nicht die Hauptstadt Australiens.

■ In den beiden Sätzen oben schildern die Relativsätze *who were mainly British convicts* [1] und *which is the biggest city* [2] eher Nebensächlichkeiten. Lassen wir diese Relativsätze weg, können wir die Hauptsätze *The first European settlers in Australia landed at Botany Bay* [1] und *Sydney is not Australia's capital* [2] immer noch gut verstehen. Deswegen nennen wir solche entbehrlichen Relativsätze ‚nicht notwendige Relativsätze' *(non-defining relative clauses).*

▶ **BEACHTE** Nicht notwendige Relativsätze werden immer **durch Kommas** vom Hauptsatz getrennt.

Übung

■ **Sind die Relativsätze in *Kursivschrift* notwendig a) oder nicht notwendig b)? Wähle den richtigen Buchstaben.**

Beispiel:

▶ A survey *that looks into sexual equality in Britain* was published yesterday.

▷ **a**

1 The survey, *which was published in London,* found that little had changed.

2 The results, *which came from all over the UK,* make sad reading for women.

3 It was found that it is still the women in Britain *who do almost all child care duties.*

4 This applies to working women, *who themselves have jobs,* as well.

5 The survey showed that even men, *who are out of work,* do not help in the home.

Test

1 Britische Schülerinnen stellen einem amerikanischen Austauschschüler Fragen über seine Schule in den USA. Teile deiner Schülerzeitung mit, welche Fragen gestellt wurden. Verwende *Somebody/ Someone + asked/wanted to know/wondered* als einleitende Verben. Schreibe auf einen Zettel.

1 "Where do you go to school?"
2 "How many students and teachers are there at your school?"
3 "Is it true that you can learn subjects like car mechanics at American schools?"
4 "Are there special school buses in the USA?"
5 "Do you have to wear a school uniform?"
6 "Do your teachers give you much homework?"
7 "How many lessons do you have a day and how long are they?"
8 "Do you have exams at the end of the school year?"
9 "What time does school start and finish?"
10 "Do you have a school canteen or must you bring sandwiches?"

2 Teile einem Dritten mit, was die Umweltberaterin über Energiesparmaßnahmen sagte. Verwende die einleitenden Verben *advised us/her audience/listeners (not)/asked us/… (not)/…* und *told us/… (not)*. Schreibe auf einen Zettel.

1 "Don't heat bedrooms except when it is really cold."
2 "Switch off the heating in kitchens when you're cooking."
3 "Don't buy silly gadgets like electric tin-openers, and don't use the ones you already have."
4 "Serve uncooked meals like salads two or three times a week."
5 "Remember to switch off lights and other electrical equipment when you're not using them."
6 "Don't use stand-by switches on TVs and CD players."
7 "Replace throw-away batteries with rechargeable ones."
8 "Walk or cycle rather than use a car or scooter."
9 "Don't overheat rooms. Set the thermostat at 18°."
10 "Have showers rather than baths – and don't have either unless you really need to."

Weiterführende Grammatik *(Further grammar)*

1 Weitere Futurzeiten *(Further future tenses)*

1.1 *Future progressive*

Beispiel:

1 I **will be earning** more money after Easter.
Nach Ostern werde ich mehr Geld verdienen.

2 Mr Sun **will be teaching** us English next year.
Nächstes Jahr wird Mr Sun uns in Englisch unterrichten.

3 This time next week Janna and Hank **will be flying** to Florida.
Nächste Woche zu dieser Zeit werden Janna und Hank gerade dabei sein, nach Florida zu fliegen.

4 I hope I **will not/won't be spending** all my time in the office.
Ich hoffe, dass ich nicht meine ganze Zeit im Büro verbringen werde.

5 **Will** Tom Carter **be taking part** in the meeting on Saturday?
Wird Tom Carter an der Sitzung am Samstag teilnehmen?

Form

■ Wir bilden das *future progressive* mit *will be* + *-ing*-Form des Vollverbs. Diese Form ist bei allen Personen gleich [1] – [3].

■ Um das *future progressive* zu verneinen, fügen wir *not* unmittelbar nach *will* ein [4].

■ Um Fragen zu bilden, tauschen wir *will* und das Subjekt einfach aus (Inversion) [5].

Gebrauch

■ Wir verwenden das *future progressive* für andauernde zukünftige Situationen und Handlungen.

1.2 *Future perfect*

Beispiel:

1 I **will have finished** the report by Friday.
Bis Freitag werde ich den Bericht erledigt haben.

2 Can you wait an hour? We **will have repaired** your car by then.
Können Sie eine Stunde warten? Bis dann werden wir ihr Auto repariert haben.

3 I'm sorry. They **will not/won't have cleaned** your room until midday.
Es tut mir leid. Sie werden ihr Zimmer bis Mittag nicht gereinigt haben.

4 **Will** you **have passed** your driving licence before your holiday?
Wirst du deine Fahrprüfung vor deinem Urlaub bestanden haben?

Form

■ Wir bilden das *future perfect* mit *will have* + Partizip Perfekt (3. Form). Diese Form ist bei allen Personen gleich [1] [2].

■ Um das *future perfect* zu verneinen, fügen wir *not* unmittelbar nach *will* ein [3].

■ Um Fragen zu bilden, tauschen wir *will* und das Subjekt einfach aus (Inversion) [4].

Gebrauch

■ Wir verwenden das *future perfect,* um zu verdeutlichen, dass eine Handlung zu einem bestimmten zukünftigen Zeitpunkt abgeschlossen sein wird.

TIPP Oft kommt das ***future perfect*** mit folgenden **Zeitangaben** vor:
by *tomorrow/next week/Monday/Christmas/the end of next year/…* [1]
before *next June/Easter/…* [4]
until *August/7 o'clock/the summer holidays/…* [3]

1.3 *Future perfect progressive*

Beispiel:

1 When she retires, Annie **will have been working** here for 42 years.
Wenn sie in Rente geht, wird Annie 42 Jahre hier gearbeitet haben.

2 I **will not/won't have been learning** French for long when we go to Paris.
Ich werde nicht lange Französisch gelernt haben, wenn wir nach Paris fahren.

3 **Will** Ben **have been studying** for more than four years when he sits the exam?
Wird Ben mehr als vier Jahre studiert haben, wenn er die Prüfung macht?

Form

■ Wir bilden das *future perfect progressive* mit *will have been* + *-ing-*Form des Vollverbs. Diese Form ist bei allen Personen gleich.

■ Um das *future perfect progressive* zu verneinen, fügen wir *not* unmittelbar nach *will* ein [2].

■ Um Fragen zu bilden, tauschen wir *will* und das Subjekt einfach aus (Inversion) [3].

Gebrauch

■ Wir verwenden das *future perfect progressive,* um zu verdeutlichen, wie lange eine Situation [1] oder Handlung [2] [3] zu einem bestimmten zukünftigen Zeitpunkt angedauert hat.

TIPP Die folgenden Verben haben normalerweise **keine** *progressive*-Form:

believe	glauben	*love*	lieben
hate	hassen	*mean*	bedeuten
hear	hören	*see*	sehen
know	wissen, kennen	*want*	möchten
like	mögen		

Übung

Setze die Verben in den angegebenen Zeiten ein. Schreibe auf einen Zettel.

future progressive:

1 This time next week we ____ (drive) to Holland.
2 I hope the trainees ____ (not do) the same thing all the time.
3 ____ (Janet + tell) us about new products at the meeting?

future perfect:

4 Sally Watts says she ____ (type) the letters by 4 o'clock.
5 The mechanic ____ (not repair) our car by the weekend.
6 ____ (you + do) your homework by the time the film starts?

future perfect progressive:

7 By the time Julie's finished she ____ (cook) for five hours.
8 I ____ (not work) here long when I get my own office.
9 ____ (Ali + live) here for over three years when he gets a German passport?

2 Inversion *(Inversion)*

Beispiel:

1 **Have you** seen Hank?
Hast du Hank gesehen?

2 **Do you** know the Greens?
Kennst du die Greens?

3 Ben I like Turkish food very much.
Ich esse sehr gerne türkisch.
Sam So **do I.**
Ich auch.

4 Pam The Greens live in Brighton.
Die Greens wohnen in Brighton.
Ann Really? So **do we.**
Wirklich? Wir auch.

5 Ben We never go shopping on Saturdays.
Samstags gehen wir nie einkaufen.
Sam Neither **do we.** The shops are too crowded.
Wir auch nicht. Die Geschäfte sind zu voll.
6 Janna I haven't done my homework yet.
Ich habe meine Hausaufgaben noch nicht gemacht.
Bill Neither **has Julie.**
Julie auch nicht.
7 "We want to hire more staff", **said the boss.**
„Wir wollen mehr Mitarbeiter einstellen", sagte der Chef.
8 "What's the time?" **he asked.**
„Wie spät ist es?" fragte er.

■ Das Austauschen von Subjekt und Hilfsverb, um Fragen zu bilden, nennen wir Inversion *(subject-auxiliary inverson)* [1] [2].

■ Wir benutzen auch Inversionen dieser Art, um Kurzantworten mit *so* (auch) [3] [4] und mit *neither/nor* (auch nicht) [5] [6] zu bilden.

■ Sind Subjekt und einleitendes Verb *(introductory verb)* in der direkten Rede nachgestellt, können wir eine Inversion benutzen [7].

▶ **BEACHTE** Ist das Subjekt ein Pronomen bleibt die normale Wortstellung, also **Subjekt – Verb,** erhalten [8].

Übung

■ **Bilde Kurzantworten mit *so* und *neither/nor*. Schreibe auf einen Zettel.**

Beispiel:
Sue I really like Brad Pitt's films.
Tim So/my sister → *So does my sister.*

1 Joe Janna can play the guitar.
Bill So/Sally Watts
2 Sue I must go now.
Tim Okay. So/I
3 Joe I don't watch much TV.
Bill Nor/we

3 Das Partizip *(The participle)*

3.1 Partizip Präsens nach *see, watch, listen to, …* *(Present participle after see, watch, listen to, …)*

Beispiel:

1 We **listened** to the group **singing** oldies **for three hours.**
Wir hörten der Gruppe drei Stunden lang zu, als sie Oldies sang.

2 As I drove past, I **saw** the police **stopping** a car.
Als ich vorbeifuhr sah ich, wie die Polizei ein Auto anhielt.

3 We **saw** the man **hit** the child.
Wir haben gesehen, dass der Mann das Kind schlug.

4 The audience **watched** the singer **walk** on to the stage, **take** a microphone and **sing** his latest hit.
Das Publikum sah zu, wie der Sänger auf die Bühne ging, ein Mikrophon nahm und seinen neuesten Hit sang.

■ Bei einer Handlung von längerer Dauer [1] oder, wenn wir betonen wollen, dass wir nur einen Teil der Handlung miterlebt haben [2], benutzen wir das Partizip Präsens (-*ing*-Form).

■ Wenn wir den gesamten Ablauf einer Handlung miterlebt haben [3] oder, wenn eine Reihe von Handlungen nacheinander passiert [4], benutzen wir den Infinitiv ohne *to*.

3.2 Partizip Präsens nach *come, sit, …* *(Present participle after come, sit, …)*

Beispiel:

1 The children **came racing** down the road.
Die Kinder kamen die Straße entlanggerannt.

2 We want to **go skiing** tomorrow.
Morgen wollen wir Ski fahren gehen.

3 Julie **lay sleeping** on the sofa.
Julie lag schlafend auf dem Sofa.

4 Ben just **sat listening** to his walkman.
Ben saß da und hörte Walkman.

■ Nach Verben der Bewegung, wie *come* [1], *go* [2], *walk*, … und Verben der Ruhe, wie *lie* [3], *sit* [4], *stand*, … benutzen wir im Englischen das Partizip Präsens (*-ing*-Form).

3.3 Partizipialstruktur statt Adverbialsatz *(Participle structure instead of adverbial clause)*

Beispiel:

1 Because I was late, I took a taxi.
Being late, I took a taxi.
Weil ich mich verspätet hatte, nahm ich ein Taxi.

2 After she'd finished the letters, she went home.
Having finished/After finishing the letters, she went home.
Nachdem sie die Briefe erledigt hatte, ging sie nach Hause.

3 While Ben was sitting on the bus he went to sleep.
While sitting on the bus, Ben went to sleep.
Während Ben im Bus saß, schlief er ein.

4 If we are told what to do, we'll do it.
If told what to do, we'll do it.
Wenn man uns sagt, was zu tun ist, werden wir es auch tun.

■ Um einen Adverbialsatz mit Hilfe einer Partizipialstruktur zu verkürzen, muss das Subjekt des Haupt- und Nebensatzes das Gleiche sein: *I was, I took* [1], *she'd finished, she went* [2], *Ben was sitting, he went* [3], *we are told, we'll do* [4].

■ Adverbialsätze im Aktiv verkürzen wir mit dem Partizip Präsens (*-ing*-Form) [1] – [3]. Adverbialsätze im Passiv dagegen verkürzen wir mit dem Partizip Perfekt [4].

3.4 Partizipialstruktur statt Relativsatz *(Participle structure instead of relative clause)*

Beispiel:

1 The girl **who/that is talking** to Ben is my sister.
The girl **talking** to Ben is my sister.
Das Mädchen, das gerade mit Ben spricht, ist meine Schwester.

2 I asked a man **who/that was sitting** on a bench the way to the station.
I asked a man **sitting** on a bench the way to the station.
Ich fragte einen Mann, der auf einer Bank saß, nach dem Weg zum Bahnhof.

3 The concert **which/that was held** in the park was great.
The concert **held** in the park was great.
Das Konzert, das im Park gegeben wurde, war großartig.

■ Die Partizipien *talking* [1], *sitting* [2] und *held* [3] ersetzen den jeweiligen Relativsatz *(who/that is talking, who/that was sitting, …).*

■ Die Verkürzung durch das Partizip Präsens (*-ing*-Form) drückt eine aktive Handlung aus [1] [2].

■ Die Verkürzung durch das Partizip Perfekt (3. Form) drückt einen passiven Vorgang aus [3].

Übung

■ **Ersetze den Relativsatz durch eine Partizipialstruktur. Schreibe auf einen Zettel.**

Beispiel:

▶ I asked a woman who was waiting for the bus the time.

▷ *waiting for the bus*

1 The boys who were caught shoplifting go to my school.
2 The car that was damaged in the accident belongs to my boss.
3 The church that was built in 1043 has burnt down.
4 The computers that were delivered yesterday are all broken.
5 The dog that is playing with the little boy is called Luna.
6 The news that was read out at the meeting was not good.
7 The woman who is buying an ice-cream is a police officer.

Test

1 Wähle die richtige Alternative, a) oder b). Schreibe auf einen Zettel.

1 This time tomorrow Peter **a)** will be flying – **b)** will have been flying to the USA.
2 The weather's awful. I hope you **a)** won't be travelling – **b)** won't have travelled to Leeds by car.
3 **a)** Will Sarah be attending – **b)** Will Sarah have attended the meeting on Monday?
4 By the way, **a)** will you be going – **b)** will you go to Julie's party next week.
5 They **a)** will be arriving – **b)** will have been arriving in New York at 10 am tomorrow.
6 Ben says he **a)** will be finishing – **b)** will have finished the report by the weekend.
7 **a)** Will Tim be learning – **b)** Will Tim have learnt his vocabualry by the time we have a test?
8 They **a)** will not have cleaned – **b)** will not have been cleaning the hotel room by the time we arrive.
9 By the time the guests come, we **a)** have worked – **b)** will have been working in the kitchen for three hours.
10 I **a)** will not have been doing – **b)** will not do a German course long when I move to Cologne.

2 Übersetze die Sätze ins Englische. Verwende dabei Strukturen mit Partizipien. Schreibe auf einen Zettel.

1 Bonzo kam den Hügel hinuntergerannt.
2 Joshua saß in der Küche und hörte Radio.
3 Maria lag weinend auf dem Bett.
4 Morgen wollen wir schwimmen gehen.
5 Nachdem Alice die Betten gemacht hatte, trank sie eine Tasse Kaffee.
6 Während Jack wartete, las er eine Zeitung.
7 Weil wir uns verspätet hatten, fuhren wir mit dem Auto.
8 Wenn höflich darum gebeten, werde ich helfen.

4 Das deutsche Verb ‚lassen‘ *(The German verb ‚lassen‘)*

4.1 *let* + Objekt + Infinitiv ohne *to; allow* + Objekt + *to*-Infinitiv *(let + objekt + infinitive without to; allow + object + to-infinitive)*

Beispiel:

1 Mrs Wood **let her class go** home after the test.
Nach dem Test ließ Mrs Wood ihre Klasse nach Hause gehen.

2 The teacher **didn't let the candidates use** their pocket calculators.
Der Lehrer ließ es nicht zu, dass die Prüflinge ihre Taschenrechner benutzten.

3 Some parents **allow their children to stay up** as long as they want.
Einige Eltern erlauben ihren Kindern aufzubleiben, so lange sie wollen.

4 **Did** the detective **allow Fred to phone** his lawyer?
Hat der Kommisar Fred erlaubt, seinen Rechtsanwalt anzurufen?

■ Hat das Verb ‚lassen‘ die Bedeutung ‚zulassen‘ bzw. ‚erlauben‘, benutzen wir im normalen Englisch das Muster *(not) let* + Objekt + Infinitiv ohne *to* [1] [2].

■ Im formelleren Gebrauch dagegen benutzen wir lieber das Muster *(not) allow* + Objekt + Infinitiv ohne *to* [3] [4].

▶ **BEACHTE** In beiden Fällen bilden wir die **Verneinung** [2] und die **Frageform** [4] mit dem Hilfsverb ***do.***

4.2 *make* + Objekt + Infinitiv ohne *to*; *force* + Objekt + *to*-Infinitiv *(make + objekt + infinitive without to; force + object + to-infinitive)*

Beispiel:

1 The boss **made his secretary finish** the report before going home.
Der Chef ließ seine Sekretärin den Bericht zu Ende schreiben, bevor er nach Hause ging.

2 The terrorists **forced the pilot to fly** to another country.
Die Terroristen zwangen den Piloten, in ein anderes Land zu fliegen.

3 Of course I **didn't make/force Julie to drink** alcohol.
Natürlich habe ich Julie nicht gezwungen Alkohol zu trinken.

4 **Does** your English teacher **make you learn** your vocabulary?
Bringt dein Englischlehrer dich dazu, deine Vokabeln zu lernen?

■ Hat das Verb ‚lassen' die Bedeutung ‚veranlassen' bzw. ‚jemanden zwingen, etwas zu tun', benutzen wir das Muster *(not) make* + Objekt + Infinitiv ohne *to* [1] [3] oder – verstärkt – das Muster *(not) force* + Objekt + Infinitive ohne *to* [2] [4].

▶ **BEACHTE** In beiden Fällen bilden wir die **Verneinung** [3] und die **Frageform** [4] mit dem Hilfsverb ***do.***

4.3 *have/get* + Objekt + Partizip Perfekt *(have/get + object + perfect participle)*

Beispiel:

1 I hope Mum **has/gets the dishwasher repaired** soon.
Ich hoffe, dass Mama den Geschirrspüler bald reparieren lässt.

2 Dad still **hasn't had/got the TV mended.**
Papa hat das Fernsehgerät immer noch nicht reparieren lassen.

3 **Do** you **have/get your car cleaned** or do you clean it yourself?
Lassen Sie Ihr Auto waschen oder waschen Sie es selbst?

■ Hat das Verb *‚lassen'* die Bedeutung *‚etwas erledigen/machen lassen'*, benutzen wir im normalen Englischen das Muster *(not) have* + Objekt + Partizip Perfekt (3. Form).

■ In der **Umgangssprache** benutzen wir oft ***get*** statt ***have.***

Übung

■ **Ergänze die fehlenden Wörter, um die Übersetzung ins Englische zu vervollständigen. Schreibe auf einen Zettel.**

1 *Der Dieb zwang den Bankangestellten den Tresor aufzumachen.*
The thief **a)** ____ the bank clerk **b)** ____ the safe.

2 *Die Polizei ließ den Fahrer sein Auto am Straßenrand parken.*
The police **a)** ____ the driver **b)** ____ his car at the side of the road.

3 *Die Stadt ließ es nicht zu, dass die Leute ihre Autos auf den Schulhöfen abstellten.*
The town **a)** ____ people **b)** ____ their cars in school playgrounds.

4 *Einige Eltern lassen ihren Kinder ohne Aufsicht im Internet surfen.*
Some parents **a)** ____ their children **b)** ____ the internet unsupervised.

5 *Ich hoffe, dass Bernd sein Rad richtig reparieren lässt.*
I hope Bernd **a)** ____ properly **b)** ____

6 *Nach dem Spiel ließ der Trainer seine Mannschaft duschen.*
After the game the trainer **a)** ____ his team **b)** ____

5 Betonungsmittel *(Means of emphasis)*

5.1 Anwendung von betonenden Ausdrücken *(Use of emphasising expressions)*

Beispiel:

1 Mum didn't ask me to do it. She asked **you.**
Mama hat nicht mich darum gebeten, sondern dich.

2 Can't you read? It says here ‚Open **carefully**'.
Kannst du nicht lesen? Es steht hier ‚Vorsichtig öffnen'.

3 **For heaven's sake** be quiet! Frank's on the phone.
Um Himmels willen sei ruhig! Frank ist am Telefon.

4 You're **absolutely hopeless.** Why can't you listen?
Du bist absolut hoffnungslos. Warum kannst du nicht zuhören?

5 The children were having **such a lot of fun** that they completely forgot the time.
Die Kinder hatten so viel Spaß, dass sie die Zeit völlig vergaßen.

■ Die geläufigste Art der Betonung in der gesprochenen Sprache ist die starke Betonung eines Wortes durch Lautstärke oder Tonfall [1] [2].

■ Vor allem in der Umgangssprache benutzen wir Ausdrücke wie *for heaven's sake, in God's name* usw., um meist eine Aufforderung zu betonen [3].

■ Sehr häufig benutzen wir Wörter wie *absolutely, certainly, completely, definitely, really, so, such, totally, very* usw., um Adjektive [4], Nomen [5] oder Verben [5] zu verstärken.

5.2 Anwendung von *do (Use of do)*

Beispiel:

1 Don't be like that. I **do like** your new coat.
Sei nicht so. Ich mag deinen neuen Mantel wirklich.

2 You can say what you like. You **did sneak** on me.
Du kannst sagen, was du willst. Du hast mich sehr wohl verpetzt.

3 **Do sit down.** Mr Brown won't be a moment.
Nehmen Sie doch Platz. Herr Brown kommt sofort.

4 **Do drive** carefully. The roads are slippery.
Fahr bitte vorsichtig. Die Straßen sind glatt.

■ Wir können *do/does/did* benutzen, um Behauptungen zu betonen [1] [2].

■ Oft verwenden wir *do,* um höfliche Aufforderungen [3] und dringende Bitten [4] hervorzuheben.

5.3 Fragewort + *ever* oder ein verstärkender Ausdruck *(Question word + ever or an emphasising expression)*

Beispiel:

1 **Who ever** told you that? It's complete nonsense!
Wer hat dir denn das erzählt? Das ist völliger Unsinn!

2 **Why ever** did you tell Alex where Maria was?
Warum hast du Alex bloß gesagt, wo Maria war?

3 **Where on earth** have you been all this time?
Wo warst du denn die ganze Zeit?
4 **What the hell** are you talking about?
Was zum Teufel redest du da?

■ Möchten wir eine Frage mit Fragewort besonders betonen, können wir *ever* unmittelbar hinter das Fragewort stellen [1] [2].
▶ **BEACHTE** Mit Ausnahme von ***where*** wird ***ever*** sehr oft dem Fragewort **direkt angeschlossen: *however, however much/many, whatever, whoever, whyever,*** ABER ***where ever***.

■ Vor allem in der Umgangssprache können wir auch eine Wendung wie *in all the world, in God's/heaven's name, on earth* [3] oder *the hell* (sehr informell) [4] unmittelbar nach dem Fragewort stellen.

5.4 Anwendung des Musters *It is/was* + Nomen/Pronomen + *who/that …* *(Use of pattern It is/was + Nomen/Pronomen + who/that …)*

Beispiel:

1 Frank bought an Audi. **It is the car that** won the race.
Frank kaufte einen Audi. Es ist das Auto, das das Rennen gewonnen hat.
2 **It was Maria who** told me that, not Anna.
Es war Maria, die mir das erzählte, nicht Anna.
3 It wasn't **him** who fouled, but the goalkeeper.
Es war nicht er, der gefoult hat, sondern der Torhüter.
4 **It was on Tuesday that** I saw Laura in town.
Es war am Dienstag, als ich Laura in der Stadt sah.
5 **It was in Bochum that** we had the accident, not in Essen.
Es war in Bochum, wo wir den Unfall hatten, nicht in Essen.

■ Möchten wir ein Nomen [1] [2], Pronomen [3] oder eine Zeit- [4] bzw. Ortsangabe [5] stark betonen, können wir das Muster *It is/was* + Relativsatz benutzen.
▶ **BEACHTE** Bei diesem Muster stehen **Personalpronomen** *(I, you, he, she, …)* immer in der **Objektform** *(me, you, him, her, …)*.

5.5 Anwendung eines *self*-Pronomen *(Use of a self-pronoun)*

Beispiel:

1 **The trainer himself** chose Lars, so he'll definitely play.
Der Trainer selbst hat Lars gewählt, also wird er auf jeden Fall spielen.

2 **The problems themselves** aren't so bad, but the people are so difficult.
Die Probleme selbst sind nicht so schlimm, aber die Leute sind so schwierig.

3 **I myself** told John about the meeting, so where is he?
Ich selbst informierte John über die Sitzung, also wo ist er?

■ Ein Nomen [1] [2] oder Pronomen [3] kann mit Hilfe eines nachfolgenden *self*-Pronomens verstärkt werden.

5.6 *always + present progressive*

Beispiel:

1 I **am always asking** you not to interrupt me.
Ich bitte dich dauernd darum, mich nicht zu unterbrechen.

2 Maria **is always polishing** her nails during lessons.
Maria lackiert dauernd ihre Fingernägel während des Unterrichts.

3 Our neighbours **are always shouting** at each other.
Unsere Nachbarn schreien sich dauernd an.

■ Möchten wir verdeutlichen, dass irgendeine meist unwillkommene Handlung allzu oft passiert, können wir das Muster *always* + *present progressive* verwenden [1] – [3].

Test

1 Betone die unterstrichenen Wörter. Sieh dir erst die Beispiele an. Schreibe auf einen Zettel.

Beispiel:

- Barbara invited me to the party, not Betty.
- *It was Barbara who invited me …*

- What did you say to upset Ann again?
- *What ever did you …*

- Be careful, won't you? It's quite foggy.
- *Do be careful. …*

- He's lying. I saw him looking into your bag.
- *… I myself saw …*

1 Don't be silly. I like your cooking.
2 Help yourself to a drink.
3 Where did you find my glasses? I looked everywhere.
4 When I see her, I always think of Alan's party. Remember?
5 Of course he'll deny it, but he stole my pen.
6 The players want to train three times a week, not just the trainer.
7 The restaurant-owner gave us this table. She said it's free until 8:30.
8 They often go to Spain, but we prefer France.
9 Who is spreading these rumours *(Gerüchte)* about me?
10 You mean Alan, not Frank.
11 Tom didn't win the race, but Ben.
12 We went to the disco in Leeds, not Hull.

2 Ergänze die fehlenden Wörter, um die Übersetzung ins Englische zu vervollständigen. Schreibe auf einen Zettel.

1 *Lass mich endlich in Ruhe mit deinem Unfug!*
Stop your **a)** ____ and **b)** ____ in peace!
2 *Heute muss ich meine Klasse etwas früher nach Hause gehen lassen.*
I **a)** ____ my class **b)** ____ about an hour earlier today.
3 *Gestern ließen wir den Gartenzaun reparieren.*
We **a)** ____ the garden fence **b)** ____ yesterday.
4 *Wegen eines Feueralarms mussten wir alle das Warenhaus verlassen.*
Everybody **a)** ____ the department store **b)** ____

Test

5 *Leider müssen wir alle Briefe aus Frankreich ins Englische übersetzen lassen.*
Unfortunately we **a)** ____ all letters from France **b)** ____

6 *Ich bin müde. Lasst uns ein Taxi nach Hause nehmen.*
I'm tired. **a)** ____ a taxi **b)** ____

7 *Einige Eltern lassen ihre Kinder machen, was sie wollen.*
Some parents **a)** ____ what they **b)** ____

8 *Unser Chef ist unmöglich. Heute ließ er uns über eine Stunde auf ihn warten.*
Our boss is impossible. Today he **a)** ____ for **b)** ____

3 Betone die unterstrichenen Wörter. Schreibe auf einen Zettel.

1 That's just not true. Laura worked hard for the exam.
2 Feel at home. I won't be a moment.
3 Who broke this glass? It's quite valuable.
4 Why are you so rude to Mary?
5 The students asked if we could practise for the exam.
6 What are you talking about? Roger leant me the car.
7 They don't live here. They live in London.
8 Greece won the cup, not Portugal.
9 Ben is a chess champion, not Tom.
10 We went on holiday to Brittany, not the Provence.

Fertigkeitstraining *(Skills training)*

1 Privatbriefe *(Private letters)*

Anschrift oben rechts, ***ohne Namen***

Kleiststraße 10
52066 Aachen
Germany

Datum ***ohne Punkt*** *nach dem Tag*

15 September 20..

Dear + Name, ***ohne Komma***

Dear Sara

Thanks very much for your letter. It was great to hear that you passed all your exams with such good grades. Well done!

Neuer Absatz mit eingerückter erster Zeile

Your idea of taking a gap year before going to college sounds very exciting. I know somebody who took a year out in Canada, and he had a wonderful time there.

My big news is that I'm doing my driving test next week. I feel quite nervous about it, but my instructor says I should pass all right. Think of me at 2 o'clock your time on Friday, 25 September, won't you? That's when I'll be starting my test!

We haven't seen each other for ages and I'd love to get together for a really long chat. Why don't you come over to Aachen before you go off on your gap year? Flights to Liége in Belgium are really cheap at the moment. What do you say?

Love oder Yours, ***ohne Komma***

Love Kati

Form

■ Bei privaten Briefen steht die Absenderanschrift (ohne Namen) oben rechts mit dem Datum unmittelbar darunter.
▶ **BEACHTE** Die Form (z. B.) ***15 September 2006*** ist sicherlich am einfachsten. Andere Möglichkeiten sind: ***15th September 2006, September 15, 2006*** und ***September 15th, 2006.***

■ Bei handgeschriebenen Briefen wird die erste Zeile eines neuen Absatzes meist eingerückt *(indented)*. Bei computergeschriebenen Briefen wird ein neuer Absatz oft durch eine Leerzeile *(white line)* angezeigt.

Sprache und Stil

■ Private Briefe sind informell. Deswegen benutzen wir in solchen Briefen Umgangssprache *(colloquial language)* und Formen der gesprochenen Sprache *(conversational devices)*. (→ Übersichten, 1.1 Informeller Stil, S. 286)

■ Obwohl private Briefe meist informell sind, gelten trotzdem die üblichen Stilnormen. So würdest du zum Beispiel in einem Brief an eine ältere Person, die du nicht besonders gut kennst, einen förmlicheren Stil wählen.

2 Formellere Briefe *(More formal letters)*

Eastern Digital is looking for experienced **programmers** and **website designers**

for immediate employment. We offer a generous salary, excellent fringe benefits, a pleasant working atmosphere and exceptional job prospects for well-qualified staff.

Please send your CV and a letter of application to
Personnel Department, Eastern Digital Limited,
15–17 Riverside Road, Cambridge, CB3 6TZ

*Anschrift oben rechts, **ohne Namen***	24 Manor Road Bungay, Suffolk NR35 1RR
*Datum wie im Deutschen, **ohne Punkt***	22 June 20..
Empfängeranschrift links	Personnel Department Eastern Digital Ltd 15-17 Riverside Road Cambridge CB3 6TZ
Betreffzeile	**Application**
*unpersönliche Anrede, **ohne Komma***	Dear Sir or Madam With reference to your advertisement in the June edition of *IT World*, I would like to apply for a position as website designer with Eastern Digital.
Neuer Absatz mit Leerzeile	As requested, I enclose my CV, which contains full details of my qualifications and professional experience. Thank you for your interest, and I look forward to hearing from you in due course.
*unpersönliche Anrede + **Yours faithfully*** *namentliche Anrede + **Yours sincerely***	Yours faithfully
Unterschrift	Peter Fox
maschinengeschriebener Name	Peter Fox
Anlage	**Enc** CV

Form

- Im gesamten englischen Sprachraum wird die amerikanische Blockform *(American block form)* wegen ihrer Klarheit und Einfachheit immer beliebter. Bei dieser Form werden die Briefteile einfach untereinander linksbündig aufgelistet.

- Bei der Blockform werden keine Kommas benutzt in Adressen, nach der Anrede und nach der abschließenden Grußformel.

- Hier sind einige Bemerkungen zu den einzelnen Teilen eines formellen Briefes, z. B. eines Geschäftsbriefes, einer Bewerbung oder eines Briefes an eine Zeitungsredaktion:

Empfängeranschrift *(inside address)*
Wenn du einen Brief beantwortest, vergewissere dich, dass die Empfängeranschrift genau dieselbe wie der Briefkopf des Originalbriefes ist. Mache keinerlei Änderungen!

> TIPP Auf der Website der Universal Postal Union – **www.upu.int** – findest du heraus, wie man Anschriften in über 180 Ländern postgerecht gestaltet.

Datum *(date)*
Obwohl es eine Reihe von anderen Möglichkeiten gibt – s. Seite 260 – ist z. B. *12 April 2005* weitaus die geläufigste Form im modernen Geschäftsgebrauch.
▶ BEACHTE Benutze keine Daten, die nur aus Zahlen – wie z. B. 11. 6. 05 – bestehen. In Europa bedeutet dies 11 June 2005, aber in Nordamerika und in gewissen asiatischen Staaten bedeutet es 6 November 2005.

Betreffzeile *(subject line)*
Im modernen Gebrauch steht die Betreffzeile unmittelbar vor der Anrede. Sie gibt in so wenig Wörtern wie möglich an, um was es sich in dem Brief handelt. Normalerweise ist die Betreffzeile **halbfett** oder unterstrichen.

Anrede *(salutation)*
Wenn du den Namen des Empfängers nicht kennst, dann benutze die unpersönliche Form *Dear Sir or Madam*.

Grußformel *(complimentary close)*
Beginnen deine Briefe mit einem Namen, dann beende sie mit *Yours sincerely*. Beginnst du mit der unpersönlichen Form *Dear Sir or Madam*, endest du mit *Yours faithfully*.

▶ **BEACHTE** Kennst du die andere Person gut, ist es freundlicher ***With best regards*** oder ***With best wishes*** statt des formelleren Ausdruckes ***Yours sincerely*** den Brief zu beenden.

Unterschrift *(signature)*
Schreibe deinen Namen mit dem PC und unterschreibe dann mit der Hand.

Anlagen *(enclosures)*
Legst du dem Brief etwas bei, dann teilst du das dem Empfänger mit. Benutze *Enc/Encl* für eine Anlage und *Encs/Encls* für zwei oder mehr Anlagen.

Sprache und Stil

- Weil sie unter Umständen veröffentlicht werden könnten, verwendet man bei Leserbriefen an eine Zeitungsredaktion einen wesentlich förmlicheren Stil. In vielerlei Hinsicht sind solche Briefe förmlicher als routinemäßige Geschäftsbriefe.

- Obwohl Geschäftsbriefe natürlich förmlicher sind als persönliche Briefe, heißt dies nicht, dass sie deshalb steif und unfreundlich klingen müssen. (→ Übersichten, 1.2 Gehobener Stil, S. 287)

- Um das Leseverständnis zu erhöhen, benutze einen Absatz für jeden Inhaltspunkt und lasse eine Leerzeile *(white line)* dazwischen.

Übung

■ **Dieser Antwortbrief von Eastern Digital Ltd an Peter Fox (s. Musterbrief S. 261) ist vollständig, aber die Wörter sind in der falschen Reihenfolge. Bringe den Brief in die richtige Reihenfolge und verwende die amerikanische Blockform. Schreibe auf einen Zettel.**

Application – Bungay, Suffolk – Cambridge – CB3 6TZ – Dear Mr Fox – Eastern Digital Limited – **Enc** – 15–17 Riverside Road – image brochure, 1x – Kate Morse – Kate Morse – NR35 1RR – Personnel Department – 24 Manor Road – 22 June 20..

I look forward to hearing from you soon.

I would like to take this opportunity to send you a copy of our image brochure, which will give you some more detailed information about the company.

Could you please get in touch with me by phone or email to arrange a personal meeting?

Thank you for your application for the position of website designer, which we read with interest.

3 Faxschreiben *(Fax messages)*

FAX MESSAGE

EASTERN DIGITAL LIMITED
15–17 Riverside Road
Cambridge
CB3 6TZ

Tel +44–1223–893322–0 · **Fax** +44–1223–893322–10 · **email** info@eadi.co.uk

To	Gebrüder Klein GmbH	**For**	Ms Birgit Allofs
Fax no.	+49–1234–567890	**Dept**	Export
Date	30. November 2005	**About**	Our order no. 456/7
From	Ann Fox, Carr & Co Ltd	**Pages**	2

If you have not received the number of pages shown above, please contact us on **01223–893322–12** without delay.

■ Der einzige Unterschied zwischen einem Faxschreiben und einem Brief liegt in der Methode der technischen Übertragung. Was Sprachgebrauch und Stil betrifft, gelten die Hinweise zu Privatbriefe (➜ 1.2.1, S. 259) und Formellere Briefe (➜ 1.2.2, S. 260) oben.

■ Obwohl die Gestaltung von Faxformularen unterschiedlich ausfällt, ist das Beispiel links typisch für den englischsprachigen Raum.

4 E-Mails *(Emails)*

Frank Bond

From: Frank Bond >frank.bond@networld.co.uk<
Sent: Wed 23.10.05 16:57
To: julie.cobb@coolnet.co.uk
Subject: party

Hi Julie

We'll be through by Friday so I can come to your barbecue on Saturday after all. What do you say to that? Great, isn't it?

See you there and looking forward ...

Frank

■ Im Gegensatz zu Geschäfts- und Leserbriefen oder Faxen sind E-Mails sehr informell und umgangssprachlich. Im Grunde spiegeln sie in geschriebener Form den lockeren Stil alltäglicher Kommunikation wider. (➜ Übersichten, 1.1 Informeller Stil, S. 286)

▶ **BEACHTE** Wenn du dich in E-Mails zu formell ausdrückst, klingen diese unerwartet steif und sogar unfreundlich. Deswegen ist es für formellere Angelegenheiten oft besser **einen Brief oder ein Fax** zu wählen.

5 Zusammenfassungen *(Summaries)*

America's orphan trains

During the 75 years between 1850 and 1925, orphanages[1] were a rich source[2] of new settlers for the Midwest. The same applies to the thousands of homeless and abandoned[3] children who were living on the streets of eastern cities, particulatly ports like New York and Boston. For example, it was estimated at the time that in 1854 there were some 34,000 homeless children in New York alone.

But apart from solving the problem of vagrant[4] children in the east, the resettlement of orphans also provided cheap labour and 'fresh blood' for new, thinly-populated[5] states west of the Mississippi such as Iowa, Missouri and Nebraska.

Children were transported west literally by the trainload in what came to be called 'orphan trains'. Estimates based on the records of orphanages and railroad companies put the total number of resettled children at around 400,000, though some historians think that this is probably far too low. For example, at least 100,000 children are known to have been resettled in Missouri – a state that kept particularly accurate records – during the period.

[1] Waisenhaus [2] Quelle [3] ausgesetzt [4] vagabundierend [5] dünn bevölkert

Mögliche Zusammenfassung

Between 1850 and 1925 orphanages and thousands of homeless vagrant children in eastern cities were a rich source of new settlers for the Midwest. Apart from relieving the problem of vagrant children in the east, the orphans also provided cheap labour and ‚fresh blood' for thinly-populated states west of the Mississippi. Estimates put the total number of resettled children at around 400,000, though this is probably far too low.

■ Die folgenden Hinweise und Schritte können dir helfen, eine Zusammenfassung eines Textes zu produzieren:

Schritt 1 Lies den Text Satz für Satz durch. Klammere dann all die Sätze, Satzteile, Wörter usw. aus, die nicht wesentlich zu den Kernaussagen des Textes beitragen. Du wirst wahrscheinlich dazu tendieren, die folgenden Inhalte eines Textes auszuklammern:

- Statistiken *(statistics)*, Tabellen, grafische Darstellungen *(graphics)*.
- Beispiele, die durch Wendungen wie *for example/instance, such as, as in the case of, as when* usw. eingeleitet werden.
- Anekdoten *(anecdotes)* und Witze, die z. B. durch *by the way, incidentally, in passing, that reminds me* usw. angekündigt werden.
- Wiederholungen, denen Ausdrücke wie *in other words, put another way, as I was saying, as already said, to repeat* usw. vorausgehen.
- Stilmittel *(stylstic devices, literary devices)*, vor allem Vergleiche *(similes)* Aufzählungen *(enumerations)* und natürlich Wiederholungen *(repetitions)*.
- Zitate *(quotations)* und Meinungen von Experten, die ein Argument unterstützen oder einen Einzelaspekt illustrieren sollen.

Schritt 2 Übertrage die Teile des Textes, die sich außerhalb der Klammern befinden, auf einen Zettel. Prüfe, ob du wirklich alle Nebensächlichkeiten entfernt hast.

Schritt 3 Füge die übriggebliebenen Teile – die das Wesentliche des Inhaltes wiedergeben – zu einem zusammenhängenden Text zusammen.

Übung

■ Lies zuerst den Zeitungsbericht. Dann mache eine Liste von wesentlichen Informationen, die du für eine Zusammenfassung des Berichtes brauchst. Schreibe auf einen Zettel.

THE LATEST UK crime statistics suggest[1] that a 46% increase in street crime among young people is largely caused by the theft of pay-as-you-go mobile phones from children. According to Detective Inspector James Sutton of London's Street Crime Unit, the big problem, as in the case of most petty crime[2], is opportunity[3]. "The theft of mobile phones is a good example of the saying 'Opportunity makes the thief'," he told reporters at a press conference in Camden Town yesterday. "If something is small and easy to steal like a mobile phone, say, and if the owner is unable to defend himself or herself, then somebody will steal it," he said. When asked why this kind of crime has increased so sharply in the last few years, DI Sutton said that a main reason was that anxious[4] parents gave prepaid mobile phones to their very young children. These parents were frightened of street violence, of course, and wanted to give their children the possibility of calling for help. "Sometimes children as young as five or six have these expensive phones," he said, "and they're now 'standard equipment' among ten-year-olds. Far from protecting their children, these parents are making them easy pickings[5] for thieves."

1 (hier:) deutlich machen
2 Kleinkriminalität
3 Gelegenheit
4 ängstlich
5 leichte Beute

6 Berichte *(Reports)*

Only a few people were skiing on the slopes above St Peter when the avalanche *(Lawine)* hit at about 4:15 yesterday afternoon, and none of them were in its path.
In the valley, a number of cars travelling to St Peter had to return to Hallach. A van ran into a car that was turning round in the middle of the road, but the police said nobody was hurt and there were no other accidents.
This is the fourth big avalanche that has taken place this season. Anton Gruber of Innsbruck University's Alpine research unit in Hallach told reporters that avalanches are becoming more common because of the warming of the earth's atmosphere.

■ Ein **Bericht** ist die objektive Darstellung eines **tatsächlichen Vorgangs**. Daher beantwortet ein Bericht folgende sogenannte **journalistische Fragen** *(journalistic questions):*

- *What event took place?*
- *Where and when did it take place?*
- *Who was involved?*
- *Why and how did it happen?*

■ Die **folgenden Schritte** können dir helfen, einen strukturierten und wertfreien **Bericht** zu schreiben:

Schritt 1 Sammele die **Fakten** nach den oben angegebenen Leitfragen in der Reihenfolge **Was? – Wo? – Wann? – Wer? – Warum? – Wie?**

Schritt 2 Berichte zeigen einen **formelleren Stil,** ohne aufgeblasen *(inflated),* unnötig kompliziert *(convoluted)* oder witzig *(facetious)* zu wirken. Am allerwichtigsten sind Klarheit, Genauigkeit und Vollständigkeit.

■ Eine unpersönliche Haltung wird durch die **Anwendung des Passivs** und durch eine **wertfreie Darstellung** der Ereignisse zum Ausdruck gebracht. (→ Übersichten, 1.2 Gehobener Stil, S. 287)

Übung

■ **Vervollständige den Bericht mit den fehlenden Passivformen. Schreibe auf einen Zettel.**

One similarity between Britain and Germany is the television licence fee. Everybody who owns a TV pays this, whether the BBC ____ (watch)[1], or not. One argument that ____ (often + hear)[2] against the fee is that most of the money ____ (not spend)[3] on TV programmes at all. Most of it ____ (use)[4] to pay for the BBC's huge bureaucracy. But here is another argument: it ____ (be reported)[5] that non-payment of the TV licence fee is the reason why 14% of jailed women ____ (put)[6] behind bars. In view of this, it is not surprising to hear that punishments are tougher in Britain than anywhere else in the EU. It ____ (be estimated)[7], for example, that four times more people ____ (lock up)[8] (einsperren) in British jails than in Dutch or German ones, for instance. About 15 years ago, the prison population had become so big that judges ____ (must be asked)[9] to put fewer people behind bars. The fact was that Britain had simply run out of prisons. Since then, however, more prisons ____ (build)[10] and judges are only too happy to use them.

7 Argumentative Texte und Stellungnahmen *(Argumentaive texts and comments)*

Beispiel eines argumentativen Textes

Dear Sir or Madam – I was interested to read your report on 2 March about calls for the censorship of the internet. Although such demands have caused an outcry, particularly in the liberal press, in my opinion they are absolutely right.
Opponents of internet censorship generally point to the problem of deciding who has the final say about what content should be censo-

red. These critics claim that if you give this job to governments and the courts, it won't be long before we have political and religious censorship as well.
This argument is, however, plainly absurd. In democratic societies governments and courts make countless decisions that have an effect upon the freedoms and rights of us all. But the fact is that democratic parliamentary control means that such powers are not abused, and, if they are, the abuse can be corrected. Why should it be any different with internet censorship?
All other media – books and films, for example – are controlled or 'censored' in a number of ways, and I do not see why the same constraints should not be applied to the internet as well.
Roger Gregg, Leeds

■ Ein argumentativer Text setzt sich mit einem umstrittenen Thema auseinander. Typische Beispiele solcher Texte sind Leitartikel *(leaders)*, Leserbriefe *(letters to the editor, readers' letters)*, politische Reden *(political speeches)* und viele Aufsätze *(essays)*.

■ Normalerweise besteht ein argumentativer Text aus drei Teilen, und zwar:

Einführung *(introduction)*
Darstellung des Problems und der eigenen Meinung dazu

Mittelteil *(development)*
Argumente dafür/dagegen mit geeigneten Fakten/Beweisen

Schlussfolgerung *(conclusion)*
Wiederholung der eigenen Position und kurze Zusammfassung der wichtigsten Gründe

■ Der Stil eines argumentativen Textes ist meist formell. (→ Übersichten, 1.2 Gehobener Stil, S. 287)

8 Referate *(Talks)*

■ Sammele Fakten und Ideen ggf. anhand einer *mind map* bzw. eines *topic web*.

■ Bringe deine Gedanken in eine logische Reihenfolge möglichst kleiner Schritte, wie bei einer Nachrichtensendung im Radio oder Fernsehen. So verhinderst du, unnötig abzuschweifen oder den Faden zu verlieren.

■ Errege die Aufmerksamkeit deiner Zuhörer zu Beginn deines Referats mit einer provokativen Aussage, einer rhetorischen Frage oder einer kurzen persönlichen Anekdote. Sei aber äußerst vorsichtig mit Witzen, die sehr leicht nach hinten losgehen können.

■ Visuelle Medien wie z. B. ein Foto, eine Folie *(transparency)* oder ein Gegenstand, der etwas mit dem Thema zu hat, lassen sich gut einsetzen, um das Interesse der Zuhörer zu wecken.

■ Lies dein Referat nicht vor, und versuche auch nicht, es auswendig zu lernen. Lies es besser einige Male entspannt durch, so dass du den Inhalt und die Struktur gut im Kopf hast. Schreibe dann Stichpunkte *(notes)* gut lesbar auf Karteikarten, die du während des Vortrags als Orientierungshilfe benutzen kannst.

■ Gute Redner lassen ihre Augen durch den Raum wandern, während sie sprechen, ohne eine Person oder Gruppe dauernd zu fixieren.

■ Stehe nicht steif da wie eine Salzsäule, aber laufe auch nicht hektisch umher. Stell dir einfach vor, dass du zu einem Freund sprichst.

■ Unterstütze wichtige Aspekte mit Gesten, aber vermeide auf alle Fälle den erhobenen Zeigefinger.

Test

1 Bei diesem Test handelt es sich um die Form und Gestaltung eines modernen englischen Geschäftsbriefes. Wähle die jeweils richtige Alternative, a), b) oder c). Schreibe auf einen Zettel.

1 **In the American block form, we position the date**
- a on the left above the inside address
- b on the right below the sender's address
- c on the left below the inside address.

2 **In the block form, we use**
- a no commas at all
- b no commas except in the body of the letter itself
- c no commas in addresses.

3 **If you want to find out easily how to write addresses in almost any country in the world, you can go to the website of**
- a any search machine
- b the Deutsche Post
- c the Universal Postal Union.

4 **The commonest way of writing the date in modern English business letters is, for example,**
- a 15th May, 2006
- b May 15th, 2006
- c 15 May 2006.

5 **It is unwise to use all-number dates in business letters because they mean different things in**
- a Europe and the USA
- b Europe, North America and some Asian countries
- c Europe, Africa and Latin America.

6 **Nowadays, the subject line is usually written**
- a immediately before the salutation
- b immediately after the salutation
- c immediately above the inside address.

Test

7 **If you don't know the name of the addressee *(Empfänger)*, then start your letter with the impersonal salutation**

a Dear Sir or Madam

b Dear Sirs or Mesdames

c Dear Sir

8 **If you use a personal salutation such as ‚Dear Ms Wood', then you should close with**

a Yours faithfully

b Yours sincerely

c Yours ever

9 **If you know the addressee well, instead of a more formal complimentary close you can use**

a All the best, as ever

b With best regards/wishes

c Love from

10 **If you have put two or more items in the envelope with the letter, then say so with**

a Enc

b Encl

c Encs/Encls

Wortschatz

1 Wie man grammatische Strukturen übersetzt *(Translating grammatical structures)*

1.1 Nomen *(Nouns)*

Beispiel:

1 The **news** from Russia **is** not too good.
*Die **Nachrichten** aus Russland **sind** nicht besonders gut.*

2 **These headphones are** terribly uncomfortable.
***Dieser Kopfhörer ist** schrecklich unbequem.*

3 The **military want** to spend millions on new weapons.
*Das **Militär will** Millionen für neue Waffen ausgeben.*

4 Most **people** agreed that the oil companies are exploiting the poor **peoples** of the third world.
*Die meisten **Leute** waren der Meinung, dass die Ölgesellschaften die armen **Völker** der dritten Welt ausbeuten.*

■ Einige wichtige Nomen stehen im Englischen im Singular, aber können – je nach Sinn – im Deutschen im Plural stehen [1].

Weitere Nomen dieser Gruppe sind:

advice	Rat, Ratschlag
damage	Schaden
evidence	Beweis
furniture	Möbel
homework	Hausaufgabe
housework	Hausarbeit
information	Information
knowledge	Wissen
progress	Fortschritt
research	Forschung
work	Arbeit

▶ **BEACHTE** Um diese Nomen im Plural zu benutzen, fügen wir *a/two/… piece(s) of …,* z. B. *two pieces of evidence,* hinzu. In solchen Fällen verwenden wir die normale Pluralform im Deutschen, z. B. ‚zwei Beweise'.

■ Anders als im Deutschen stehen **‚Paarwörter'** *(pair nouns)* im Englischen immer im **Plural** [2].

Weitere wichtige Paarwörter sind:

briefs	Slip
glasses	Brille
jeans	Jeans
pants	BE: Unterhose, AE: Hose
pliers	Zange
scissors	Schere
shorts	kurze Hosen, ‚Shorts'
stockings	Strumpf
swimming trunks	Badehose
tights	Strumpfhose
trousers	Hose
tweezers	Pinzette

▶ **BEACHTE** Um Paarwörter im Plural zu benutzen, fügen wir *a/two/… pair(s) of …,* z. B. *two pairs of glasses,* hinzu. In solchen Fällen verwenden wir die normale Pluralform im Deutschen, z. B. ‚zwei Brillen'.

■ Mit Ausnahme von *clergy* (Klerus), *military* (Militär) und *police* (Polizei) stehen im modernen Englisch **Sammelbegriffe** *(group nouns, collective nouns)* im **Singular** [3].

■ Im Englischen steht das Nomen ***people*** in der Bedeutung **‚Leute'** im **Plural.** Ist von einer einzelnen Person die Rede, benutzen wir ***person*** oder ***man/woman***. Merke dir, dass die Pluralform ***peoples*** **‚Völker'**, bedeutet [4].

1.2 Adverbien *(Adverbs)*

Beispiel:

1 In India, many children work very **hard,** but they get **hardly** any money.
In Indien arbeiten viele Kinder sehr ***hart,*** *aber sie bekommen* ***kaum*** *Geld.*

2 Jill — Have you seen Ann **lately?**
Hast du Ann ***in letzter Zeit*** *gesehen?*

Bob — No. She's coming **late** today because of a dental appointment.
Nein. Sie kommt heute ***spät*** *wegen eines Zahnarzttermins.*

■ Einige Adverbien haben zwei Formen mit unterschiedlichen Bedeutungen [1] [2].

Weitere wichtige Adverbien dieser Gruppe sind:

close	nah
closely	sorgfältig, genau
deep	tief
deeply	zutiefst
fair	gerecht
fairly + Adjektiv	ziemlich
high	hoch
highly	sehr, höchst
most	meist
mostly	hauptsächlich, meistens
near	nah
nearly	fast
pretty + Adjektiv	ziemlich
prettily	hübsch, süß
short	kurz
shortly	binnen kurzem
wide	weit
widely	weit verbreitet, an vielen Orten

1.3 Zeiten *(Tenses)*

Das *present perfect (The present perfect)*

Beispiel:

1 I **have known** Carol Fox **for years/since 1994.**
*Ich **kenne** Carol Fox **schon seit Jahren/1994.***

2 We **have been waiting** here **for ages/since 10.**
*Wir **warten** hier **schon seit einer Ewigkeit/10 Uhr.***

3 She **has just moved** to New York.
*Sie **ist gerade** nach New York **umgezogen.***

4 She **has invited** me to visit her there.
*Sie **lud** mich **ein,** sie dort zu besuchen.*

5 This is great because I **have never been** to the USA.
*Dies ist prima, da ich **noch nie** in den USA **war/gewesen bin.***

■ Bei Sätzen mit *for/since,* in denen die Situation in der Vergangenheit begann und noch andauert, benutzen wir das deutsche Präsens, oft mit ‚schon' [1]. In solchen Fällen kommt im Englischen auch das *present perfect progressive* vor [2].

■ Bei Sätzen mit *just,* in denen das Ereignis in der Vergangenheit liegt, aber eine unmittelbare Auswirkung auf die Gegenwart hat, benutzen wir das deutsche Perfekt + ‚gerade'/‚soeben' [3].

■ Bei Sätzen ohne ein Zeitadverb [4] bzw. mit *never/not yet* [5], in denen das Ereignis noch nicht stattgefunden hat, benutzen wir entweder das deutsche Perfekt oder das Präteritum gemäß regionalem Sprachgebrauch *(usage).*

Die Verlaufsform *(The progressive)*

Beispiel:

1 English **is spreading** faster and faster because of advertising.
*Englisch **verbreitet sich gerade/im Augenblick** wegen der Werbung immer schneller.*
*Englisch **ist dabei,** sich wegen der Werbung immer schneller zu verbreiten.*

2 We nearly had a bad accident while we **were climbing** the Zugspitze.
Wir hatten fast einen schlimmen Unfall, als wir die Zugspitze ***hinaufstiegen.***

3 The patients **have been fighting** for compensation for years.
Die Patienten ***kämpfen schon*** *seit Jahren um Entschädigung.*

■ Verwende bei der Übersetzung des *present progressive* das Präsens im Deutschen, am besten mit einem Zeitadverb wie ‚**gerade**' oder ‚**im Augenblick**'. Alternativ kannst du die deutsche Struktur ‚**dabei sein, etwas zu tun**' benutzen [1].

■ Verwende bei der Übersetzung des *past progressive* die deutsche Vergangenheit, ggf. mit ‚**gerade**'. Häufig jedoch reicht die Vergangenheit aus [2].

■ Für das *present perfect progressive* benutzen wir das deutsche Präsens, oft mit ‚**schon**' [3].

Das *going to*-Futur *(The going to-future)*

Beispiel:

1 The Australian government **is going to return** a lot of land to the Aborigines.
Die australische Regierung ***hat vor,*** *viel Land an die Aborigines* ***zurückzugeben.***

2 The oil shortage **is going to cause** big problems.
Die Ölknappheit ***wird (sicherlich)*** *große Probleme* ***verursachen.***

■ Drückt das englische *going to* eine zukünftige Absicht aus, benutzen wir im Deutschen ‚**vorhaben**' oder ‚**beabsichtigen**' im **Präsens** [1].

■ Drückt *going to* dagegen die Idee aus, dass irgendein Ereignis offensichtlich in Kürze passieren wird, benutzen wir das deutsche Futur, ggf. mit ‚**sicherlich**' oder ‚**bestimmt**' [2].

1.4 Das Passiv *(The passive)*

Beispiel:

1 This software **was developed** in India.
*Diese Software **wurde** in Indien **entwickelt.***

2 Six fans **were searched** by the police.
*Die Polizei **durchsuchte** sechs Fans.*
*(Sechs Fans wurden von der Polizei **durchsucht.**)*

3 Books **must be returned** within 14 days.
*Man muss die Bücher binnen 14 Tage **zurückbringen.***
*(Die Bücher **müssen** binnen 14 Tage **zurückgebracht werden.**)*

4 **It is said** that the company is going bankrupt.
***Man sagt,** dass die Firma in Konkurs geht.*
*(**Es wird gesagt,** dass die Firma in Konkurs geht.)*

TIPP Im Englischen benutzen wir das Passiv viel häufiger als im Deutschen. Daher ist es manchmal sinnvoll, das *englische Passiv* durch eine *deutsche Aktivstruktur* zu ersetzen.

- Kommt in dem englischen Satz kein *by*-agent vor, benutzen wir im Deutschen das Passiv [1].

- Ist ein *by*-agent in dem englischen Satz vorhanden, dann verwenden wir ihn als das Subjekt eines deutschen Aktivsatzes [2].

- Bei der Übersetzung des englischen Passivs mit einem modalen Hilfsverb benutzen wir das unpersönliche Pronomen ‚man' mit einem Aktivverb im Deutschen [3].

- Bei der Übersetzung des englischen unpersönlichen Passivs (*It* + Zeitform von *be* + Verb des Sprechens oder Denkens) verwenden wir ebenfalls das unpersönliche Pronomen ‚man' im Deutschen [4].

1.5 Die indirekte Rede *(Reported speech)*

Beispiel:

1 The coach told the players he **was** dissatisfied with the result.
Der Trainer sagte den Spielern, dass er unzufrieden mit dem Ergebnis ***sei.***

2 He said he **had had** a headache just watching them.
Er sagte, dass er Kopfschmerzen ***habe,*** *nur vom Zuschauen.*

■ Bei der Übersetzung der indirekten Rede verwenden wir den deutschen Konjunktiv, und drücken so die englische Zeitverschiebung *(tense shift)* aus [1] [2].

1.6 Gerundien, Infinitive, Partizipien und Relativsätze ohne Relativpronomen *(Gerunds, infinitives, participles and contact clauses)*

Beispiel:

1 Tourists **visiting** London seldom see the queen.
Touristen, ***die London besuchen,*** *sehen selten die Königin.*

2 This is the church **built** by white settlers.
Dies ist die Kirche, ***die*** *von weißen Siedlern* ***gebaut wurde.***

3 The government **denies treating** the prisoners unfairly.
Die Regierung ***verneint, dass sie*** *die Gefangenen ungerecht* ***behandelt.***

4 The firm **has promised to employ** more female managers.
Die Firma ***hat versprochen,*** *mehr weibliche Manager* ***zu beschäftigen.***

5 Most parents **want** their children **to be** good at school.
Die meisten Eltern ***wollen,*** *dass ihre Kinder in der Schule gut* ***sind.***

6 Unfortunately the **car you** damaged belongs to my boss.
Leider gehört ***der Wagen, den du*** *beschädigt hast, meinem Chef.*

■ Bei der Übersetzung von einem verkürzenden Partizip Präsens [1] bzw. Partizip Perfekt [2] verwenden wir im Deutschen einen Relativsatz.

■ Ersetze die Gerundien, die nach gewissen Verben benutzt wurden, im Deutschen durch einen Nebensatz [3] und Infinitive durch einen Infinitiv mit *zu* [4].

■ Ersetze das englische Muster Objekt + *to*-Infinitiv nach *ask* (bitten), *expect, instruct* (anweisen), *order, tell* (sagen), *want, wish* und *would like* im Deutschen durch einen Nebensatz [5].

■ Bei der Übersetzung eines englischen Relativsatzes ohne Relativpronomen *(contact clause)* verwenden wir im Deutschen einen vollen Relativsatz [6].

Übung

■ Übersetze die Sätze ins Deutsche. Schreibe auf einen Zettel.

1 The news from the hospital is not very good.
2 Most jeans are imported from Asia.
3 Our basketball team tried hard but we scored hardly any points.
4 Millions of people are losing their jobs because of globalisation.
5 Two cars were stopped by the police as they were leaving the pub car park.
6 Postcards can be bought at the kiosk.
7 It has been reported that the company is moving to Hungary.
8 Patients wanting to see the doctor should go to reception.
9 This is the house built by my grandfather.
10 The students deny cheating during the exam.
11 Dad has promised to pick us up after the concert.
12 Unfortunately the car you damaged belongs to my boss.

Test

1 Bei diesem Test handelt es sich um Problemnomen und -adverbien. Übersetze die Sätze ins Deutsche. Schreibe auf einen Zettel.

1 A house near our office nearly burnt down.
2 Most dogs are usually friendly.
3 The doctor examined the child closely.
4 The new furniture has just arrived.
5 The police are stopping all foreign trucks.
6 Where are the scissors, please?

2 Bei diesem Test handelt es sich um Problemzeiten. Übersetze die unterstrichenen Satzteile ins Deutsche. Schreibe auf einen Zettel.

1 Clare has just bought a scooter.
2 I have been waiting to see a doctor since 3 o'clock.
3 I have worked for Carr & Co for two years.
4 I think it's going to snow in a minute.
5 My school is moving into a new building next year.
6 The Greens have been working in their garden for days.

3 Bei diesem Test handelt es sich um Passivformen. Übersetze die unterstrichenen Satzteile ins Deutsche. Schreibe auf einen Zettel.

1 It is thought that the prime minister is ill.
2 It has been reported that ten people were hurt in the accident.
3 John is said to have lost his job.
4 Peugeot cars are made in France.
5 Pocket calculators may not be used in Maths tests.
6 Several cars were damaged by demonstrators.

4 Bei diesem Test handelt es sich um Gerundien, Infinitive und Partizipialstrukturen. Übersetze die unterstrichenen Satzteile ins Deutsche. Schreibe auf einen Zettel.

1 Do you mind coming back in about an hour?
2 Jack was very rude when talking to Jane.
3 More and more people are choosing to stay single.
4 People riding motorbikes must wear helmets.
5 The firm can't afford to employ more workers.
6 The man our dog attacked is a policeman.
7 This is the house damaged in the storm.

2 Wie man leicht verwechselbare Wörter übersetzt *(Translating confusing words)*

Was Vokabeln betrifft, gibt es bei der Übersetzung vom Englischen ins Deutsche zwei wichtige Fehlerquellen: sogenannte ‚falsche Freunde' *(false friends)* und, zweitens, englische Wortpaare, die leicht zu verwechseln sind *(confusibles)*.

2.1 Falsche Freunde: eine ‚Minimalliste'

actual	*tatsächlich*	aktuell	*current, topical*
(to) become	*werden*	bekommen	*get, receive*
(to) blame	*tadeln*	sich blamieren	*(to) disgrace oneself*
consequently	*folglich*	konsequent	*consistent*
critic	*Kritiker*	Kritik	*criticism*
comfortable	*bequem*	komfortabel	*convenient*
eventually	*schließlich*	eventuell	*possibly*
(to) irritate	*verärgern*	irritieren	*(to) confuse*
(to) mean	*bedeuten*	meinen	*(to) think*
meaning	*Bedeutung*	Meinung	*opinion*
miserable	*elend*	miserabel	*awful*
notice	*Aushang, Schild*	Notiz	*note*
sensible	*vernünftig*	sensibel	*sensitive*
serious	*ernst*	seriös	*reputable*
sympathetic	*mitfühlend*	sympathisch	*likeable*
undertaker	*Leichenbestatter*	Unternehmer	*entrepreneur*
will	*werden*	will	*want*

2.2 Leicht verwechselbare Wörter

We **also** bought some new lamps.	auch
The boss didn't say anything **although** I was late.	obwohl

After an hour's wait, **at last** the plane took off.	endlich
Well, you can **at least** say sorry, can't you?	mindestens

The concert was **quite** good. The band waited until the audience was **quiet.**	ganz still
However you look at it, we've got a problem After the third goal, **however,** our team gave up.	egal wie jedoch
The plane was **just** taking off when it crashed. Susan reacted **just** as I said she would.	gerade genau
The poor have to **borrow** money to live. The rich get interest on the money they **lend.**	sich Geld leihen ausgeliehen haben
The man **lay** on the road until help came. The paramedics **laid** him on a stretcher.	lag haben gelegt
Tom is completely **uninterested** in other people. You can't expect salespeople to be **disinterested.**	desinteressiert unvoreingenommen
The EU must reform its **economic system.** Cars are much more **economical** than they used to be.	Wirtschaftssystem sparsam
The free market cannot solve all **social problems.** Laura isn't very **sociable.** She likes being alone.	soziale Probleme gesellig

Übung

Übersetze die Sätze ins Deutsche. Schreibe auf einen Zettel.

1 After an hour, I at last saw the doctor.
2 Ben is very sociable. He spends a lot of time with other people.
3 Can you lend me this DVD, please?
4 Gas is more economical than oil, isn't it?
5 Of course party politicians aren't disinterested.
6 Sally is feeling miserable because of Jack's behaviour.
7 She didn't get the job although she had the best qualifications.
8 The Chelsea fans behaved just as badly as the Arsenal ones.

Übersichten

1 Einige Hinweise zum Stil

1.1 Informeller Stil

Ein **informeller Stil** hat folgende wesentliche Merkmale:

- Anwendung eines umgangssprachlichen Wortschatzes, wie z. B.

***come/go into** a room*	statt	***enter** a room*
***cook** a meal*		***prepare** a meal*
***do** an exam*		***sit** an exam*
***get a job** as …*		***find employment** as …*
***get to know** somebody*		***become acquainted with** somebody*
***get together** with somebody*		***meet** somebody **socially***
***go** to school/college*		***attend** school/college*
***live** in a place*		***reside** in a place*
***take part** in a meeting*		***participate** in a meeting*
***What do you say** to that?*		***What is your opinion** of that?*

- Gebrauch von Sprachanwendungen der gesprochenen Sprache *(conversational devices)*, wie

Kurzformen *(short forms)*, Frageanhängsel *(question tags)*

- *I don't suppose **you've seen** Kati lately, **have you?***
- ***You'll** call by in Aachen when **you're** in Germany, **won't you?***

Aufmerksamkeitsanreger *(attention catchers)*

- ***Look,** I'd think it'd be best if I picked you up in Liége, don't you?*
- ***By the way,** I'm flying over to Germany next weekend.*
- ***Before I forget,** could you give Kati all my best?*

Verzögerer *(hesitaters)*

- ***Where were we? Oh, yes. As I was saying,*** *I visited Kati last weekend.*
- ***Hold on a minute/second.*** *Did you say you saw Kati at Jim's party?*
- ***Let me think.*** *Yes, I remember now. ...*
- ***Well, I suppose*** *I could pick you up at the station.*
- ***Now,*** *this is what happened: ...*
- ***Oh, dear.*** *What happened then?*

1.2 Gehobener Stil

Ein gehobener Stil ist durch folgende Merkmale gekennzeichnet:

- Anwendung eines gehobenen Wortschatzes, der oft romanischen Ursprungs ist, wie z. B.

arrived *home*	statt	***got*** *home*
the meeting ***commenced***		*the meeting* ***began/started***
contravene *the law*		***break*** *the law*
enquire after *somebody's* ***health***		***ask how*** *somebody's* ***feeling***
repair *the damage*		***fix*** *the damage*
reply *to a letter*		***answer*** *a letter*
serve a *two-year* ***sentence***		***go to prison for*** *two years*
surrender *one's passport*		***give up*** *one's passport*

- Gebrauch der Langform, z. B.:

- *We are disappointed that the consignment was not delivered on the agreed date.*

- Gebrauch des Passivs, z. B:

- *Tobacco advertising* ***has been banned*** *throughout the EU.*
- *Health warnings* ***are printed*** *on all cigarette packets.*
- ***It is thought*** *that the minister will resign shortly.*
- ***The company is said*** *to have developed an improved computer.*

- Gebrauch längerer Satzgefüge *(complex sentences)* statt einfacher Sätze *(simple sentences)*, z. B.

> ▸ *The defence told the judge* ***hearing*** *the case that* ***on arriving*** *home the accused had phoned his partner in New York, a fact later* ***confirmed*** *by the person concerned.*

- Häufiger Gebrauch des Partizips an Stelle eines Relativsatzes, z. B.:

> ▸ *The prime minister spoke personally to MPs* ***worried*** *about the government's proposal.*
> ▸ *The bomb* ***dropped*** *on Hiroshima changed the world forever.*

- Vermeidung von abgekoppelten Präpositionen, z. B.:

> ▸ *Can you tell me* ***in which*** *room the meeting is taking place, please?*
> statt
> ▸ *Can you tell me* ***which*** *room the meeting is taking place in, please?*

> ▸ ***To whom*** *were you speaking on the phone just now?*
> statt
> ▸ ***Who*** *were you speaking to on the phone …*

2 Wichtige Abweichungen in der Zeichensetzung *(Important deviations in punctuation)*

2.1 Punkt *(Full stop [AE: period])*

Beispiel:

1 One **point** five plus three **point** four is four **point** nine.
Eins Komma fünf plus drei Komma vier ist vier Komma neun.

2 Our house cost € 156,000.
Unser Haus kostete 156.000 €.

■ Bei Dezimalzahlen benutzen wir im Englischen einen Punkt (.) und kein Komma (,) wie im Deutschen [1].

■ Bei Zahlen über ein Tausend benutzen wir im Englischen ein Komma (,) und keinen Punkt (.) wie im Deutschen [2].

2.2 Ausrufezeichen *(Exclamation mark)*

Beispiel:

1 Please stop driving so fast!
Fahr bitte nicht so schnell!
2 Watch out! That child is going to run over the road!
Pass auf! Das Kind läuft gleich über die Straße!
3 What a wonderful voice!
Was für eine wunderschöne Stimme!
4 Answer all the questions.
Beantworten Sie alle Fragen!
5 Don't forget to count your words.
Vergessen Sie nicht, Ihre Wörter zu zählen!

■ Im Englischen benutzen wir ein Ausrufezeichen (!) nur für echte Gefühlsausbrüche [1] – [3].

■ Bei neutralen Anweisungen, Bitten usw. benutzen wir im Englischen einen Punkt [4] [5]. Daher wird das Ausrufezeichen im Englischen viel weniger gebraucht als im Deutschen.

2.3 Komma *(Comma)*

Beispiel:

1 The meal was awful, so we asked for a rebate.
The meal was awful so we asked for a rebate.
Das Essen war furchtbar, also haben wir um einen Preisnachlass gebeten.
2 Unfortunately, several guests saw what was going on.
Leider haben mehrere Gäste mitbekommen, was passierte.

3 The waiter was annoyed – not with us, of course, but with the cook.
Der Kellner war sauer – nicht auf uns natürlich, sondern auf den Koch.

4 If guests don't complain, the food will never improve.
Wenn die Gäste sich nicht beschweren, wird das Essen nie besser.

5 It was quite embarrassing when the cook came to speak to us.
Es war ziemlich peinlich, als der Koch kam, um mit uns zu sprechen.

6 He said all the guests who he had asked were fully satisfied.
Er sagte, dass all die Gäste, die er gefragt hatte, völlig zufrieden waren.

7 Another guest, who often visited the restaurant, supported the cook.
Ein anderer Gast, der das Restaurant oft besuchte, unterstützte den Koch.

8 Then somebody said, "They're just trouble-makers who don't want to pay."
Dann sagte jemand: „Die sind nur Unruhestifter, die nicht bezahlen wollen.“

■ Im Englischen markiert das Komma in erster Linie eine Sprechpause, um das Lese- bzw. Hörverständnis zu erleichtern. Daher hängt seine Anwendung oft von dem Verfasser ab [1].

■ Bei vorangestellten Satzadverbien [2] oder dazwischengeschobenen Adverbien [3] werden oft Kommas benutzt, um das Adverb von dem übrigen Satz zu trennen. Dieser Gebrauch ist aber nicht zwingend.

■ Steht der *if*-Teil eines *if*-Sätzes an erster Stelle, wird er mit einem Komma von dem Hauptteil getrennt [4].
▶ **BEACHTE** Anders als im Deutschen benutzen wir im Englischen **kein Komma** bei **Nebensätzen** mit *as/because, that, what, when, where, why usw* [5].

■ Wir benutzen kein Komma bei notwendigen Relativsätzen [6]. Nicht-notwendige Relativsätze dagegen werden von dem Hauptsatz durch Kommas getrennt [7].

■ Bei der direkten Rede steht im Englischen ein Komma – also kein Doppelpunkt – nach dem einleitenden Verb [8].

Übung

Welcher der beiden Sätze weist die richtige bzw. die geläufigste Zeichensetzung auf? a oder b? Schreibe auf einen Zettel.

1 **a** An older woman, who was sitting on a park bench, saw everything.
  b An older woman who was sitting on a park bench saw everything.
2 **a** As a rule, lessons start at 9 o'clock.
  b As a rule lessons start at 9 o'clock.
3 **a** Ben said "I went out with Sally last Saturday."
  b Ben said, "I went out with Sally last Saturday."
4 **a** If you go to the end of the road you'll see the post office on your left.
  b If you go to the end of the road, you'll see the post office on your left.
5 **a** It was Jack of course who complained.
  b It was Jack, of course, who complained.
6 **a** Julie said she'd come round at about 3.
  b Julie said, she'd come round at about 3.
7 **a** Sue was terrified, when the man took out a knife.
  b Sue was terrified when the man took out a knife.
8 **a** The film was so awful that we left before the end.
  b The film was so awful, that we left before the end.

3 Die unregelmäßige Verben *(Irregular verbs)*

Einige wenige unregelmäßige Verben haben auch eine regelmäßige Form auf *-ed*, die zunehmend verwendet wird. In der folgenden Liste wird der Infinitiv solcher Verben mit einem Sternchen (*) markiert.

be	*was/were*	*been*	sein
bear	*bore*	*borne*	(er)tragen
beat	*beat*	*beaten*	schlagen; besiegen
become	*became*	*become*	werden
begin	*began*	*begun*	anfangen

bend	*bent*	*bent*	(sich) biegen; sich beugen
bet	*bet*	*bet*	wetten
bind	*bound*	*bound*	binden, verbinden
bite	*bit*	*bitten*	beißen
blow	*blew*	*blown*	blasen
break	*broke*	*broken*	brechen, zerbrechen
breed	*bred*	*bred*	züchten
bring	*brought*	*brought*	bringen
broadcast	*broadcast*	*broadcast*	senden, übertragen, ausstrahlen
build	*built*	*built*	bauen
*burn**	*burnt, burned*	*burnt, burned*	(ver)brennen
burst	*burst*	*burst*	platzen
buy	*bought*	*bought*	kaufen
cast	*cast*	*cast*	werfen (mit Angelrute)
catch	*caught*	*caught*	fangen
choose	*chose*	*chosen*	wählen, auswählen, aussuchen
cling	*clung*	*clung*	sich klammern, festhalten
come	*came*	*come*	kommen
cost	*cost*	*cost*	kosten
creep	*crept*	*crept*	kriechen, schleichen
cut	*cut*	*cut*	schneiden
deal	*dealt*	*dealt*	handeln; sich beschäftigen
dig	*dug*	*dug*	ausgraben, eingraben
do	*did*	*done*	tun, machen, erledigen
draw	*drew*	*drawn*	zeichnen
*dream**	*dreamt, dreamed*	*dreamt, dreamed*	träumen
drink	*drank*	*drunk*	trinken, saufen
drive	*drove*	*driven*	fahren
eat	*ate*	*eaten*	essen, fressen

fall	*fell*	*fallen*	fallen, hinfallen
feed	*fed*	*fed*	füttern
feel	*felt*	*felt*	sich fühlen
fight	*fought*	*fought*	kämpfen, bekämpfen
find	*found*	*found*	finden
flee	*fled*	*fled*	fliehen, flüchten
fling	*flung*	*flung*	schleudern
fly	*flew*	*flown*	fliegen
forbid	*forbade*	*forbidden*	verbieten
forget	*forgot*	*forgotten*	vergessen
freeze	*froze*	*frozen*	frieren, einfrieren
get	*got*	*got*	bekommen, erhalten
give	*gave*	*given*	geben, schenken
go	*went*	*gone*	gehen
grind	*ground*	*ground*	mahlen, zerkleinern
grow	*grew*	*grown*	wachsen
hang	*hung*	*hung*	hängen, aufhängen
have	*had*	*had*	haben, besitzen
hear	*heard*	*heard*	hören
hide	*hid*	*hidden*	verstecken
hit	*hit*	*hit*	schlagen, aufprallen
hold	*held*	*held*	halten, festhalten
hurt	*hurt*	*hurt*	verletzen
keep	*kept*	*kept*	aufbewahren; weiter tun
*kneel**	*knelt, kneeled*	*knelt, kneeled*	knien
know	*knew*	*known*	kennen, wissen
lay	*laid*	*laid*	legen, verlegen; hinstellen
lead	*led*	*led*	führen, leiten
*leap**	*leapt, leaped*	*leapt, leaped*	springen, hüpfen
*learn**	*learnt, learned*	*learnt, learned*	lernen
leave	*left*	*left*	verlassen
lend	*lent*	*lent*	ausleihen, verleihen

let	*let*	*let*	lassen
lie	*lay*	*lain*	liegen
*light**	*lit, lighted*	*lit, lighted*	anzünden
lose	*lost*	*lost*	verlieren
make	*made*	*made*	machen, bauen; (ver)anlassen
mean	*meant*	*meant*	bedeuten
meet	*met*	*met*	sich treffen
overcome	*overcame*	*overcome*	überwältigen, überwinden
overtake	*overtook*	*overtaken*	überholen
pay	*paid*	*paid*	(be)zahlen
put	*put*	*put*	setzen, stellen, legen
*quit**	*quit, quitted*	*quit, quitted*	verlassen; aufhören
read	*read*	*read*	lesen
retell	*retold*	*retold*	nacherzählen
ride	*rode*	*ridden*	reiten, Rad fahren
ring	*rang*	*rung*	läuten, klingeln, anrufen
rise	*rose*	*risen*	an-/aufsteigen; aufgehen (Sonne)
run	*ran*	*run*	laufen, rennen
say	*said*	*said*	sagen
see	*saw*	*seen*	sehen
seek	*sought*	*sought*	suchen
sell	*sold*	*sold*	verkaufen
send	*sent*	*sent*	senden, schicken
set	*set*	*set*	setzen; untergehen (Sonne)
*sew**	*sewed*	*sewn, sewed*	nähen
shake	*shook*	*shaken*	schütteln
shine	*shone*	*shone*	scheinen (Sonne); leuchten
shoot	*shot*	*shot*	erschießen, anschießen

show	*showed*	*shown*	zeigen
shut	*shut*	*shut*	schließen, zumachen
sing	*sang*	*sung*	singen
sink	*sank*	*sunk*	sinken, versenken
sit	*sat*	*sat*	sitzen
sleep	*slept*	*slept*	schlafen
slide	*slid*	*slid*	rutschen
*smell**	*smelt, smelled*	*smelt, smelled*	riechen, duften
speak	*spoke*	*spoken*	sprechen
*spell**	*spelt, spelled*	*spelt, spelled*	buchstabieren
spend	*spent*	*spent*	(Geld) ausgeben; (Zeit) verbringen
spit	*spat*	*spat*	spucken
spoil	*spoilt, spoiled*	*spoilt, spoiled*	verderben; verwöhnen
spread	*spread*	*spread*	sich ausbreiten, sich verbreiten
stand	*stood*	*stood*	stehen
steal	*stole*	*stolen*	stehlen
stick	*stuck*	*stuck*	kleben
sting	*stung*	*stung*	stechen
stink	*stank*	*stunk*	stinken
strike	*struck*	*struck*	schlagen; treffen (Blitz); streiken
strive	*strove*	*striven*	sich (hart) bemühen; kämpfen
swear	*swore*	*sworn*	schwören
sweep	*swept*	*swept*	kehren, fegen
swim	*swam*	*swum*	schwimmen
swing	*swung*	*swung*	schwingen
take	*took*	*taken*	nehmen
teach	*taught*	*taught*	unterrichten, lehren
tear	*tore*	*torn*	reißen, zerreißen
tell	*told*	*told*	erzählen, mitteilen, sagen
think	*thought*	*thought*	denken, meinen
throw	*threw*	*thrown*	werfen

understand	*understood*	*understood*	verstehen
upset	*upset*	*upset*	erschüttern; verärgern
wake up	*woke up*	*woken up*	aufwachen
wear	*wore*	*worn*	tragen; anhaben
weep	*wept*	*wept*	weinen
wet	*wet*	*wet*	befeuchten
win	*won*	*won*	gewinnen
write	*wrote*	*written*	schreiben

4 Zeitenübersicht *(Summary of tenses)*

1 Simple present *(einfache Form der Gegenwart)*

Active *(aktiv)*	Passive *(passiv)*
▸ Janna **gets up** at 7 o'clock. ▸ Janna and Hank **live** in Los Angeles.	▸ English **is spoken** everywhere. ▸ These cars **are made** in Japan.

2 Present progressive *(Verlaufsform der Gegenwart)*

Active *(aktiv)*	Passive *(passiv)*
▸ Luna **is playing** in the park. ▸ Janna and Hank **are having** lunch.	▸ My computer **is being repaired** today. ▸ The rolls **are being baked** at the moment.

3 Simple past *(einfache Form der Vergangenheit)*

Active *(aktiv)*	Passive *(passiv)*
▸ Luna **went** to the vet's yesterday. ▸ The Greens **worked** in the garden yesterday.	▸ Hank's computer **was repaired** by a friend. ▸ These houses **were built** by my grandfather.

4 Past progressive *(Verlaufsform der Vergangenheit)*

Active *(aktiv)*	Passive *(passiv)*
▸ Luna **was playing** in the garden. ▸ The cars **were going** much too fast when the accident happened.	▸ The castle **was being repaired** when we visited it. ▸ The players **were being trained** at the time.

5 Present perfect simple *(einfache Form des Perfekts)*

Active *(aktiv)*	Passive *(passiv)*
▸ Janna **has finished** her homework now. ▸ They **have lived** in France for 12 years.	▸ The house **has** just **been sold** to a family from London. ▸ These computers **have been repaired** several times.

6 Present perfect progressive *(Verlaufsform des Perfekts)*

Active *(aktiv)*	Passive *(passiv)*
▸ Mrs Snow **has been waiting** for hours. ▸ They **have been doing** their exams all week.	▸ This road **has been being repaired** for months. ▸ The men **have been being interviewed** by the police all night.

7 Past perfect simple *(einfache Form des Plusquamperfekts)*

Active *(aktiv)*	Passive *(passiv)*
▶ Janna **had gone** home when I called. ▶ When we arrived, they **had begun** the lesson.	▶ The scooter **had been sold** when I called. ▶ The letters **had been sent** to the wrong address.

8 Past perfect progressive *(Verlaufsform des Plusquamperfekts)*

Active *(aktiv)*	Passive *(passiv)*
▶ The child **had been waiting** for ages before a doctor came. ▶ Tom said they **had been doing** exams the whole week.	▶ She told us that the road **had been being repaired** for months. ▶ The TV report said that the men **had been being interviewed** by the police all night.

9 Will-future (future simple) *(will-Futur [einfache Form des will-Futurs])*

Active *(aktiv)*	Passive *(passiv)*
▶ I **will see** you at school, okay? ▶ I hope that we **will win** the match.	▶ I expect my room **will be decorated** by my dad. ▶ We **will be taken** to our hotel by bus.

10 Going to-future *(going to-Futur)*

Active *(aktiv)*	Passive *(passiv)*
▶ It **is going to snow** tonight. ▶ The Greens **are going to sell** their house.	▶ My room **is going to be decorated** by my dad. ▶ These old houses **are going to be pulled down** soon.

11 Future progressive *(Verlaufsform des Futurs)*

Active *(aktiv)*	Passive *(passiv)*
▸ On Thursday at 10 I **will be flying** to Berlin. ▸ This time tomorrow we **will be playing** the big match.	▸ Tomorrow at 3 I **will be being examined** by a doctor. ▸ This time next week we **will be being taken** to the airport by taxi.

12 Future perfect *(einfache Form des vollendeten Futurs)*

Active *(aktiv)*	Passive *(passiv)*
▸ I **will have finished** these letters by 5. ▸ They **will have arrived** by the time we get there.	▸ The car **will have been repaired** by the time we go on holiday. ▸ All the votes **will have been counted** by midday tomorrow.

13 Conditional 1 *(Konditional 1)*

Active *(aktiv)*	Passive *(passiv)*
▸ I **would come** to your party if I had the time. ▸ We **would go** on holiday if we had the money.	▸ This car **would be sold** if it cost less. ▸ They **would be paid** more if they worked harder.

14 Conditional 2 *(Konditional 2)*

Active *(aktiv)*	Passive *(passiv)*
▸ I **would have come** to your party if I had had the time. ▸ We **would have gone** on holiday if we had had the money.	▸ This car **would have been sold** if it had cost less. ▸ They **would have been paid** more if they had worked harder.

Lösungen

S. 222 Übung

1 had to buy, 2 will have to come, 3 are you allowed to drive, 4 can't/are not allowed to use, 5 Will the tourists be able to see, 6 could speak, 7 was able to find, 8 will not be able to practise

S. 225 Übung

1 seeing, 2 to speak, 3 to phone, 4 to switch, 5 going, 6 taking, 7 to buy, 8 shouting, 9 to get, 10 being

S. 228 Übung

1 a, 2 a, 3 b, 4 a, 5 b, 6 b, 7 b, 8 b, 9 b, 10 a

S. 229 Test

1 — 1 cannot use; will have to do, 2 must lose, 3 mustn't sell, 4 could help, 5 had to wait, 6 will be able to use, 7 will not be able to come, 8 will have to change

2 — 1 watching, 2 to complain, 3 to water, 4 having, 5 to have, 6 complaining, 7 to repair, 8 learning

3 — 1 Is Julie getting fatter or is she going to have a baby? 2 I don't think (that) the firm will move to Poland. 3 Watch out! That/The bus is going to stop. 4 Tom is going on holiday next Friday. 5 Most supermarkets close at 6 on Saturdays. 6 We are going to get a dog.

S. 231 Übung

1 Janna was sent a big box of chocolates. 2 The workers were promised two days off. 3 The guests were shown holiday photos. 4 The guests were leant bikes during their stay. 5 The children were told an adventure story. 6 We were offered a quieter room.

S. 234 Übung

1 will go; has, 2 did not waste; would be, 3 had won; would have hired, 4 would start; were, 5 would not have wanted to join; had understood

S. 235 Test

1 1 is being repaired, 2 has this software been being developed, 3 has been being painted, 4 was still being decorated, 5 Is the new kitchen being delivered …?, 6 was not still being built

2 1 We were sent an invitation to a fashion show. 2 Customers were promised a 20% discount by the store. 3 Visitors are always shown around their lovely house. 4 I was given enough petrol to get home by the police. 5 Doctors are not told the full truth by many patients. 6 You will be offered a free meal if you complain.

3 1 tell, 2 would vote, 3 had called, 4 would have answered, 5 would definitely visit, 6 took, 7 is, 8 Would you really use ...?, 9 will not be able to go, 10 would not have attacked

S. 238 Übung

1 a) asked the minister if/whether b) he was, 2 a) asked Ms Fox if/whether her b) had invested c) the year before, 3 a) wanted to know if/whether it was b) didn't have, 4 told me to read

S. 240 Übung

1 b, 2 b, 3 a, 4 b, 5 a

S. 241 Test

1 1 Somebody/Someone asked where he/she went to school. 2 … wanted to know how many students and teachers there were at his/her school. 3 … wondered if/whether it was true that you could learn subjects like car mechanics at American schools. 4 … asked if/whether there were special school buses in the USA. 5 … asked if/whether they had to wear a school uniform. 6 … wanted to know if/whether his/her teachers gave him/her much homework. 7 … asked how many lessons they had a day and how long they were. 8 … asked if/whether they had exams at the end of the school year. 9 … asked what time school started and finished. 10 … wanted to know if/whether they had a school canteen or had to bring sandwiches.

2 1 … advised us not to heat bedrooms except when it was really cold. 2 … asked her audience to switch off the heating in kitchens when they were cooking. 3 … advised us not to buy silly gadgets like electric tin-openers, and not to use the ones we already had. 4 … advised listeners to serve uncooked meals like salads two or three times a week. 5 … told us to remember to switch off lights and other electrical equipment when we were not using them.

6 … advised her audience not to use stand-by switches on TVs and CD players. 7 … told listeners to replace throw-away batteries with rechargeable ones. 8 … advised us to walk or cycle rather than use a car or scooter. 9 … told her listeners not to overheat rooms and to set the thermostat at 18°. 10 … asked us to have showers rather than baths – and not to have either unless we really needed to.

S. 245 Übung

1 will be driving, 2 will not be doing, 3 Will Janet be telling …?, 4 will have typed, 5 will not have repaired, 6 Will you have done …?, 7 will have been cooking, 8 will not have been working, 9 Will Ali have been living …?

S. 246 Übung

1 So can Sally Watts. 2 So must I. 3 Nor do we.

S. 249 Übung

1 waiting for the bus, 2 caught shoplifting, 3 damaged in the accident, 4 built in 1043, 5 delivered yesterday, 6 playing with the little boy, 7 read out at the meeting, 8 buying an ice-cream

S. 250 Test

1 1 a, 2 a, 3 a, 4 a, 5 a, 6 b, 7 b, 8 a, 9 b, 10 a

2 1 Bonzo came running down the hill. 2 Joshua sat in the kitchen listening to the radio. 3 Maria lay crying on the bed. 4 We want to go swimming tomorrow. 5 After making/Having made the beds, Alice had a cup of coffee. 6 While waiting, Jack read a newspaper. 7 Being late, we went by car. 8 If asked politely, I will help.

S. 253 Übung

1 a) forced b) to open, 2 a) made b) leave, 3 a) does not let/allow b) (to) park, 4 a) let/allow children b) to surf, 5 a) has his bike b) repaired, 6 a) let/allowed b) (to) shower

S. 257 Test

1 1 I do like …, 2 Do help …, 3 Where ever did you …, 4 When ever I see her, …, 5 … he did steal …, 6 The players themselves …, 7 The restaurant-owner herself …, 8 … we ourselves prefer …, 9 Who ever …?, 10 It is Alan who you mean, …, 11 It wasn't Tom who won …, 12 It was Leeds where we went to …

2 1 a) nonsense b) leave me 2 a) must let b) go home 3 a) had b) repaired 4 a) had to leave b) because of a fire alarm 5 a) have to have b) translated into English 6 a) Let's take b) home 7 a) let/allow their children (to) do b) want 8 a) made us wait for him b) over an hour

3 1 … did work …, 2 Do feel …, 3 Who ever …, 4 Why ever …, 5 The students themselves …, 6 What ever …?, It was Roger who leant …, 7 They themselves live …, 8 It was Greece who won …, 9 It is Ben who is …, 10 It was Brittany where we …

S. 264 Übung

Eastern Digital Limited
15-17 Riverside Road
Cambridge
CB3 6TZ

22 June 20..

Mr Peter Fox
24 Manor Road
Bungay, Suffolk
NR35 1RR

Application

Dear Mr Fox
Thank you for your application for the position of website designer, which we read with interest.
Could you please get in touch with me by phone or email to arrange a personal meeting?
I would like to take this opportunity to send you a copy of our image brochure, which will give you some more detailed information about the company.
I look forward to hearing from you soon.

Yours sincerely
Kate Morse
Kate Morse
Personnel Department
Enc image brochure, 1x

S. 268 Übung

1 – latest UK crime statistics – 46% increase in street crime among young people – largely caused by the theft of pay-as-you-go mobile phones from children – mobile phones small and easy to steal – parents give prepaid mobile phones to their very young children – want to protect children from street violence – these parents making children easy pickings for thieves

S. 270 Übung

1 is watched, 2 is often heard, 3 is not spent, 4 is used, 5 it has been reported, 6 are put, 7 is estimated, 8 are locked up, 9 had to be asked, 10 have been built

S. 273 f. Test

1 c, 2 b, 3 c, 4 c, 5 b, 6 a, 7 a, 8 b, 9 b, 10 c

S. 282 Übung

1 Die Nachrichten aus dem Krankenhaus sind nicht sehr gut. 2 Die meisten Jeans werden aus Asien importiert. 3 Unser Basketballteam hat hart gekämpft, aber wir haben kaum Punkte erzielt. 4 Momentan verlieren Millionen von Menschen ihre Jobs wegen der Globalisierung. 5 Zwei Autos wurden von der Polizei angehalten, als sie den Kneipenparkplatz gerade verließen. 6 Ansichtskarten können am Kiosk gekauft werden. 7 Man hat berichtet, dass die Firma nach Ungarn zieht. 8 Patienten, die einen Arzt sehen wollen, sollten zur Rezeption gehen. 9 Dies ist das Haus, das mein Großvater gebaut hat. 10 Die Studenten verneinen, dass sie während der Prüfung gemogelt haben. 11 Papa hat versprochen, uns nach dem Konzert abzuholen. 12 Leider gehört das Auto, das du beschädigt hast, meinem Chef.

S. 283 Test

1 1 Ein Haus in der Nähe unseres Büros ist fast niedergebrannt. 2 Die meisten Hunde sind meist freundlich. 3 Der Arzt untersuchte das Kind sorgfältig. 4 Die neuen Möbel sind gerade angekommen. 5 Die Polizei hält alle ausländischen LKWs an. 6 Wo ist bitte die Schere?

2 1 … hat gerade … gekauft. 2 … warte … seit 3 Uhr. 3 … arbeite … seit zwei Jahren. 4 … wird … schneien. 5 … zieht … um. 6 … arbeiten … seit Tagen.

3 1 Man meint, dass … 2 Man hat berichtet, dass …, 3 Es wird behauptet, dass John … verloren hat. 4 … werden … hergestellt. 5 … dürfen nicht … benutzt werden. 6 … wurden von Demonstranten beschädigt.

4 1 Haben Sie was dagegen, wenn …, 2 … als er mit Jane sprach. 3 … wählen, Single zu bleiben. 4 …, die Motorräder fahren, … 5 … kann es sich nicht leisten … zu beschäftigen. 6 … den unser Hund angriff. 7 … das Haus, das … beschädigt wurde.

S. 285 Übung

1 Nach einer Stunde habe ich endlich einen Arzt gesehen. 2 Ben ist sehr gesellig. Er verbringt viel Zeit mit anderen Leuten. 3 Kannst du mir bitte diese DVD ausleihen? 4 Gas ist sparsamer als Öl, nicht wahr? 5 Natürlich sind Parteipolitiker nicht unvoreingenommen. 6 Sally fühlt sich wegen Jacks Benehmen elend. 7 Sie hat den Job nicht bekommen, obwohl sie die besten Qualifikationen hatte. 8 Die Chelsea-Fans haben sich genau so schlecht benommen, wie die von Arsenal.

S. 291 Übung

1 b, 2 a, b, 3 b, 4 b, 5 b, 6 a, 7 b, 8 a

Stichwortverzeichnis

Deutsch • Mathe • Englisch

E

F

L

M

N

O

P

Q

R

S

T

U

V

W

X

Z